3月的林地深处，山毛榉树还没长出叶子，所以一眼望去能看到大片天空。

在4月里，同一处地方新叶长出来后挡住了阳光，远处就是蓝铃草地。

大片英格兰蓝铃草的蓝色花海里长出一棵着罕见的白花的蓝铃草。这是自然变异现，对于很多园艺爱好者来说可遇而不可求。

早春的白屈菜要在大树形成浓荫前努力争取阳光。到了仲夏，就看不到这种卑贱的小草了。

林地上山毛榉树的芽从果壳里长出来了。刚长出的嫩叶和大树上叶子的形状不一样。右边就是空的果壳。

春天里，冬青树悄悄开花了。这些是雌花，所以花中心部位有刚长出来的浆果。冬青树的雌雄花不同株开。

满树的野樱桃花怒放，这时山毛榉树的叶子还没长丰满呢。野樱桃树的花为白色，带些许淡淡的粉红晕染。

水晶兰是一种不需光合作用的植物，其花直接从地里开出。这种植物与山毛榉树的根部及菌类的共生关系引发了新的研究。

在安德鲁·帕德莫尔的指导下，作者借助诱捕飞蛾的灯光，对照着一本手册吃力地辨识飞蛾。

夏夜和安德鲁·帕德莫尔一起在林间诱捕飞蛾，共诱得 150 余种，拍照后悉数放生。这只苹红尾毒蛾静止时腿毛清晰可见。

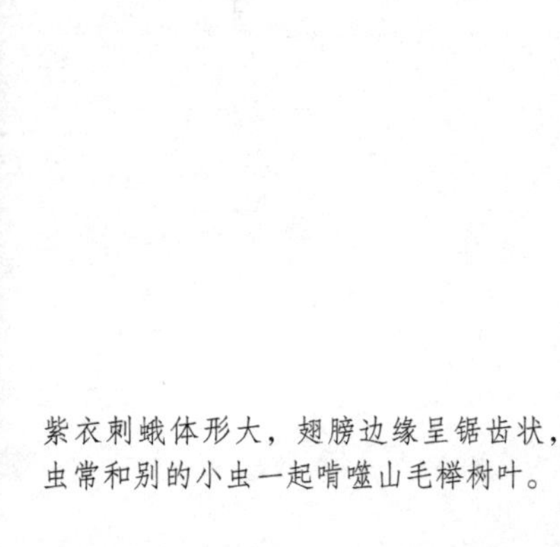

红线尺蛾，这只蛾的外观就解释了它为何
名如此。两只触角是它的重要感受器，其
虫以食草为生。

紫衣刺蛾体形大，翅膀边缘呈锯齿状，
虫常和别的小虫一起啃噬山毛榉树叶。

枞灰尺蛾的色彩如烟熏，它们在白天栖伏在树干上，不易被发现，其幼虫啃噬紫杉。

里白蛱蝶的翅上长有逗号状花纹，故英文名为 comma butterfly。它们的后部看起来非常粗糙，边缘也不均匀，这是它们与其他品种中的蛱蝶最大的不同之处。

银豹蛱蝶的翅面呈黄褐色，有黑色豹斑，体形较大，并不多见。上图中的这只正栖息在荆棘树丛上。

红鸢是林地上空警觉的哨兵。就算看不见它们的矫健身影，也能时常听到它们的长啸。

这只普通田鼠被我们抓住后一点儿也不害怕，被我们放开后，它就风度翩翩地回到野地里去了。

睡鼠是我们林地上难得一见的动物，它用大部分时间睡觉，偶尔醒来吃点儿植物的果和花。

这种大个头的黑色拟陆隙蛛只会出现在英格兰南部，这只是在木堆下发现的。

蟹蛛紧贴在冬青树叶上，对这个杀手来说，它的绿色就是最好的伪装。

在林地上苦苦寻找了好久，总算发现了这么几小块松露，也多少让真菌学者感到满足了。

在林地中采集的蜗牛品种，个体都很小，壳也很薄，这也可以证明这一带土壤中石灰的含量低，不利于蜗牛壳生长。

作者乘升降机来到山毛榉树的树冠处。升降机下方的支撑架很像蜘蛛的腿。

这些粉红色球状黏菌生长在潮湿腐烂的木头上。打开后会发现它们又软又黏。

这只少见的大蚊有两只很长的触角，这也是将它和其他品种的蚊子区别开来的重要标志。

奇尔特恩古貌（从亨利公园往西看过去，阿森登谷地的另一边远方就是我们的林地和凶杀小屋）。图片由罗伯·弗朗西斯提供。

罗德菲尔德·格雷教区教堂里为诺利斯爵士一家立的纪念碑装饰精美，图片由杰姬·弗提提供

以凯瑟琳·斯泰普尔顿命名的天竺葵花“斯泰普尔顿小姐”，两姊妹当年修建的花房现在仍在格雷庄园里。图片由杰姬·弗提提供。

现在的格雷庄园，图片由杰姬·弗提提供。

这种鬼笔菌中长的黑白毒蕈是山毛榉林地中独有的，图片由杰姬·弗提提供。

白鬼笔菌，图片由杰姬·弗提提供。

硫色多孔菌，图片由杰姬·弗提提供。

从腐烂的树桩上长出的鬼笔菌，图片由杰姬·弗提提供。

美丽的掌状玫耳很难见到（这是在腐烂的榆树树干上长出的），图片由杰姬·弗提提供

一只红蛞蝓正在往树上爬，图片由杰姬·弗提提供。

一只黑油油的屎壳郎正在寻找适合产卵的地方，图由杰姬·弗提提供。

少见的粗腿花金龟子，图片由安德鲁·帕德摩尔提供。

墓地甲虫，图片由安德鲁·帕德摩尔提供。

阿里斯泰尔·菲利普斯正在用我们林地上的野樱桃木加工木碗，图片由杰姬·弗提提供。

在旧油桶里燃烧的小块木炭，图片由丽贝卡·弗提提供。

作者坐在一株倒下的野樱桃树的树干上做笔记，图片由杰姬·弗提提供。

秋日里光榆树的落叶，图由罗伯·弗朗西斯
提供。

早春的光榆树雄花，更容易看到的是一束束多彩的雄蕊。图片由杰姬·弗提提供。

从一里好路边的白垩泥中挖到的一块燧石，其形状像一头坐着的奶牛。图片由杰姬·弗提提供。

菲利普·库曼所做的收藏柜，板条为樱桃木，图片由罗伯·弗朗西斯提供。

菲利普·库曼所做的柜子，图片罗伯·弗朗西斯提供。

冬日林地上的地衣，这种生物有很强的抗污染能力。图片由杰姬·弗提提供。

拟金发藓，这样的苔藓在湿地中成了很好的软垫，尤其是在寒冷的日子里。图片由杰姬·弗提提供。

自然文丛

THE WOOD

FOR

THE TREES

一位博物学家的
自然观察笔记

The Long View of Nature from a Small Wood

[英] 理查德·弗提（Richard Fortey）著
石定乐 译

人 民 邮 电 出 版 社
北 京

图书在版编目（CIP）数据

林中四季 ：一位博物学家的自然观察笔记 / (英) 理查德·弗提 (Richard Fortey) 著 ; 石定乐译. -- 北京 : 人民邮电出版社, 2018.10
（自然文丛）
ISBN 978-7-115-48700-1

Ⅰ. ①林… Ⅱ. ①理… ②石… Ⅲ. ①博物学一普及读物 Ⅳ. ①N91-49

中国版本图书馆CIP数据核字(2018)第137036号

◆ 著　　　[英]理查德·弗提（Richard Fortey）
译　　　石定乐
责任编辑　刘　朋
责任印制　陈　犇

◆ 人民邮电出版社出版发行　　北京市丰台区成寿寺路 11 号
邮编　100164　　电子邮件　315@ptpress.com.cn
网址　http://www.ptpress.com.cn
北京天宇星印刷厂印刷

◆ 开本：880 × 1230　1/32　　彩插：8
印张：12.375　　2018 年 10 月第 1 版
字数：273 千字　　2024 年 10 月北京第 14 次印刷

著作权合同登记号　图字：01-2018-2235 号

定价：59.00 元

读者服务热线：(010)81055410　印装质量热线：(010)81055316
反盗版热线：(010)81055315
广告经营许可证：京东市监广登字 20170147 号

内容提要

本书作者理查德·弗提是一位博物学家，退休前一直在英国自然历史博物馆工作。一个偶然的机会，他购入了1.6公顷的林地，于是这块小小的林地成了他的乐园。他在这里流连、徘徊、沉思，日复一日，深入细致地观察林地中的动物、植物、菌类、土壤等，并用优美的文字将这一切记录在这本书中。

让我们打开这本书，跟随作者走进这方古老的林地，一同去发现大自然里的各种生命，大胆接受各种热情的访客，捕捉在枝间流动的光影，感受日月轮回和四季变幻。

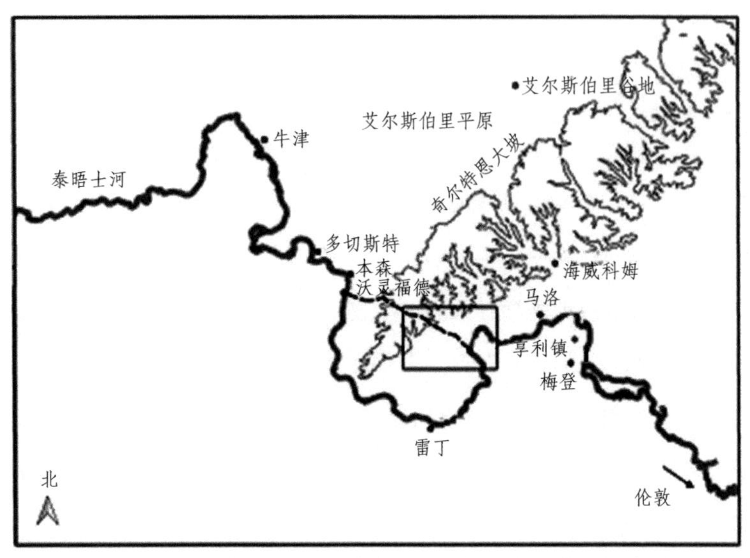

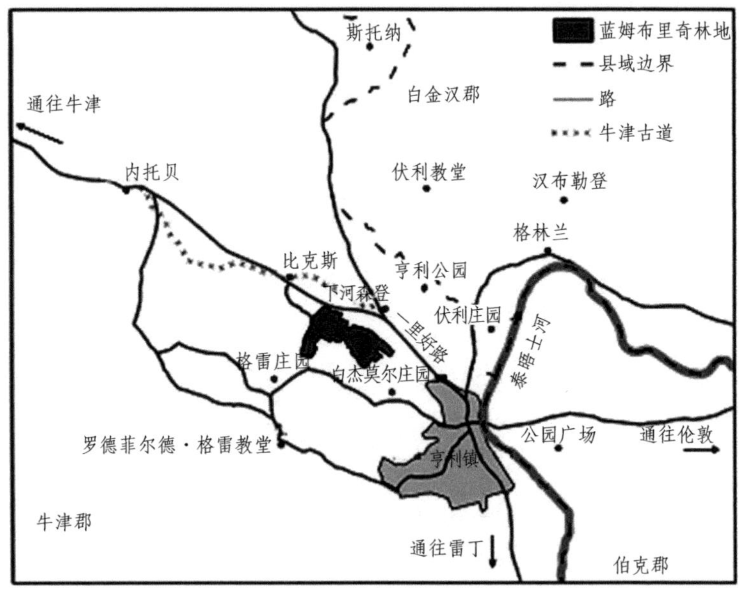

作者的格里姆大堤林地在奇尔特恩地区的位置以及周边大路和重要地方。上图中通往沃灵福德的古道穿过比克斯的那一段用虚线表示，在下图中则用“×” 表示。

译　序

刚拿到寄来的本书原著时，看到封面就打心眼里喜欢——白底子上是绿色和黑色的树木剪影，图案及色彩都很简洁清新。及至读这本书时，始终觉得作者弗提先生就像一位热心的林地主人（说他热心似乎还不够，应该是位对自己名下的这块林地溺爱得有点儿近乎入魔的主人）带着读者在林地间巡游、观察、收藏，并絮絮叨叨地讲述着林地上一切（会动的和不会动的、看得见的和早已湮没在历史尘埃里的）的来历，还有这片叫格里姆大堤林地的土地的前世今生。书中有对自然美景的生动描写，对人文历史引人入胜的叙述，对人类与自然互动事件的冷静反思，读这本书如同在作者的引领下进行一场反复穿行在历史和现代之间的迷人之旅。虽然人们读完本书后的感悟见仁见智，但有一点会相似，那就是早已暗淡的好奇心会重新闪光，从而想对自己身边的草木生灵的来龙去脉探个究竟（虽然大多数人也就是想想而已，不会付诸行动，但这也比麻木好呀）。这本书还多少能唤起我们对万物的自觉尊重，并意识到有幸成为这大千世界的一分子是多么幸运。这本书为我们从更宽广的人文和自然科学综合视角来看待审视世间万物的变化消长提供了思维空间，那种积极的态度和观点更是极富启发意义。一句话，你我依旧，世界依旧，但你我看待这个世界的目光多少会有所不同。

有一天看地理频道播放 BBC 的科学纪录片《幸存者》（确切地说是在听，因为当时我正在另一个房间里给家里的猫阿泡梳毛），节目里一个男中音在介绍 30 亿年前的生物经历各种灾难后存活下来的物种。突然男中音讲到冰河时期的地质变化，我就想：在 BBC 节目里讲话的这个人怕是弗提吧？因为我之前已知道他主持了 BBC 的很多科学节目，而且知道地质学是他的专业。出来一看，果然就是他。这么多年来，看到自己翻译的书的作者工作时的情形，听到作者的声音，于我还是第一次。看到作者在书中提到知晓自己和达尔文的后代曾为同事时的那份高兴，我还曾有些不以为然，但那一刻就理解了。

本书作者理查德·弗提于 1946 年 2 月出生于伦敦，退休前是英国自然历史博物馆的古生物学家和皇家学会会员，主要研究对象是三叶虫，而在博物馆和科学界外面的身份则为作家、电视节目主持人。说起来，这人从小就是超级学霸一枚，他从依林男子文法学校毕业后进入剑桥国王学院学习地质学，后来又在剑桥拿到哲学博士学位（PhD），1999—2009 年还是牛津大学古地理学客座教授，并成为该校荣誉理学博士（DSc）。这里得敲黑板说明一下，获得 PhD 的人在今后的科学生涯里有出类拔萃的表现时才会被授予 DSc 学位，这和直接授予理学博士学位的意义是不同的。中国读者对他也不会陌生，因为他的部分科普著作近年在我国也有译本了，我知道的就有 3 本，分别为《化石：洪荒时代的印记》《生命简史》《地球简史》。

在英国自然历史博物馆工作时，弗提的主要研究对象是寒武纪中期到石炭纪前期的海洋动物化石，尤其是三叶虫。这里得提到一件事，他似乎和三叶虫有很深的渊源，因为他在 14 岁那年就发现了一只三叶虫的化石，从此便对三叶虫保持了终身兴趣。到自然历史博物馆后，他开始系统研究三叶虫，对其生活方式和进化模式有了深入了解，经他命名的三叶虫有很多种。退休后，他仍坚持研究不已。他还对奥陶纪岩相古地理的相关性、节肢动物的进化及其主要类属的分化时间阶段有深入研究，并用分子科学揭示了化石的内涵，仅这方面的“正业”研究成果就有大量论文（超过250篇）发表。弗提还致力于科学知识普及，有多本科普著作问世，题材广泛，包括地质学、古地理学、进化论和自然史。除了著述丰富，他还参与了BBC的一些科普节目，担任主持人。在本书第12章中，作者提到曾在他家林地附近的一个庄园中住过的休·埃德温·斯特里克兰（英国地质学家、鸟类学家、博物学家）时，满怀钦敬地写道：“简直难以想象一个人的脑袋能够想这么多不同的事，但休就做到了。他的著作涉及鸟类学、地质学以及自然史的很多方面，不仅范围之广令人咋舌，还促成了动物科学命名体系的形成，而这一体系沿用至今。”每次修改译稿时看到这里，我都会忍俊不禁，因为弗提自己不就是这样的人吗？

“此前，我写的都是学术专著，主题也堪称宏大，如生命的发展，或从实验室角度如何看待世界起源，等等。这本书就完全不同了，它关注的只是一块面积微不足道的古老林地，不过是从各方面对其进行观察考证而已。这片小小的林地上有多样的动植物和菌类互生，而我的种种观察结果会促使生物多样性一说被更多的人理解。生物多样性不只是存在于热带雨林中或珊瑚礁里，几乎凡是有生物栖息的地方都有多种有机体聚集在那里，它们竞争、合作、互助生长。我们今日的困局应归结于气候和栖息地环境的变化以及种种污染，当然历史进展、人类畜养也是重要因素。在我看来，通过对林地的缜密观察、综合分析和深切感受，就会发现它宛如一首美丽的诗歌。”

“所以，本书力图将浪漫诗意与实证研究结合在一起。我记录下了林地上的山毛榉树和其他动植物，还有光影的游戏和季节的脚步，以及远足跋涉的路人和令人惊喜的发现。有些在这里采集的标本被拿到实验室中做成切片用显微镜观察，有些不认识的动物（多半是些昆虫）还拿给专家寻求指教，因为我在这一方面知之甚少。为了明白林地的前世今生，对林地的行政归属、发展沿革、经济价值做到心中有数，势必要参考大量的历史文献和档案。检索那些古代地图、契约文件、商品目录还真耗时颇多，这是项目管理不可或缺的部分，而我也乐在其中。我还采访了一些熟悉林地的老人家，所以本书不仅对地质学有所涉及，在考古学方面也有并不止于肤浅的讨论。”

以上引自作者在本书开篇所叙。的确，这本书和他以前的科普著作（他的专业著作我没读过）有很多不同之处，这本书涉及的内容更广，人文讨论也更多。但相同的是，文笔依然那么生动有趣，有热情，有张力。在最后一章中，作者谈到罗伯特·吉丙斯的《泰晤士河静静流》一书时这么写道：“吉丙斯对沿途所见的动植物都进行了详尽介绍，用准确而流畅的语言叙述了这些动植物的来历，如果本书能多多少少有点儿类似的风格，那要完全归功于他。”弗提的确做到了。多年从事科学工作的经历使他叙述准确，而文笔的流畅则应该和他深厚的人文素养与富有魅力的性情有很大关系——富有魅力的人一定有独特但极具吸引力的交流方式和表达特点。作家阿道司·赫胥黎（就是《天演论》作者托马斯·H.赫胥黎的孙子）因自己的家族背景曾被问及科学家和文学家的最大区别是什么。他答道：科学家将别人说不清的事说清楚，文学家将别人说不出的话说出来。弗提把这两件事都做得很棒。弗提的文笔很好，就是讲涉及古生物或地质学专业的事也能细细分缕，娓娓道来，点评时也气象平和，不失英伦风的幽默感，不让人看着吃力生畏，读的时候反而不时会心一笑。描写林中四季风光景物时，弗提的文字也非常轻盈脱俗，生动细腻，不乏诗意。一句话，弗提的书写得真好，很耐读。读者如果对地球历史或古生物等方面的术语尚有点儿畏惧，那么就先看这本书，然后再去看他的那几本科普著作，在长知识的同时感受他的文字魅力。我先看了其中的几本，深知其著作的特点是内容丰富、思想深邃、逻辑缜密、表达热情，所以接手翻译这本书时虽然高兴（因为我曾想过，如果我能翻译弗提的作品就好了，虽然很有挑战，但也是我难得的学习机会），但认为与生物相关的专业性会很高，所以还和编辑刘朋讲过条件呢，要求多给时间，甚至做了各种资源准备，要去地质大学求教。不过，这本书真的没有过多的专业色彩，对于没有地质学和生物学基础的读者来说，读这本书就是跟着弗提这个导游在他的林地中兜风，听他告诉你这片林地的前世今生，看他得意地秀这片林地的生物多样性证明，并分享他对不可阻挡的全球化局势下环境与人的共生关系发展的看法。作者在这方面的态度非常冷静乐观，因为他不仅熟悉这个星球的点点滴滴，对人性也有独到洞察。这种冷静乐观基于知性，基于睿智，基于通达，所以不让人觉得冷淡，反而感到温暖。

在中国传统文学艺术中，林地从来都是重要角色，但细致的科学分析鲜见，多的是主观性强的咏叹，将其作为寄托情感的载体。可是在英格兰，森林不仅仅是人们怀旧的寄托，更因其实用性而受到重视，将林地纳入科学和经济学范畴进行研究在英国有悠久的传统，也在英国崛起中起了不可替代的作用。有句话很久以来被多人引用过，大意是说上帝给了英国海洋，给了法国和俄国土地，给了德国天空。其实这话说得不太全面，上帝也给了英国很好的土地。几万年前，不仅英格兰大地上百分之九十的陆地被森林覆盖，这片土地下面也有大面积森林遗骸——这片形成于石炭纪的煤炭资源就是上帝对英国的特别惠宠。英国硬煤储藏量约为 450 亿吨，占世界的 9.1%（而英国国土面积只占地球陆地面积的约 0.16%），且煤质好，煤层厚，埋藏浅，具有很大的经济价值，其中主要又在英格兰。那里的人们用煤不是近代才有的事，浅层煤开采完后，为了排出深处采煤层的积水，才促进了蒸汽机的发明，从而为世界带来了第一次工业革命。到 10 世纪才完全进入封建社会的英国能在短短几百年间走在世界前面实现了工业化、城市化，除了政治文化原因，这片古老的地下森林奠定的物质基础也功不可没。

英国人对地面上森林的热爱也不止于吟诵。由于战争需要和人口增长，英国森林资源遭到巨大破坏。尽管直到 1919 年英国才正式出台了该国第一部森林保护法规，但对森林的毁坏和保护其实一直存在于英国历史中，从顶层设计到基层行政管理都能显现出来。早在 1184 年，《伍德斯托克法令》的颁布标志着英格兰森林法的形成，但这个法还只是保护王室森林。1217 年，《大宪章》中涉及森林法的条款在扩充后，成为一部独立的文献《森林宪章》。在行政管理方面，架构也非常完善。由国王直接任命的森林看护人被称为林务官，《伍德斯托克法令》则宣称由王室森林所在郡县挑选 12 名骑士来保护国王的野物和草木，这些官员后来被称为护林官。各郡县还有自己的巡查官，他们也是非常重要的官员，负责视察森林内的草木情况，有时也调查在其辖区内发生的毁林造田、侵占林地等行为。巡查后的报告要由他们共同完成，并收入森林巡回法庭的档案中。森林管理的基层组织由直属林务员和承租林务员组成，其下还有骑行林务员和步行林务员。当然，林区内的私人林区也设有私人护林员。17 世纪包括文学家在内的许多学者自觉对林中的动植物进行细致观察，采标本，写论著，进行综合性科学研究。这种精英人士对森林资源的重视和自觉保护非常有意义，成为民众参与森林保护的启蒙和推进力量。虽然现在英国林地面积不到 9%，但举国上下，人们对林地的保护意识普遍较强，国家和非政府组织都采取了许多切实可行的措施以利于人们有效保护林地，如将大块林地分割出售给个人。本书作者就是因此成了林地主人。对地下森林的大规模采伐历经 300 多年后终于结束，2015 年年底英国煤炭公司关闭了位于英格兰西约克郡的凯灵利煤矿，这是经过 40 年结构性调整后当时还在开工的最后一个煤矿。而仅在一个世纪以前，该煤矿最兴盛时期曾有超过 100 万名工人同时在 3000 个矿井下工作。上帝的眷顾固然值得庆幸，但如果不珍惜，不仅败掉财富，还会遭到大自然的报复。本书作者在书中也表达了对这类现象的担忧。

本书翻译中最深刻的感受之一是更新了对使用一次性竹木筷子的看法。过去我也一直认为使用这种筷子不环保，但又架不住想偷懒的惰性，还总用，结果每次使用时都怀有负罪感。但看到书中山毛榉林地起伏跌宕的命运后，我的想法变了。弗提通过历史考证、实地观察、咨询林业管理专业人士，指出不同的树木有不同的用处，而且为了保护林地生态，林地上应有多种树木生长并定期砍伐。本书中不止一次提到由于新材料的开发和海外原材料的低廉价格，英国山毛榉树（还有其他树）不再为本土产业所用，于是林地管理被疏忽了。从某种意义上说，我觉得就像一个年富力强的人无事可干了，这也是对林地的不尊重啊！适当的砍伐不仅对林地的生物多样性有利，也对林地本身有利。做竹木筷子的竹或树应当是速生型的，只要不是剥削性砍伐，不是过去那种违背科学的野蛮砍伐，有规划地种植和开发这样的速生林有什么不好呢？再说，这种竹木筷子的生产能解决很多人就业的问题，用过后能降解，为其他生物提供养分而又不影响土壤。倒是很希望抵制竹木筷子的人能将力气用在抵制过度或多余的塑料包装上，那些塑料才真是贻害千年呢。“万物各得其和以生，各得其养以成”，我以为这个“和”还有参与共生之意，而这个“成”不仅仅是长大成熟，还有成材有用之意。

这本书从 4 月明媚的春天写起，我开始动笔译此书时已是深秋，所以大部分翻译过程就像在与季节逆行，有时从案头起身，看到窗外风景和书中光景的反差时会觉得很有意思。2016 年这本书在英国出版，能很快有汉文译本出现在中国，我作为译者很高兴，但也惭愧，因为无论怎么努力，都没能将弗提的“导游词”转化得神韵兼备。其实，几乎所有译者都会有这样的遗憾和愧疚。说实话，翻译书很苦很累，那种心理压力远超出体力透支的疲惫，而且我认为做译者吃力不见得就能讨好，甚至注定不能讨好。明知这样的结果还乐于此事，不是自虐，而是因为有益可图：作为译者，当然要对原著进行多次深度阅读，也因此能得到更多启发，开阔更广的视角，这就是译书的好处所在。我们这种普通人多半很难有机会能与学术优秀又善于独立思考的人士交流，向他们学习，而译书就是个好机会。当然，一般来说，译者也总会努力，尽最大可能提高译文质量。这样做是对原著和作者的尊重，也是对译本读者的尊重。

在本书翻译中，得到了时在西南林业大学专门研究植物保护的贺子昊先生（他自称为“耗子”）的帮助。我们没有见过面，但蒙他为本书第 3 章中飞蛾名称的翻译提供指导，在此表示感谢。还要特别感谢的是好友蔡蔚，近年来我在每一本书的翻译过程中都得到了她的鼓励。由于对她家元宝（一只友好、聪明、憨厚的金毛犬）的毛过敏，我们见面的次数少了，但钻入死胡同时我总和她散步（因她的衣上车上都粘有元宝的生物痕迹，我只能和她待在室外，哪怕雨雪霏霏，也必须保持一定距离），那些天马行空的谈话虽不每每令我茅塞顿开，也总能使我得到启发，打开视角。她还热情地帮我牵线搭桥，帮我联系到贺子昊先生，以利涉及有关专业的翻译正确。不能忘记感谢本书译本编辑刘朋，这本书选得这么好不说，汉译版书名也是他定的。当时看到他用微信发来这个汉译版书名时，就觉得很符合原著的封面，平淡却有内涵，亲近而不矫情。基于以前和另一家出版社合作的一本译作之教训，我曾和他就本书插图在电话中谈过几次，明确表示希望保留原著的插图，他答允了。

现在，我也要冒着风雨出门去附近的山上走走了。那里全是人工林，但山上和路边还有不少自生自长的野草灌木，其中不少是格里姆大堤林地里多见的荆棘，山坡背阳处还有很多蕨类和苔藓。回来时会在家门前的小树林中捡一些香樟树叶，这种树也与季节对着干，冬天被雪压着仍绿绿的叶子到春天就开始部分变黄变红，然后飘落到地上。把这些落叶捡回家用线串起来挂在进门处的镜子上，很好看呢。我没钱，也懒，所以从不做拥有一块林地的梦，但我喜欢房屋周围能有这么多香樟树，大约上百棵，最大的一些长在这里至少有 40 年了。一到冬天，樟树黑色的果子掉在地上，踩上去咔嚓咔嚓地响，还在地面留下黑色果浆，久久不褪去，显得脏脏的，但那段日子里出门就能闻到特别的香气，很提神，尤其是在冬天有雾霾的日子里，闻到这气味连情绪都得到很大安抚呢。长在小树林外围的是些常绿灌木，如海桐、红叶石楠、千头柏。还有些较矮的树，如白檀、女贞子，以及枝头开满红色系花儿的木槿和辛夷。后两种都是春天里先开花后长叶，在这些只长绿叶的树木的衬托下显得特别傲娇。千头柏的花要晚一个月左右，前天才开，一朵朵白色的花很小，很安静，然后悄悄变绿变黑，成为有棱的果实。不但我喜欢这些树，鸟也喜欢。阿泡最爱的消遣之一就是坐在窗台上看在树上嬉戏的鸟，甚至忘情到舞之蹈之，导致我家的纱窗很受伤（猫行为学家说这是它野性爆发想去捕捉猎物，但我一厢情愿地认为它是想加入其中嬉闹）。冬天很冷的时候，鸟不来了，风吹得树枝摇动，阿泡依旧会看得痴迷。开始翻译这本书以后，我就有些为这些香樟树抱屈了。如果生在别处，按照弗提说的，果子掉进泥土里，里面的种子就找到了安顿之处，可以长成树苗，然后变成大树。可是长在这里，要么落在水泥地上，结果只能是“南陌碾成尘”。即使落在小树林的地上能长出小苗，也会被除掉，因为按规划，树和树之间只能长宽叶麦冬。

不管怎么说，不用花钱就有一块小林地包围着，不用花气力就能看见窗外绿影婆娑，“树下即门前”，真好。很知足，幸福感满满的了。

石定乐

2018年清明于大彭村地山书房

目　录

第 1 章

4 月

在一家大博物馆里工作了大半辈子，所以非常向往能过上与大自然亲密接触的生活。身为博物学者，一直以来，我的工作就是和死气沉沉的化石打交道，而那些化石的前世都是些早已从地球上灭绝的动物。现在真该和活着的家伙们来往了，动物也罢，植物也罢，活的就好。说来也巧，奇尔特恩大丘一带恰好就有这么一小块土地要出售，也多亏妻子杰姬发现了这个广告，我们便留意起来。通过一个电视系列节目，我们得知这块 1.6 公顷的地产深藏在一大片高大的树木背后，放眼望去，地上全是山毛榉树和蓝铃花，就这也足以让我们心动了。及至到了那里，漫步在那片林地上时更是觉得好生自在畅快，便决定下手买入。就这样，2011 年 7 月 4 日这一天，我们正式成为格里姆大堤林地的主人了。

这里野生动植物多种多样。大地季节轮回，林间朝晖夕阴，气象万千，我便开始以日记方式把这一切记录下来。为了能细致观察，我将一个树墩作为专门观测地点，坐在这个树墩上将所见所闻所感记录在一个皮面的小笔记本上。就这样记着记着，竟不由自主为这片林地着手编撰传记了。说实话，传记（biography）这个词用在这里再合适不过了，因为在英文里，这个词和生物学（biology）一样都以bio开头，而我收入记录中的绝大部分正是在林地中或走跳飞爬或扎根生长的生灵。这样记录了一段日子后，就觉得记录的不单单是大自然的更新周转，更像还记录着人类历史事件。这块林地的年头可以追溯到古老的岁月，能有今天这般模样，不知经过多少代人的开发、重建、修整。以铁器时代为起点，直到近期，也就是林地新开发时代，对英格兰乡村在这期间的发展追根溯源很有必要。所以，大规模对林地进行新开发，也正是为了满足人们的需要，比如用山毛榉木做家具用品或者做成支帐篷的木桩。就这样，为了弄明白一些被人淡忘的工匠手艺，或努力让一些业已退出人们记忆的老话焕发生机（比如“椅子腿车工”呀，“打桩”呀，“引火柴”呀，这些还真都和山毛榉木的用途有关），我投入了极大的热情，简直像得了强迫症一样不能罢休。如何伐木，如何对原木最终变成器具的整个过程进行跟踪，如何乘坐升降机来好好观察树冠，如何对沿着林地一侧蜿蜒的格里姆大堤进行考古研究（因其有大量古代遗迹特征），我都一一制订了相应的计划。不过，我最大的希望是不仅能从这片林地获得灵感，还能获得好吃的。

试图了解林地上的动植物如何通力协作创造出这么个丰富多彩的生态环境时，住在我灵魂深处的科学家又被唤醒了。苔藓也好，地衣也好，草本植物也好，昆虫也好，菌类也好，每一样东西都得挑选出样本。除了山毛榉树，我还对橡树、白蜡树、紫杉等都进行了细致观察。曾在月光下诱捕飞蛾，也曾在大白天挥舞纱网来捕捉大蚊，把腐烂了的树干扶起来只为确切了解腐朽分解的过程都还不算什么，我甚至还爬到荆棘从中去拨拉这些满身带刺的东西，使劲嗅它们的味道。我心心念念想通过对这块林地的认真观察研究，把自己那些零散却十分正确的地质学知识有机地整合起来。在人们眼中，山水草木似乎在岁月里凝固了，而事实恰恰相反，它们一直处于不断变化中。为什么会这样？那就不妨从这块林地来入手做番探究吧。简言之，观察这片林地堪称一个项目了。

格里姆大堤林地位于牛津郡南部的蓝姆布里奇林地的中心。蓝姆布里奇林地历史悠久，称它古老并不为过，而格里姆大堤林地只是其中心部分的一小块。把蓝姆布里奇林地分割成许多小块林地包租出去固然有利于先前的林地主人钱包变鼓，也唯其如此才能让各色各样的人来到这里，或经营或安居，各自用独特的方式为一块块林地平添传奇色彩，成就一段段佳话或逸闻。据考证，被贤妻杰姬称为“我们的同林鸟”的林地居民中还真不乏名士大师级人物，有著名的古钢琴演奏家，有商学界知名教授（虽然已退休），有吉尼斯的创建成员[1]（注意了，这是个乐队，可不是《吉尼斯大全》的作者），有一位由病毒学家转行而来的植物插画家。这还不算，还有从演员变身为心理学家的，更有一位神秘女士，据说称得上传奇人物呢。蓝姆布里奇林地被分成许多小块，而我们名下的这一处就是最小的那块。所有“同林鸟”都渴望能和树木亲密无间，尽管怀着各不相同的目的。有的很单纯，就是想能在树木环绕中做个美梦；有的则渴望能借树木一次赚到一大笔；还有的则希望树林能成为源源不断、细水长流的财源。至于我嘛，可以掷地有声地说：我就是一个纯粹的自然学者、博物学家。作为林地居民，我们都应保护这里的树木，防止乱砍滥伐，也决不允许在这里大兴土木。回看蓝姆布里奇林地的以往岁月，可以发现在过去任何时期，生长在这里的树木都比现在更被人重视。今天它们遭到漠视忽略，也绝非只因为它们长在这里，而是与更大的环境不无关系，比如商业、市场等对其的影响深远重大。就拿距此不过 1.6 千米的泰晤士河畔的亨利镇来说吧，那是我的老家，和周边乡村浑然相融，共荣共兴。很多世纪以来，这些土地上的林地如何处置都由所属采邑的爵爷说了算，格里姆也有这种经历。在这片土地上，曾有谁潜伏在大树下并向宿敌发动袭击，频频出没的盗猎者不知可有斩获，露宿的流浪汉又去了何方，小憩的诗人是否获得灵感，响马让多少人经过此地的经历从此成为噩梦……这片林地见证过多少悲欢离合、生死沉浮啊！站在这里，我不由得浮想联翩。

就在把这片林地当作项目进行认真观察研究时，我变得很贪心了，连我自己都没料到会变成这样。做这个项目势必要搜集整理观察材料和标本，我在自然历史博物馆里做了几十年标本整理工作，所以搜集整理观察之事本算不上新奇，可这次我的激情被重新唤醒了。在自然历史博物馆里工作的那么多年间，我从未对获取标本有多么迫切的愿望，现在我却一下子变得很“贪婪”了。在林地中采集样本是必需的，但我不想摆出老科学家的范儿，还那么中规中矩、按部就班地做，我想要摆脱教科书的束缚，做得随意些。对，就像轻狂少年，没准儿我心底就住着个老顽童呢。18 世纪里有身份有教养的人家中都会有一个藏宝柜，将自己搜集到的珍奇物件一一摆上去，可为清谈提供话题，亦方便观赏把玩。几个月后，我搜集的宝物很多了，便想有这么一个柜子来放这些宝贝就好了，何况要摆上去的东西还会与日俱增。我的这些宝贝或是一块石头，或是一片羽毛，甚至就是一株干枯的草什么的，和 18 世纪老爷们的藏品当然全无可比之处。但我认定好奇心是人类很了不起的直觉，因为好奇心，人们才对那些曾坚信不疑的陈见定规叫板挑战。人类历史上冲突不断，种族灭绝的惨剧也从未停止上演，都因为那些根深蒂固的所谓传统观念在作祟。持那样的陈腐观点，将别的民族视为异己、罪人，或看作没有宗教信仰的坏人。对这样的陈见定规而言，好奇心特别具有摧毁力。假设我可以对芸芸众生发出一道指令，那我一定会说："一定要保持好奇心！"在格里姆项目中搜集的宝贝太多了，简直可以让我开个新古玩店[2]。如果要将这个项目的成果保存起来，在这里搜集的所有东西都不能落下。当然，那个皮面的笔记本也绝不能受到冷落而被搁置一边。

搜集的东西越来越多，必须用柜子来放置了。杰姬和我打算砍倒一棵樱桃树，用其木料做个柜子，好存放我从林地里鼓捣来的宝贝。这事必须和菲利普·库曼好好合计，因为这位先生是奇尔特恩一带有名的家具匠，一直以来坚持在当地取材进行木作制造。菲利普的工作室叫轮匠谷仓，位于奇尔特恩大丘边缘某处，与格里姆大堤林地的直线距离也不过约 8.5 千米，但沿着蜿蜒的古道走去就有 24 千米左右。工作室里气氛平静祥和，几面墙上都挂着精心处理过的木材切片，充分凸显出不同树木的特质，如色彩呀，质地呀，纹理呀，还有树龄呀，等等。这一切不但能综合显示各类木材的不同特点，还让人感到树木如人，也是有个性的。世界上没有两棵树是相同的。有的木刺一直向心逆长，插入年轮里；与色彩浓烈的核桃木相比，白蜡木显得灰白暗淡；色调温暖的樱桃木与橡木放在一起则相得益彰。显而易见，菲利普不仅对原材料非常重视，还坚守场所精神——相信自然万物和人一样，其前世今生都是有归属感的；也唯其如此，手工制作的每一件东西才被赋予了真实感，让人感到亲切。他亲手制作的樱桃木收藏柜将成为我们林地实实在在的载体。随着项目的深入推进，不仅摆放从林地中所得的标本材料，经整理陈列后，柜子本身也会成为林地藏品之一。关于柜子的设计还有待商榷，但我相信这个人的眼光不会错。我该做的只是在林地上游游荡荡，信手捡拾起感兴趣的东西，耐心等着柜子做好。要让我的那些东西搬进柜子就不能性急，这可不是三两天就能做好的。

不错，该书亦可被视为另一种收藏。一年里，我对林地做了不间断的简要记录。效法 H.E. 贝茨的《穿林而过》[3]，我也没有按一年到头 12 个月的顺序来写作，而是以万物苏醒、生机勃发的 4 月为第 1 章。贝茨的作品一贯由作家兼插画家克莱尔・莱顿[4]加盟助阵，后者以自己的花园为模特，逼真再现了四季景物变幻，她的《树篱》一书尤为贝茨赞赏。贝茨书中写到的和莱顿插图上画的，几乎都被我的同事和朋友辨识出或按图索骥找到了实物。自然史引领着科学前行，于是有了大片土地被开发利用，产生了林地相关技术和买卖，从而也使泰晤士河沿岸蓬勃兴盛。人类的愚蠢行为和自然灾害之伤，又使这些封闭在树木下的林地与更广阔的世界发生关联。对这些庞杂的资料进行搜集，不仅能对林地今日的种种现象做出解释，也能使以往发生的一系列特殊事件产生关联。我想对大自然的多样性推究个所以然来，而拥有的这一小片土地偏偏就能折射出这个大世界。那么就让我作为林地上树木的眼睛，来将这片林地看个透透彻彻、明明白白。

蓝铃草

有些树几乎挨个长着，就像好朋友一样互相扶持。还有些树则颇具特立独行的风范，不管不顾地独自长在那里，四周空荡荡的。诗人爱德华·托马斯[5]曾写道：“山毛榉树笔直向上，但并非所有的山毛榉树都如此挺拔高昂。”的确，每棵树都有自己的特点，尽管它们互相为邻，共生为林。有的会向较弱小的邻树稍作倾斜，有的则因为很久以前树枝折断过而留下伤疤。这边一棵大树终于让枝盖高高伸向天空，整个看上去庄严挺拔，而另一棵的树基矮矬矬的，像大象的腿那样杵着，至少有大象腿的那份壮实。没有两棵树会一模一样，然而，由于林地有这么大，这样的共生环境又使这里所有的树看上去都似乎经精心设计做了布局。早春的阳光下，山毛榉树灰白光滑的树干闪烁着银光，更为林地的这番景色平添和谐之美。正是这些骄傲挺拔的大树才使这片林地俨然成为一座大自然的庄严圣殿，不过这个圣殿却受着任性阳光的影响摆布。

刚进入 4 月，山毛榉树的叶子多半还包裹在芽苞里尚未长出。阳光洒满了林地，甚至有些就直接倾洒在去年的落叶上。这些落叶已经干枯，深褐色中带着金黄，散落后又不断被后来的落叶压住，就这么堆积起来，像铺在地上的一块块褴褛的补丁。即使干枯了，这些山毛榉叶子仍然顽强，拒绝腐烂。阳光还带来一年里第一束无遮无挡的热量，扑面而来的暖意提醒人们季节在转换了。山毛榉树闪烁着银光的那一侧树干似乎真的热乎乎了，抑或只是我的想象而已。可是人们完全可以充分想象：有 4 月的暖意滋润着，在灰白色的坚实树皮下树液正在细细流淌。有的地方土壤较薄，受到阳光照射后，已经有花儿等不及开了，惬意地享受春日的温暖。眼下可不就是它们绽放的好时机，纵然很快就会凋零成泥而去，也要怒放笑对春风。面对这一派大好的早春风光，我不禁伫立沉思良久。之后，我便四肢并用地趴在地上，想看清那里还有什么变化。我看到靠近林中小路的地面上有一簇簇的植物，心形的叶片上有些白色的小斑点。我还看到在阳光下白屈菜开出了干净光洁的嫩黄色小花，每朵都从花蕊向外伸出八片花瓣，而不是像孩子初拿画笔时想象中的花的模样。有白屈菜的地方就有学名叫犬堇菜的野生紫罗兰，如果说白屈菜的花单纯简洁，那么野生紫罗兰的花就式样复繁，紫色的花整个就直接开在弯曲的梗茎上，近花心处的花瓣不仅变成卵形，还渐渐多了深色的纤细条纹。每一朵花全凭花心才能诱惑引导昆虫来帮忙授粉呢，这些条纹原来就是为那些虫子设计的路牌：寻宝由此向前，顺此路前行保证收获满满。山毛榉树间的空地上到处长着一种散发着怪味的臭草，绿油油的叶片细长光滑。这些草努力把梗茎挺直，想要尽可能多获取一点儿来之不易的暖暖日光。林地边缘还长着一些羊角芹，带裂纹的叶片为这里铺上了一块块鲜艳的绿地毯。只是这种植物因名声不太好而不受待见，人们对其严防死守，不让它们进到自家花园，它们也只能在野地里自生自灭了。[6]

只顾着欣赏路边的小花浅草，多少会忽略奇尔特恩的壮丽风光。可我还是宁愿这么做，好比在美味主菜上桌前，更想尽兴吃些开胃小吃。4 月天里，这片英格兰山毛榉林真是旖旎春光看不尽，赏心悦目莫过于此。走过一小段臭草丛，就来到林地边缘了。这里有那么多蓝铃草，堪称一片蓝铃草的海洋。林地其他地方开满了五颜六色的花，姹紫嫣红，但这里就只有蓝铃草。之所以称其为蓝铃草海洋，更是因为这一大片蓝铃草延绵开去，分外茂密，犹如杜飞[7]画中帆船下的那片大海一样。当然，也可以将这大片的蓝铃草形容为一块巨大的地毯，这么说对这处大自然圣殿的地面的形容也更为贴切。何况这一大片蓝色还带着不同的色调，深沉丰富，层次多重。这还真不太像海水的蓝，倒更像荷兰台夫特锡釉陶器上的那种钴蓝。这片土地犹如被一个大魔术师用手拂过一样，一下子变得色彩浓郁起来。虽然这样的斑斓只能持续几个星期，但山毛榉树下的土壤便会因此产生变化。从远处看过来，那片蓝似乎被蒸发了一样袅袅升起，若有若无的蓝雾飘在上方。能有这种香雾空蒙的视觉效果，就因为这些都是英格兰蓝铃草，其拉丁学名为 *Hyacinthoides non-scripta*。这个品种与英国其他的蓝铃草不同，它完完全全是在英国土生土长的，独具特色，开在早春，美得不同凡响。西班牙蓝铃草（*Hyacinthoides hispanica*）的植株要粗大些，花穗也更挺直，但着实少了几分清秀婉约。英国很多地方都用那种西班牙品种和本土品种杂交种植。在英国的众多花园里能见到的多为西班牙蓝铃草，但我们这块林地上绝对没有那种外国蓝铃草的身影。

蓝铃草从小土豆那么大的白色球茎中长出，每株只有一根花茎和几片裹得紧紧的尖叶，那根花茎约莫和人的前臂一样长。蓝铃草色彩浓郁的花在优雅弯下的花茎上排成一排，也就是聚集为总状花序。当然，总状花序是正确的科学表达，我更愿意说它长得像一串铃铛。花序最下端的花最先开，六片娇嫩的花瓣在末端向后略略伸展，就像为奶黄色的花粉囊穿上了一件下摆微微往外展开的俏皮小裙子。由于每一棵蓝铃草上的花都是从下往上依次开放，所以这些可爱的小花还会留在枝头招摇一段时间。各处的自然条件不同，气候也有差异，林地坑洼里蓝铃草都同时开花的现象很少会出现，有的地方就是花期滞后些。蓝铃花开到哪里，哪里就一定会顿时美艳，虽然为期不会长久。这些小花一定要有足够的数量聚集才会散发出那种令人喜爱流连的芳香。蓝铃草不是靠种子而是靠球茎繁殖，所以繁殖速度缓慢，如果在林地中看到大片的蓝铃草，那也就意味着它们很久以前就生长于此了。换言之，林地边今日这些让我赏心悦目的小花已经在此处生长好几个世纪了，早就让很多人驻足欣赏爱怜过了。真想采那么一大束啊，可是拿回家放入花瓶后它们就会失去活力、憔悴发蔫。它们必须抱团，只有以大体量存在于大地上，天生丽质才能得以充分展现。藏在冬青树从深处的画眉鸟发声了，鸣唱着重复的旋律，像在为这里的一切不断衷心祈福。

这片山毛榉树林地归我们所有了，林地边有大片如毡的蓝铃草，林地上长满了苍郁古树。这些古树悠悠生长，悠悠老去。格里姆大堤堪称古代建筑的丰碑，当年蓝姆布里奇林地被其主人分成小块出让时，我们的这一小块便因其得名为格里姆大堤林地。这个名字听上去有那么一点儿浪漫怀旧，我们这才被打动而心甘情愿掏钱买下。林地的地形很特别，呈三角形，而且三边几乎相等。其中的两边已划出做了公共步道，要开车到这个三角形的东北角就得沿着纵穿蓝姆布里奇林地的铁轨驾驶。铁轨尽头有一原本是谷仓的建筑（这座建筑会在本书中重点提到），那也就临近我们这块地了。站在地上，几乎觉察不出这里的南部地势略低。到了冬天，每逢日落时分，便能发现从微微斜下方有一缕亮光射入，妙不可言。这块林地只有区区 1.6 公顷，着实不大，算不上是大森林，但林地里成年山毛榉树超过 180 棵（我亲自数过）。至于蓝铃草具体有多少，我还真没数呢。

从伦敦往西走约莫 56 千米，就来到了奇尔特恩大丘的高处，也就是蓝姆布里奇林地，这里紧挨着牛津郡的南部。虽然离京都就这么近，蓝姆布里奇林地却没半点儿繁华喧嚣，在这里反而有种远离滚滚红尘的感觉。站在蓝铃草前陷入沉思时，偶尔有从希斯罗机场起飞的飞机从上空掠过。听到飞机的轰鸣声，我才意识到大都市的脚步已经走来，近在咫尺。

从伦敦往东南方向行 80 多千米就到了奇尔特恩大丘，这里的山势顺着裸露的纯白色白垩岩蜿蜒起伏。白垩岩也称作石灰岩，多佛是英格兰距欧洲大陆最近的地方，那里著名的白色悬崖也是由这种岩石成就的。尽管全世界哪儿都有这种石头，海外归来的英格兰游子还是一看到那白晃晃的岩石就哽咽流泪，所以也可以把这种白垩岩看作英格兰的象征。奇尔特恩的白垩岩很具地质学特性，用铅笔刀都能刨下白色粉末来。即便如此，比起北边那些在较低处的白垩岩，或西北方向靠伦敦那边高处的白垩岩，这里的硬度还是高一些，也更均匀。同样经受亿万年的风化和腐蚀，奇尔特恩大丘的白垩岩的硬度却分明比南边和北边的同类岩石要高，真是不可思议！

丘地的北坡非常陡峭，这个北坡就在我们名下的林地西北方，不过 16 千米之遥。站在北坡深入到牛津郡的那端极目远眺，景致极佳，能将艾尔斯伯里谷地的风光尽收眼底，还能看到远处的牛津。从我们的林地到北坡的半路上，还可以看到内托贝的风车山，海拔有 211 米之高，这可是英格兰南部的最高点。奇尔特恩大丘一带的山坡植被丰饶，林木茂密。北部地势较平坦，许多低地也得到精心打理，一块块绿色的庄稼和一块块翻耕过的褐色待种土地有序相间。搜一下谷歌地球或查看地形测量图，就会发现无论是从空中鸟瞰还是看取平面图，这样的布局比比皆是。这里的高地有悠久的农作历史，长期回荡着牧歌，时至今日仍能成为主要旋律，则主要靠了森林支持，这些森林也因此才能保留至今。我们的这块林地虽然小到不足道，但仍有树林、耕地相间，犹如许多不规则的小块图案，片片相连，织成一块地毯。其他林地上虽然也分布着一块块耕地，但说实话，都还多少有朝向低地的开阔处，而我们这块地周边全被灌木丛、杂木和藤蔓包围，围了个严严实实。

还记得头回到奇尔特恩大丘的感受，在那之前我们从未来过蓝姆布里奇林地。一踏入林地，就感到震撼——似乎觉得自己进入了大自然永恒的王国。行走其间，就一下子忘掉了紧张疲惫的城市生活，顿时浑身里里外外一阵轻松。树林静静立在那里，看着它们，我们突然领悟到，那些缠绕在心头的琐屑烦恼实在算不了什么。这些树林祥和安宁，是动植物的天堂，也是我们安置心灵的安全妥帖之所。爱德华·托马斯在其诗作《南方乡村》中精心描绘的正是树林的这种能启发人们心智的无声力量，在他之后近百年之时，罗杰·戴金的《野树》又为他做出了现代人的呼应[8]。1933 年，农场主 A.G. 斯特雷特列举了人到中年后的种种失望沮丧后写道："林地没有任何变化。我缓缓穿行其中，不觉间那些让我备受煎熬的烦闷苦愁渐渐消失了。行走在林间，我获得了宁静和自在，这些寂静无声、伫立不动的树竟抚平了我心灵的伤痕。"的确，出手买下格里姆大堤林地当作我们的宁静家园，不仅仅出于单纯的热情，背后还有与之相当的情绪因素在做推手。可以说那是浪漫情怀（甚至还可以说是古典浪漫情怀），但说到底又有什么错吗？亨利·戴维·梭罗曾对英国诗人如此评论道："他们通篇洋洋洒洒，表现出由于身处大自然而感到爱的冲动，从而热情洋溢，动情歌颂，但对大自然本身的热爱少之又少。"[9]是呀，林地让我们感到愉悦，但这其中很大一部分乃是因为能借它亲近自然，并能对大自然进行仔细观察，从而感到由衷的快乐。现在，我终于明白：自然史不仅仅是大自然本身的历史。林地不是亘古不变的，它今天的样子只是人们劳动构建的成果。我们的祖先一代一代不断对它进行构建，反反复复进行修整，甚至几近将它毁灭；工业化虽然使它免遭砍伐殆尽，却沦于被人遗忘，复又被记起。在林地历史中，动物和其他草木也不可忽视，它们尽其所能与林地互助生存，但到底都还只是被当作猎物、柴草和饲料而已。所谓自然史就是人类历史的一部分，也包含了人类历史。人类和自然共同发展，结果就是我们今天看到的这样子了。满心浪漫而与大自然产生共情很好，但更应该对其历史进行严格检审，这样才能擦去那些想当然或自以为是的锈斑，看到真相。

所以，本书力图将浪漫诗意与实证研究结合在一起。我记录了林地上的山毛榉树和其他动植物，还有光影的游戏和季节的脚步，以及远足跋涉的路人和令人惊喜的发现。有些在这里采集的标本被拿到实验室中做成切片用显微镜观察，有些不认识的动物（多半是些昆虫）还拿给专家寻求指教，因为我在这一方面知之甚少。为了明白林地的前世今生，对林地的行政归属、发展沿革、经济价值做到心中有数，势必要参考大量的历史文献和档案。检索那些古代地图、契约文件、商品目录还真耗时颇多，这是项目研究不可或缺的部分，而我也乐在其中。我还采访了一些熟悉林地的老人家，所以本书不仅对地质学有所涉及，在考古学方面也有并不止于肤浅的讨论。

此前，我写的都是学术专著，主题也堪称宏大，如生命的发展，或从实验室角度如何看待世界起源，等等。这本书就完全不同了，它关注的只是一块面积微不足道的古老林地，不过是从各方面对其进行观察考证而已。这片小小的林地上有多样的动植物和菌类互生，而我的种种观察结果会促使生物多样性一说被更多的人理解。生物多样性不只是存在于热带雨林中或珊瑚礁里，几乎凡是有生物栖息的地方都有多种有机体聚集在那里，它们竞争、合作、互助生长。我们今日的困局应归结于气候和栖息地环境的变化以及种种污染，当然历史进展、人类畜养也是重要因素。在我看来，通过对林地的缜密观察、综合分析和深切感受，就会发现它宛如一首美丽的诗歌。不过我也明白，描述尽管详尽，但单单这样做并不见得就能真正完全地理解林地。写到这里，不禁想起华兹华斯在他的一首诗（可能是他写得最糟的那首《荆棘》）中写到的几行[10]：

“左边，三码之处，
有一小池，
池水浑浊却不曾干涸。
长有四尺，
宽有三尺
我曾将它仔细丈量。”

和达尔文的关联

明知做地形地貌的描写难讨巧讨好，还是打算对林地周边的田野风光做一详尽介绍，因为这个环境对林地的历史发展至关重要。格里姆大堤林地位于高高的山脊之上（当然，蓝姆布里奇林地也一样），其北面是一陡峭坡地，一路俯冲到山下的交通要道。谷仓前有一片地斜伸入大坡，从前地上长有大树，现已砍去，改用篱笆结结实实地围着养了鹿。林地的主路是双车道，一路向西，尽头就是一块干燥的洼地（这种洼地在奇尔特恩有很多）。正是这条路将林地与很有历史来头的、坐落在泰晤士河畔的亨利镇连接起来，而我家就在那个镇上。当然，21 千米以外的沃灵福德镇要大得多，历史来头更大。沃灵福德镇也紧挨着泰晤士河，与亨利镇隔河相望。不过，这条大河似乎不愿和奇尔特恩有什么交集，便在两个镇子之间突然一下子往南折去，流到面积大得多也热闹得多的雷丁，最后大自然的鬼斧神工又将它推到距沃灵福德约 11 千米之外的戈灵村附近。这里位于泛滥平原[11]的东边，白垩岩峭壁到此形成了一个峡谷，"戈灵峡谷"地理学家的这个命名平淡却贴切。泰晤士河蜿蜒前行的风光，在罗伯特·吉丙斯[12]画笔的描绘下再生动传神不过了。说实话，他能那么娴熟巧妙地将自然史与敏锐观察的心得融合后用各种手段再现出来，我佩服不已。在亨利镇和沃灵福德镇之间穿行的这一段只是泰晤士河的一小段，却对亨利镇和其周边地区在中世纪的发展产生了重大影响，我们的小小林地就在"周边地区"中。在当年从伦敦到牛津的交通运输中，这个镇算是数一数二的重镇。可以说有了泰晤士河，才有亨利镇，亨利镇的繁荣昌盛都离不开这条大河。

还可以用其他方法来说明我们这片英格兰乡村林地的位置。古代的英格兰就像用形状各异的碎片拼嵌而成的拼贴画，每一小块碎片都意味着有各自的主人和相应的责任义务。教区、乡村、采邑都各有所需。泰晤士河畔的亨利教区历史悠久，格里姆大堤林地就在其边缘。这一教区成立于 13 世纪，其最早的教堂就是用燧石筑墙而建的圣玛丽大教堂，坐落在亨利镇中心，距林地不过 3.3 千米。出亨利镇后，大路向沃灵福德和牛津方向而去，开始变得笔直，路旁草木葱郁，大树成荫。这段叫一里好路，这真是名副其实啊！[13]教区也从这里向外扩展。走完这段一里好路便来到三岔口，最右边那条较窄的路可穿越谷底到达斯托纳村，如沿主路往前，翻过小山坡，可抵达内托贝和沃灵福德。而我们的林地就在大路左侧（即南边）的山顶上，占了最高点。三岔口也标志着下阿森登村的尽头。到了这里就可以看到红鸢在空中飞舞，便知道我们的林地不远了，因为我们在林地上也能常常见到这玩意儿。下阿森登村舍里飘出的炊烟升起，烟味一直飘到我们的林地上。这个下阿森登村里有一个叫金球的酒馆，也是离我们最近的酒吧。这个金球酒馆看上去和这里的丘陵山岗一样沧桑，若要去那里喝一杯，我们还得沿从蓝姆布里奇过来的一条小路下山，山路上乱石遍布，还很陡。如果往山上走，就等于背蓝姆布里奇而行，但到了山顶就又到了一个古老的村子，村名极简，就叫比克斯。比克斯靠近一片公地，这里则属另一个教区。

不过，对我们这里要讲述的来说，教区也罢，村庄也罢，都不及其领地主人重要。根据蓝姆布里奇林地有记录的历史，它绝大部分时间都属于采邑主人格雷的家族（我们的这块也包括在内）。主人的庄园，也就是格雷庄园在格里姆大堤林地约 1.7 千米外，至今还在，也算了不起的历史遗迹了。这个庄园和地产现在均由国民信托组织[14]管理，成千上万的游客慕名前来参观游览。看到庄园前乘车而来的退休老人和露营野餐者，真的很难想象原来这座大宅曾与世隔绝，远离红尘喧嚣。不过，话说回来，奇尔特恩大丘早先是荒凉之地，人迹罕至的偏僻乡野。不法之徒在此安营扎寨，被视为异端的教徒也在此藏身。在伦敦周边诸县中，格雷庄园至今仍是一处没有受到城市化影响的小小古迹。站在庄园前的草地上放眼看去，视野开阔，只见一大片洼地上羊儿吃着草，周围是茂密的山毛榉林，根本看不到那条现代化的道路。你不禁会以为这里的交通还得靠骡马，而伦敦则分明是另一个完全不同的世界了。

格雷庄园虽然屹立不倒，但实在说不上宜家宜居。这片建筑的一部分是城堡，建有12世纪的防御工事，还有一部分则是都铎时代的大宅。从中世纪起，这里就一直是私人财产，直到1969年这一情况才发生变化。大宅外有一间砖砌的小屋，内有一个约莫是古代建造的木头水泵，构造复杂得不得了，简直可以放到外面去当园林饰品吸人眼球了。然而，据说这个水泵直到20世纪还在工作，能将深藏在白垩岩下的水汲上来。由此也就不难想象，像格雷庄园这样一个地方可以经受历史风霜吹打而不倒，艰难时能突破困局，时势稍有转机时便能迅速繁荣。这片广袤丰饶的封地可以使这家人衣食无忧，更兼土地肥沃多产，草场牛羊肥壮，山毛榉林不仅可砍伐做燃料，还为狩猎提供了绝佳的猎场，何况还有充足的水源。蓝姆布里奇林地就在这片封地的最北边，而靠近庄园的土地几乎都被开垦了。显然，正是因为处在边缘位置，这片林地才历经久远仍得以保存，所以边缘化也自有好处，不见得就一定不好。

格雷庄园的显赫人物辈出，当然这个家族也应该有自己的教区，只是这个教区的教堂却没有半点儿与这家名门望族相称的宏伟气派。教堂很小，就建在罗德菲尔德·格雷镇的大路边，挨着教堂建的钟楼也很矮。罗德菲尔德·格雷镇不大，也有个酒馆，叫马斯特之臂。要是不算那家金球酒馆的话，它就是离我们林地最近的酒馆了。要去这个教堂或酒馆时，我们可以走林地上的一条公共绿道，一直往南，穿过一小块空地就到了，全程也不过1.7千米左右。我倒从来不曾有那份荣幸见到这个显赫家族的任何后人。不过几千米之外就是泰晤士河，沿河步道上行人络绎不绝，可是奇尔特恩这里还是云雀的家园和流浪者的天堂。在阳光晴和的春日到下面的山坡上走走，稍稍留意，就会发现令人开怀的事还真不少，前面提到的马斯特之臂就是一处能让你开心的地方。这类老式酒吧的屋顶矮矮的，都没有天花板，一根根橡木房梁就那么大咧咧地横在头顶上，炉子里火焰跳跃（那炉子里烧的可都是一点儿也没掺假的劈柴煤炭啊），也没有所谓背景音乐的劳什子。酒馆主人对酒客们的热情也是发自内心的，没半点儿矫情。

依照老传统，教堂和酒馆比邻。教堂里有一侧专用来安置小纪念碑，纪念格雷庄园历代的老爷和夫人，因为正是他们多年拨款赞助支持了这个教堂。这个教区历任主教的纪念碑也安置在教堂里。教堂里甚至还有座雪花大理石陵墓，庄严无比，里面躺着的是弗朗西斯·诺利斯爵士和他的妻子凯瑟琳[15]。他俩的雕像并排安放，都躺在那里做祈祷状，而陵墓周围是他们的 7 个儿女的雕像，也都是非常虔诚恭敬的样子。只是最小的那个孩子的雕像让人看了不免难过，因为那孩子还在襁褓中就夭亡了，所以这个孩子的雕像被放置在父亲身旁。在亨利八世和伊丽莎白一世时代，诺利斯爵士都是宫廷重臣，所以我很乐意想象这位大人物在要务之余也来到我们的这片林地上散步散心，只怕还在这里打过猎呢。教堂中间的地面上有一尊铜人像，这是为了纪念罗伯特·格雷，他于 1388 年过世。这片封地和这座教堂都以他命名。相比之下，这尊雕像就显得寒碜了。雕像上的他穿着锁子甲，腰侧佩着剑，戴着臂铠，仍做祈祷状，显得有些僵硬，看上去不太像尊人的铜像，反倒更像什么象征性符号。

过去的几百年里，采邑主人和他们的封地财产都拥有至高无上的地位，那些与格雷家族封地为邻的小地主则组成以这家庄园为中心的小社会。瘟疫虫害时有发生，这些小地主便共同遭殃，年成好坏，或喜或愁也一起分享。这些地主乡绅彼此熟悉，相互造访或前去问候也稀松平常。正是这些人渐渐形成了一种特殊圈子，家母戏称其为“微缩县府”。随着人事政事变化，这些土地上的人物有些名声显赫，有些则被人淡忘。领地上的佃农、仆役和工匠们的身份也不断悄然变化着并持续至今，而且也都渐渐被人们接受了。离我们这片林地最近的一块地产是伏利庄园[16]，也是离格雷家族封地最近的一处庄园，其北边就是亨利公园，一只信鸽几分钟就能从格里姆大堤林地飞至那个公园了。东边是白杰莫尔庄园[17]，那里的精美房舍早已坍塌，现在能看到的只有一家高尔夫俱乐部了。再往北多走一些，就能看到一片谷地，那里的房舍虽不高大，却结实好看。这就是斯托诺家了。这家人自称祖祖辈辈已在那里定居了 800 年，算得上是整个英国最古老的家族了。

从另一张地图上可看出，比起罗德菲尔德·格雷镇来，这块林地实际上距泰晤士河畔的亨利镇要更近些。地方行政区是地方政府的基层管理单位，这种行政区大多和旧时的教区范围有所不同。地方行政区选举出的是议员，而不是教士。行政区多在 19 世纪末就已形成，自成体系，有利于地方政府管理。拿我们的林地来说，虽然它在亨利教区，和那个格雷庄园有历史渊源，但按行政区划来说，就属于罗德菲尔德·格雷镇的管辖范围。从地图上还可见，蓝姆布里奇林地一直就处于某个村子或教区的边缘地带。如果想韬光养晦，这种位置再好不过了。像许许多多这类小规模林地一样，我们的这块林地也不用上缴什一税，也就是无需将林地所得收入的 1/10 交给所属地方教会以助其开支。根据 1836 年议会制定的宪章，整个英格兰都将什一税上缴户头纳入编目。在牛津郡的档案馆还可看到 1840 年蓝姆布里奇的应税账户，那上边应上缴的一笔一笔税款可是相当清楚哟。但在分户账本里某页的上品铜版纸上，某个办事员写道："免缴。"有时，我也会在罗德菲尔德·格雷镇议会的捐献箱里放进一个 1 英镑面值的硬币，以此弥补些许良心亏欠，觉得这样做能让自己安心一点儿。

1922 年，蓝姆布里奇林地被从格雷领地划出来出售，而这还和《末日审判书》[18] 问世的那个年头有关。现在我们手头还有张地图，详尽标明"蓝姆布里奇农场和 160 公顷林地"于 7 月 22 日在亨利镇公所由乔治·索兰买得，这个索兰是农场主兼企业家，不差钱，此前已将亨利镇周边的土地都买入自己名下了。从此，蓝姆布里奇林地告别了中世纪的艰难，翻开了新篇章，步入了现代。在后面的章节里，我们还会见到那之后接手过林地的一些人，只是现在我们得一下子跳到 1969 年。这一年，蓝姆布里奇林地转手到托马斯·伊拉斯莫斯·巴娄爵士名下，就这样到了 2010 年都还由他的继承人所有。托马斯爵士是第三代世袭男爵，还是海军司令。说实话，这个大名对我来说没有多少意义，我是在网上查到这些的，也不过为了写这本书嘛，写书当然得这么干。话说回来，哪个人写书不这样做呢？闲话少说，还是回到这家人身上。这家的第一代男爵的名字也叫托马斯，是维多利亚女王的私人医生。他无疑将病人照顾得极好，生前方能享尽荣华，死后世袭罔替，荫庇子孙。第二代男爵是阿兰·巴娄爵士，也就是托马斯·伊拉斯莫斯的父亲，他继承了家族为国家事务效力的传统，作为也不比父辈逊色。1933 年至 1934 年间，他还为时任首相拉姆齐·麦克唐纳[19] 担任首席私人秘书。再往下查，我没法移动鼠标，因为我看到：阿兰·巴娄爵士与诺娜·达尔文结婚。达尔文，这个姓氏太神奇了，我对林地做的所有追根溯源的调查都和这个姓氏有关！一条线索断了，另一条又出现了。没费什么力气就查出这位诺娜·达尔文正是查尔斯·达尔文如假包换的亲孙女。

哦！原来我家的这块林地——这块我用来做博物学研究的小小林地——不久前居然还有一位博物学大师的嫡亲后代做过主人！

后来，无意之间又得知当年在自然历史博物馆工作期间，我还有幸和达尔文的另一位直系后代做过同事，那就是萨拉·达尔文，一位植物学家。达尔文这个家族真是太了不起了，他们家现在这一代人仍然保持着对达尔文这个姓氏的尊重，从事着相关工作。查尔斯·达尔文的祖父伊拉斯莫斯·达尔文[20]为这个世界做了许多功德无量的事，其中之一就是培养出这么优秀的后代。第三代世袭男爵托马斯的中间名字就暗示了他和这个伟大家族的关系。萨拉·达尔文认识现在的这位巴娄男爵，也就是第四代巴娄男爵，即詹姆斯·巴娄爵士。至少，她和这位爵士还同为加拉帕戈斯群岛保护信托基金会的大使，而这个基金会旨在保护那个世界上最大的物种进化天然实验场不再继续受到人类的过度开发。2014年秋，在萨拉的引荐下，我有幸见到了詹姆斯爵士和他的姐姐莫妮卡。他们光临了我们的林地，我们一起走上穿过蓝姆布里奇的小路，而这于他们已经是多年后的重游。詹姆斯说，他还记得祖母说她自己曾坐在达尔文膝上玩耍。难以想象，和我谈话的这个人居然有那样了不起的祖母，她当年也曾在那个伟大的博物学家怀中咯咯笑过或依偎过吧。是的，根据统计学，往回追溯几代，我们很多人多少都有些亲戚关系，我知道这点。但是，在我的朋友和同事（除了萨拉以外）里，再没人和查尔斯·达尔文有这么直接的血缘关系了。显而易见，与达尔文家族发生关联对这个项目来说就意味着好兆头。我用了“好兆头”这个词，没错，就是取其最通俗之意。

漫步在蓝姆布里奇林地上时，詹姆斯和莫妮卡告诉我有关他们的父亲的一些往事。老巴娄爵士故于 2003 年，生前一直热心于自然资源保护事业。这片林地（我们的不在其中）曾经被砍伐，然后又规划成些长方块，种上了针叶树，其中多为黑松和科西嘉松。只是这些针叶树本不是奇尔特恩大丘一带土生土长的树种。从空中看下去，这些松树深沉的暗绿色和随风轻摇的山毛榉树冠颜色的对比显得很突兀。原本想这些针叶林成材后可以用作煤矿坑木，只是人算不如天算，随着英国煤矿业的衰落，巴娄家族想用这片林地有所作为的计划也成了泡影。现在，像我们这样一些小林地的主人干脆就将松树移走或砍掉，用阔叶树取而代之。靠近我们林地入口处就有小片松树林，也该砍去，可我还是打算把这片纯属误栽的松树都保留下来，用于进行生物如何腐败的观察研究。

无论长在哪里，山毛榉树都不用多操心，只要记得定期剪枝，它们就能成为很好的林地。这块林地的管理者是约翰·摩恩利，巴娄姐弟俩对我说起他时称他为依尔[21]，因为这个人但凡提到如何让林地增加进项就悲观得不行，每年他提交的账目也总是显示亏损严重。在老巴娄先生看来这也不算什么，因为他更看重生态管理良好，这方面做到了就好，所以看到摩恩利先生哭丧着脸时他也不在乎。摩恩利先生会报告说：有人随便闯入林地，或有人骑在马上把铁丝网给剪破了，偷猎现象也频频发生，鹿群产仔量持续下降，本来就没什么可以收获的，麻雀还要来偷吃。都怪所谓的英格兰乡村运动，还有什么英国自然之友协会派来的那些骗子瞎咋呼，结果林地经营每况愈下。到了 2000 年，在当年的总结报告中他郑重其事地写道："25 年来一直每况愈下，而今年到了最糟的地步。"

这时哈利·波特出手来相救了。自 2001 年起，J.K. 罗琳的系列小说被拍成一部部电影上映，把无数少年观众变成了哈利·波特迷。众多哈迷还都痴想着自己也能骑着扫把玩魁地奇[22]，还梦想着也能在球场上嗖地飞起来。扫把头要用许多小树枝捆扎而成，蓝姆布里奇林地中桦树上的那些小枝条就很适合用来干这个，而且砍了又能很快再发再长。扎扫把可是个很古老的手艺了，100 多年前，有一个工匠人称"扫把松鼠"，他就在这片山毛榉林地深处做扫把卖。现在突然各地都兴起"长扫把热"，一下子这么多人要买树枝扎的扫把，这可是谁都没曾料到的。詹姆斯说玩具市场对长扫把的需求量大，而他们的林地又正好能充分供应做扫把的原料。这样一来，自从完全进行生态管理后，林地这才总算破天荒地有了点儿进项收益。

若论收益，这一小块格里姆大堤林地估摸也和托马斯爵士的整个蓝姆布里奇林地一个样，只是我们这片上面的山毛榉树没有被松树取代的那 40 年经历，所以长得更壮实更高大。据摩恩利先生的记录，虽然 1987 年的那场 10 月大风暴[23]袭击了英国所有林地并造成灾难性后果，但这里的林地损失相对较小，只是躲过这场大劫也没让摩恩利先生的心情好一点儿。各棵山毛榉树相距一二十步，这种间隔足以让所有落叶在整个夏天把地上铺满。林地中的空地一般面积都不大，而勉强算得上面积大的那块就在北头，也被落叶完全覆盖了，而且看得出这里的地面被落叶覆盖的时间还不长。在这里，论数量山毛榉树占绝对优势，却也有其他种类的树木生长在其间，这片林地的管理也因此有了更多乐趣。有 18 棵野生樱桃树生长在这里，高度和周边的山毛榉树相当，树冠直冲天空。还有3棵高大的白蜡树，略带黄色的树皮告诉人们那下面已有好多树胶了。那些湿地榆树长在山毛榉林中很容易被忽视，也怨不得别人。这里也有橡树，虽然总共也不过两棵，但都长得高大气派。其中一棵准是橡树中的精良品种，另一棵显然身世没那么好。我们林地上仅有的针叶树就是两棵紫杉，似乎还是幼树，它们今后的岁月还长着呢。我钻入长满刺的荆棘丛中仔细寻找，花了好几个小时才发现一棵栓皮槭树，它才一点点大，还是小树苗。很高兴这也被收入我的藏品目录了。

说到这里，不得不说说林地的低层植被。还有很多树虽然长得没那么高大威风，但它们在高大邻居的阴影下仍能悠然自得，一点儿也不觉得委屈。那些到处可见的深绿色冬青树就是这样，而且你没法不看到它们。说实话，这里的冬青树也未免太多了，不过我还是觉得多多益善，因为它们长得也有两个成人那么高，于是它们带刺的叶子就成了这片林地的屏障，守护了我最钟情的一块地方——丁利洼地。这块洼地并不在林地正中央，但洼地中有我们最引以为傲的两棵山毛榉树，我们将这两棵树分别称为“国王陛下”和“王后陛下”。这两棵树和其他同类的不同之处在于它们并不是一个劲儿只顾着长树干，而是同时不断向外长出侧枝。这两棵大树下的地面和周边全都被厚厚的陈年落叶覆盖着。4月阳光明媚的日子里，坐在一根木头上看着它们，我觉得自己就像坐在火炉前的狗那样舒适惬意。我就在这地方做着笔记，吃着火腿三明治。丁利洼地四周稀稀落落长着有些年头的榛树，这也是奇尔特恩一带间作传统的成果，这样一来就能就近得到够长又少分杈的木材了。由于有些年头了，所以这些榛树的枝条杂乱，有些已经干枯，需要留心打理了。在这片空地边缘已经长出了山毛榉树，只是还不算大。我的众多好友都各有自己的癖好，各有独特的经历，一生起起落落，而这些不同的树木似乎也已成了彼此的老友。它们真值得我们好好了解呢。

野樱桃树开花了

4月里，蓝铃草开花时，同时开花的还有野樱桃树。不像蓝铃花那样安安静静地贴着地开放，野樱桃树的花大胆恣意地开在高高的树上，展露娇颜。捡起落在地上的一截花枝，我仔细端详，枝顶有六七片紫铜色的尖尖嫩叶，它们好像在满怀激情地喊着叫着："我们就是要长大，我们就是要开花！"可是大自然自有安排。从嫩叶往下看，有那么十来朵小白花正从灰褐色的枝条上往外绽开。这些花或四或五成簇，每一朵都由一根约莫一寸来长的绿色花梗支撑着。每一朵花有5片花瓣，每片花瓣上有一个小小的缺口。花瓣环绕着花座中央纤细的黄色雄蕊，花蕊的蕊须和蕊头都很小，简直就像大头针的缩微版。萼片数为5，色棕红，往后弯曲，一副拼将全力支持花在前方集结开放的尽职尽责模样。每一簇花开自紧挨着枝梗的基座，而这些基座由5层苞叶组成。可以说，野樱桃树的每根枝条都宛如一把有茂盛绿叶装饰着顶部的花束，挂在人们头顶15米多高处，缤纷壮观，虽然短短几日后便会被风吹落化成泥。我想，对虫子来说，它们何尝又不是一年里头一顿色香味俱全的大餐呢？真不明白，为什么总有人要煞费苦心栽种培育那些开重瓣樱花的树或其他类似东西？不错，那些重瓣花的确看上去更丰满也更有一番韵味，可是大自然已经安排了足够的单瓣花呀！这些花像用薄薄的米纸折成的雪片那样凄美，日本画家可能会为一朵或数朵如此单薄纤巧的花倾倒迷茫，进而感叹其生命之短暂脆弱。不得不指出，就算 4 月了，还能在山毛榉树去年长出的枝叶上找到柔软的残雪。那可是去年从空中袅袅飘落下的呢，阳光照着，一两个小时后就会如梦般了无痕。

当然，我对昆虫纲的成员也多少有所了解。在如一片蓝色海洋的蓝铃草中，大黄蜂忙着为所有开了的花儿授粉。大黄蜂轻手轻脚地在花儿上逗留时，那些娇美的花儿似乎不胜重负。我不禁想，对这些纤巧的蓝色小铃铛来说，大黄蜂恐怕就像尺寸嫌大的铃舌。我相信自己能准确辨识白尾大黄蜂和赤尾大黄蜂，我之所以这么有把握是因为它们毛茸茸的腹部上那些触角的颜色很明显。在寻找合适地方筑巢时，身材硕大的赤尾大黄蜂必须化身为蜂后，这样才能建立一个新的王国。新蜂后在樱桃树的树根处打转，不停地发出嗡嗡声。没多久，一个适合新王国的洞穴就在这里建成了。我蹲在那里观看蓝铃草的球茎时，一只貌似大黄蜂的家伙嗖地一下子从我身旁飞了过去，我立刻就认出那是只蜂氓，这家伙实在算得上自然界里最会设局行骗的流氓。蜂氓虽然也长着绒毛，但和蜂根本没半点儿关系，倒是和青蝇的关系更近。它的头的前部有个尖喙，我眼睁睁看着它在花儿旁边飞来飞去，把那尖喙插入花心中吸饱了花蜜。如果仅仅如此，这家伙就不过相当于昆虫里的一只蜂鸟而已，但这家伙会把自己的卵放到蜂巢附近，卵孵化成幼虫后就会爬进蜂巢，装成幼蜂骗吃骗喝。蜂氓简直就是《奥赛罗》中的那个小人埃古的昆虫版，阴险奸猾，无赖可耻。达尔文就曾详细描写过在自然界里骗术如何无处不在，不过这位伟人自己却诚实无比。

这一天所有的雄鸟都满怀激情地放声歌唱，都指望用歌喉为自己找到一个配偶。它们把自己的羽毛整理得漂漂亮亮，容光焕发，因为春天来了嘛。我对解读鸟鸣声不算专家，但也能从一片叽叽喳喳声中分辨出画眉的动听啼鸣。画眉的叫声是先连续重复一种音调三次或四次，算是开场白，向其他鸟宣称自己是谁，然后就发出不同的旋律，但以多次重复形式进行。鹪鹩（又叫巧妇鸟）的体形娇小，可叫声出乎意料地嘹亮，而且每一段叫声即将结束时还要发出一连串咯咯声，以示这一段落演唱完毕。红腩知更鸟和黑鹂（又称乌鸫）的叫声我很熟悉，因为它们在我家花园里天天开演唱会。可是有一种鸟鸣我一开始还真猜不出，直至看到一只长着绚丽的黑蓝相间羽毛的五子雀站在光秃秃的树枝上“噼—咿，噼—咿”发声，才知道原来这种鸟这么叫来着。难道鸟长得越好看，羽毛越鲜艳，叫声就越不中听？像夜莺一类叫声优美的鸟往往羽毛颜色暗淡，而羽毛艳丽的孔雀发出的沙哑叫声也只有其他孔雀和英国贵族觉得悦耳动听。“7—i—，7—i—”，这是大山雀的叫声。这种鸟的羽毛有黑黄绿三色混搭，相对来说颜值居中，林地里无处不见。它们反复吟唱着这两个高音乐符，似乎乐此不疲，但并不见得动听。蓝冠山雀的腮帮子鼓鼓的，絮絮叨叨，你唱我和时喉音很重，还带着“呲呲”的摩擦音，听起来也和它们的长相蛮搭配。现在有好多蓝冠山雀在茂密的枝头不停地跳来跳去，彼此打着招呼，好像在说：“嘿，我来了呀！”此刻能做的就是找出鸟在什么地方叫，我踩着鹪鹩歌唱的节拍走来走去，以声寻鸟。“相彼鸟矣，犹求友声”，此起彼伏，你应我答，整个林地都沉浸在快乐的春天里。“歌声一下子从林地中飞起来”，这下我总算明白了，为什么人们常常这么形容。远处传来啄木鸟一下一下啄树干找空洞的声音，就像鼓点一样。对于这支由众鸟组成的交响乐队，啄木鸟就像专司敲定音鼓的鼓手，是绝不能少的角色。就在这当儿，我看到有什么爬到一棵山毛榉树干背后躲起来，一下子就上了树，在树干背阴处的枝丫缝隙里找到小虫子，然后用长长的舌头卷起来吃掉。它不声不响地做着这一切，我便识趣地连忙走开。

远处一种叫声打破了春天大合唱的和谐，这叫声显得有些声嘶力竭，还透着戾气。原来有两只秃鹰飞到我们的林地上，它们在空中缓缓盘旋，犹如被下面这片林地上鸟儿的欢乐气氛镇住了而不能俯冲下来。秃鹰的叫声急促犀利，有点儿像婴儿看到什么稀奇东西后激动得不能自已地发出的叫声。头一天我就看到它们飞过林地了，很难把这种凶猛的大鸟从林子中赶走，而它们倒也在这种地方飞得泰然自若，笃定认为蓝姆布里奇林地就是它们的家。地上跑的小动物们，还有只顾快活忘了危险的小鸟们，可长点儿心吧！如果对你们来说这是春光宜人的好日子，对秃鹰们来说又何尝不是大快朵颐的好日子呢？

眼前一亮，蓝铃草间的地上有一个青绿色的什么东西，原来这是一枚画眉蛋。第一眼看上去就觉得这东西简直太漂亮了，那种蓝色是地中海在夏日阳光下呈现出的湛蓝，而蛋壳通体又撒有些许黑色小点。接着我就发现这枚蛋的一侧有个洞，洞口乱七八糟的，很不齐整。原来这枚蛋被从泥筑的蛋巢里扒了出来，随后被掏空不知做了谁的早餐。这件事可不能怪秃鹰，因为蛋壳里还剩了点儿没吃完。我怀疑干这坏事的是那种北美灰松鼠。捧起这个半空的蛋壳，好轻呀，真想不到！对，这应该成为我在林地上搜集到的第一件藏品，要带回家好生收藏。

突然，一朵纯白色的蓝铃花引起了我的注意，这种花成千上万朵都是蓝色的，唯有这朵与众不同！难不成这一朵应该叫作白铃花才是？看到白色的蓝铃花，简直就如同在圣帕特里克节[24]这天居然看到一个没喝得酩酊大醉的爱尔兰人，太稀罕了。但这朵花就在那里，想不看到都不行。走出花丛，我站到目光仍能看到它的地方继续端详。这是自然发生的突变所致。如果说这一突变成功了，那么这里就应该有更多这样的白花。但是，它孤零零地开在这里。在进化这门科学中，查尔斯·达尔文恰恰对分子生物学理论不甚了解，而这朵白色的蓝铃花正是分子生物学理论的最好证明。只因为脱氧核糖核酸（DNA）的编码序列发生了极其细微的变化，本该呈蓝色的花就变成了白色。几乎所有的蓝铃草都是经球茎得以繁殖，如果我有意要在这方面弄点儿名堂，蛮可以把这朵白花采回去，放在花园里培育，用人工方法使这个突变的品种得以繁衍。还可以将其命名为“格里姆大堤白色蓝铃花”，这一来人们就知道这个新品种真正出自何地了。白色的蓝铃花，那些在篱头院边蓝成那么一片的蓝铃花里的异类。这种白是微微带点儿粉红的白，但绝不是浅浅的粉红色哟。大自然里有白色的异果菊花，甚至还有白色的天竺葵花。如同野樱桃花，有些花的白色是天生的，很自然；但有些花呈白色是突然一下子在强力作用下形成的。

羊角芹菜汤

林地靠边界处长出了今年第一批羊角芹，嫩枝嫩叶，水灵灵的。这一带的羊角芹可真多呀！在花园里羊角芹会非常招人讨厌，被视为顽固的杂草，因为只要它们能扎下根，就没法把它们彻底清理出去了。可在林地这一处，它们自成一片，也没有恣意生长，结果看上去俏皮多了。羊角芹是先长叶，后开花，其叶呈缺刻状分裂，边缘呈齿状，其花则和欧芹很相似。叶子如果绿得淡淡的，那就说明还很嫩哩。我发现它们可以当蔬菜吃，但要能成气候进行大批量采摘，那还得再等上一个月呢。喏，这让羊角芹又多了一项长处：可以成为佳肴。用羊角芹做菜汤真不消费什么事，不大会儿工夫就能采到一大袋。烹饪前得撕碎老梗，叶子么，随便切切就行了。先用黄油将洋葱碎煎至发黄，再把一个中等大小的土豆（要粉质的那种）切成小块一起炒，然后把这些和羊角芹叶一股脑放进一个炖锅中。一般来说，还要放进一只切成块的鸡，也可以是些切成块的蔬菜，再加上约800毫升水和一些胡椒什么的调味料，大火烧开后就改成小火。等到土豆炖软了，锅里的汤也就很浓稠了。出锅前别忘记加点面包碎或打奶油，大功告成！不得不提醒一声，羊角芹属于欧芹的一种，而欧芹属里的确有些品种是有毒性的，尤其是毒芹（又叫野胡萝卜），所以千万别采那种叶子长得像羽毛的毒芹，否则就太危险了。记住，羊角芹的叶子长得有几分像玫瑰的叶子，如果搞不清就别采。

阿森登村靠近林地的半木结构乡村农舍，20世纪中叶西塞尔·罗伯茨居住于此。

蓝姆布里奇林地的春景。

注释：

［1］ 吉尼斯是英国 20 世纪 70 年代、80 年代乃至 90 年代最成功的摇滚乐队之一，其成员彼得·盖布瑞尔（Peter Gabriel）和菲尔·柯林斯（Phil Collins）后来都成为超级明星。

［2］ 原文为 *The New Curiosity Shop*，意欲和狄更斯的《老古玩店》（*The Old Curiosity Shop*）对应。

［3］ H.E. 贝茨（Herbert Ernest Bates，1905—1974），英国著名作家。在《穿林而过》（*Through the Woods*）中，作者以清新自然的笔触记录了他所生活和游历过的英国林地风光，敏锐而又细腻地描绘了林地在一年中的变化。该书已有汉译本出版。

［4］ 克莱尔·莱顿（Clare Leighton，1898—1989），英国作家兼插画家，《树篱》（*Four Hedges*）一书（1935）由她著也由她绘制插图。

［5］ 爱德华·托马斯（Edward Thomas，1878—1917），英国诗人，虽被称为战争诗人（他本人就死于第一次世界大战战场），但其诗作多以英国乡野为题材，似浅吟低唱，却隽永深刻。这里的诗句引自他 1909 年的诗作《南方乡村》（*South Country*）。

[6] 野芹菜有很多种，有的有毒，但更重要的是它们不易清除，所以被视为顽固的杂草。

[7] 劳尔·杜飞（Raoul Dufy，1877—1953），法国画家，他的许多作品中经常出现帆船和大海。

[8] 罗杰·戴金（Roger Deakin，1943—2006），英国作家，环保主义者。《野树》（*Wildwood*）一书在他去世后出版，书中记录了他生前在全球旅行中对生活在林地中或与之密切相关的人物的采访。

[9] 见其《漫步行》（*Walking*，1862）。

[10] 这应当出自威廉·华兹华斯（William Wordsworth，1770—1850）的《荆棘》（*The Thorn*）。

[11] 原文为 floodplain，系河流在洪水期间溢出河床后堆积而成的平原，即河漫滩平原，多在河流的中下段。与冲积平原不同，后者系河流沉积作用形成的平原地貌，在河流的下游。

[12] 罗伯特·吉丙斯（Robert Gibbings，1889—1958），爱尔兰画家兼雕塑家，也是作家。在第 12 章中提到的《泰晤士河静静流》（*Sweat Thames Run Softly*）是他于 1940 年出版的游记，书名取自英国诗人艾德蒙·斯宾塞（Edmund Speser，1552—1599）的《婚礼赞美诗》（*Prothalamion*）开头一句："泰晤士河，静静地流，随着我的歌一直流。"

[13] 原文为 Mile Fair，意指这一英里路段平直，路旁风景好，故翻译成中文时取其意。

[14] 国民信托组织（The National Trust）成立于 1895 年，是英国的一个脱离政府、独立运作的公益组织，是英国最大的"地主"和"房主"，也是欧洲最成功的历史文化遗产和自然景观保护组织，主要依靠 380 万名会员和 6 万多名志愿者的支持。

[15] 弗朗西斯·诺利斯爵士（Sir Francis Knollys，1511—1596），其家族在亨利八世时代便服务于宫廷，他本人是伊丽莎白一世的表亲。伊丽莎白一世登基后，他被封为枢密院大臣。凯瑟琳·凯里（Catherine

Carey，1524—1568），1539 年与诺利斯结婚后被称为 Lady Knollys。

[16] 伏利庄园（Fawley Court），位于白金汉郡英格里希县境内泰晤士河西岸，南邻牛津郡。1604 年起成为伏利家族封地。

[17] 白杰莫尔庄园（Badgemore），位于牛津郡泰晤士河畔亨利镇的西部，古代曾为封地。

[18] 《末日审判书》（*Domesday*），关于英格兰人口、土地和财产的第一份调查报告，于 1086 年完成。书中记录了 13000 多个社区的土地和地产、应缴税额和减免情况。当时人们认为这就如末日审判的内容一样板上钉钉、不可撤销，故将该报告称为《末日审判书》。

[19] 拉姆齐·麦克唐纳（Ramsay MacDonald，1866—1937），英国政治家，工党出身，1924 年 1 月至 11 月出任英国首相兼外务大臣，1929 年 6 月至 1935 年 6 月二度出任首相。在任内于 1931 年 8 月与工党关系决裂，与保守党和自由党合组国民政府，并另组国民工党。

[20] 伊拉斯莫斯·达尔文（Erasmus Darwin，1731—1802），英国医生，是查尔斯·达尔文的祖父，也是早期提出类似进化观念的学者之一。

[21] 依尔（Eeyore），《小熊维尼和蜂蜜树》（*Winnie-the-Pooh*）中的角色，是只旧的灰色小毛驴，具有悲观、过于冷静、自卑、消沉等性格特点。

[22] 魁地奇（Quidditch），《哈利·波特》系列中重要的空中团队对抗运动的中文译名，是魔法世界中由巫师们骑着飞天扫帚参加的球类比赛。

[23] 英国伦敦及周边在 1987 年曾遭遇大风暴，这场风暴中心最高风速达到 185 千米 / 小时，导致 18 人死亡，大约 1500 万棵树被拔起。

[24] 圣帕特里克节（St. Patrick's Day），每年 3 月 17 日，为了纪念爱尔兰的守护神圣帕特里克。这一节日于 5 世纪末期起源于爱尔兰，如今已成为爱尔兰的国庆节。爱尔兰人整体来说性格开朗、不拘小节，过去常被贴上"酗酒成性"的标签，故作者会有后面的比喻。

第2章

5月

第一次砍伐

雨下了好几天，林地中虽有不少大树，但现在还没有几棵的树冠能大得连成一片挡住雨水。山毛榉的树干都被雨水浸得湿漉漉的，还显得分外绿，这是因为树皮上的藻类和青苔被雨水激灵醒了，开始猛长。小路边有棵多年前倒下的大树干，早已腐烂，还没完全烂掉的几处木质部也像海绵一样吸进了太多雨水。退回去10年，那时没准儿它还没倒下，还是一棵有模有样的樱桃树呢。现在树干一侧长出了个明晃晃的黄色小赘生物，就像一条会发光的变态牛舌，竟然长在那里，还那么光鲜。这条大舌头就像光凭舔着自己都能长大似的，每天都变大一寸左右，不知道要变成什么劳什子。靠木头滋养的蘑菇也冒头了，我在好些树上都看到了一种菌，并认出了那就是硫色多孔菌，这种菌大多喜欢长在野樱桃树上。随着它日渐长大，我看出这不过是个菌盖，朝下的一面是数不清的孢子囊，里面的孢子成熟后就会挤到囊口。一阵微风吹过，它们便抓住这机会飞出，四处飘荡，直到发现合适的树才会落下，安家定居，成为新的菌落，生长繁殖。

正是潮湿多雨的季节，所有在此生长的东西都几乎可以掐得出水来，它们正在尽情享受大自然给予的新鲜营养。这根木头的另一边有那么三四个玻璃弹子大小的东西，粉红色，很跳眼，像几粒掉下来的珊瑚珠子，怎么看也不像英格兰林地在春天里会长出来的东西。用手指戳戳，这些珠子马上崩开，喷出一些粉红色液体。我女儿很厌恶这玩意儿，但别说，它们还自有一种邪气的好看。这些就是疟原虫黏菌产的球状物，正如其名所称，这玩意儿黏滑无比，一度被认为属于真菌类，至今人们仍无法将其归属于任何一个菌种。现在，谷仓周边堆的木头上有那么六七处吧，都可见到它们抱团聚集。它们在早期阶段就像阿米巴变形虫那样通体透明，不过它们拥有成千上万个细胞核。由于喜阴喜湿，这种黏菌刚长出来时总贴着林地的地面，从而可以充分获得有机物腐烂分解时产生的分泌物。我女儿总说看到这些东西爬来爬去时觉得恶心，倒也没说错。它们的确总是这么爬来爬去，这个爬动的过程也是它们长大的过程。一旦成熟（谁也不知道这个节点什么时候发生），它们就像《化身博士》[1]这本书里的杰奇和海德一样大变身，一下子爬到朽木上高点儿的地方，转眼就变成了粉红色的小球。但这还不等于就完成变形了，在接下来的一两个星期里，这些小球的颜色渐渐变深，由粉红色直至变成琥珀色，也就是说不再那么引人注目了。这样几个星期后就变成了孢子团，人们乍看到时还会以为是泥尘呢，而这时它们就可以随风飞向四面八方了。在另一处湿漉漉的林地里，我还看到像钟乳石那样吊挂着的一种黏菌，这种黏菌像用白色丝线编制而成的指套那样，只是里面全是胶质物。就这样，似乎一夜之间，林地上全是这些小小的生物在潮气的蒸蕴中移动，寻找机会。

在阵阵微风护送下，阳光终于回到了林地。经过了一周日光浴后，山毛榉树的嫩叶从芽苞中露出、舒展，就有了新绿，淡淡的，几乎可以说还带着几分浅黄呢，就是那种“才黄半未匀”的娇嫩样子。地面上落下了无数苞片，正是靠它们包裹，这些嫩芽的胚胎方能幸运地度过寒冬，悄悄生长，才有今日为春天枝头添绿的光荣。现在这些苞片没用了，就变成了累赘，只好黯然落下。我将一片新叶放在放大镜下观察，看到叶子的边缘长着些白色的小绒毛，比婴儿的眼睫毛还细小。这些树叶在夏天会变得非常厚实硬朗，可现在还根本不是那回事，反倒犹如极薄的绵纸那样纤弱。可以看到，在树干较低处的树枝上，树叶轻轻颤抖，阳光时有时无地透过来映照其上，那种明亮与周边暗绿色的冬青树形成强烈对比。打个比喻，我们就如在水下，看着头顶那些树叶被一股股暗流冲击不断旋转。阳光钻进树林投射到那些樱桃树干上，为其涂上一层银粉。

有棵山毛榉树必须砍掉，因为它斜着长，都快压着公共步道了，我们便请亲戚约翰来进行砍伐。倒下的树干引起的事故在林地中并不多，因为人们看到不妙多会绕道而行。不知为什么，山毛榉树一旦倾倒就往往是一整棵大树倒下，更不容易理解的是它常被称为“已婚人士杀手”，据说被它们压住的倒霉蛋里几乎没有未婚人士。既然这棵树岌岌可危，那就决不能让任何遛狗的人在我们的林地上遭到不测，必须做好预防。约翰先用长锯去掉旁边的枝条，其中一根树枝沉甸甸地弯下来，几乎都搭到步道路面上了，像在步道上搭起一座拱门。用普通电锯将高处的枝干除去后，约翰再换更大的电锯对整棵树进行砍伐。电锯发出刺耳的噪声，不由得让人联想到牙医钻龋齿时的可怕声音。干这工作约翰很专业，耳塞呀，护臂护手呀，装备可齐全了。我们这些围观的人只有摩拳擦掌为他呐喊鼓劲的份儿，然后在一旁发出啧啧赞叹。

要让这棵树倒下，只有把它砍倒，但应该先砍去旁枝，这样大树倒下时也不至于树枝乱飞，引起骚动。可怜的山毛榉树先是吱吱呀呀地发出一番呻吟，接着爆发出一阵噼噼啪啪声，好像鞭炮齐鸣，继而轰隆一声就倒下了。这棵树的树围差一点儿就 1 米了，要把它劈成柴禾还得忙活好一阵呢。别看这棵树长歪了，可还威风得很，就是倒在地上了，枝丫仍然直直地杵着，只是已经不那么倔强了。枝上的叶子仍然在微风中摆动，这是它们最后一次摆动，明天早上它们就蔫了。树干中心呈黑色，而且有空洞，明显已经腐烂了。树干烂空后，它迟早会倒下，所以及时将它放倒是明智之举。由于真菌已经深度侵入，树干中心出现了霉菌斑，深色的霉菌斑简直像某种神秘的象形文字。约翰把树干的上半部锯成一定长度，这样一来就可以装上他的客货两用车拖回家了。然后他在家中再将这些木头锯开劈成块，明年可以拿来点篝火用。树桩粗的那一头则用吊车安置到一个地方，以后既能成为简陋的座椅，其缓慢的腐烂过程还可成为观察研究的对象。小的残枝碎片则被运到林地中，等着腐烂成泥。这棵树并不算最大的，但居然可以有这么多用处，难道不是很神奇吗？

山毛榉树倒下时压坏了些蓝铃草，不过没关系，这些小家伙已经显露出要过季的迹象了。现在这一大片蓝色花海的颜色变深沉了，近乎天空的湛蓝，枝上当初从下往上开的花现在也花形凌乱、颜色憔悴，只是远看时还觉察不出有多么委翳残败。蓝铃草细长的叶子深绿依旧，却全无初春刚长出时的那股精气神，此时真的活力不再了。不过，此花谢了，彼花又开，世上万物都有消有长。

靠近这一大片蓝铃草的几小块地上都长着一种草，叶如军刀，有序地分层长在茎上，每一层之上都是一簇白色小花。这就是多年生香车叶草，其高度和蓝铃草一样，但每一簇上的每一朵小花都只有4片精致的花瓣。据我在放大镜下观察的结果，香车叶草的叶缘长有十分细小的毛刺，不信的话，用手指轻轻划过叶缘，便能有所察觉了。香车叶草的叶为八叶轮生，叶片纤美精致。正如它的俗名和拉丁文名（*Galium odoratum*）都暗示的那样，这种草芳香无比，任何蓝铃草都比不上，而且哪怕干枯了也香气不败。我采回一束放到可以保温加热的碗柜里，一夜之后，它们就脱水干燥了。过去人们会将干了的香车叶草放到床单下，这一来床上就香喷喷的，睡上去能梦见自己走在春天的林地里，多美的梦境呀！新麦秸和香车叶草香味的化学成分相同，都是香草素，只是麦秸必须在春天生长才能获得这种香气。德国人将这种草做成春天喝的传统饮料或糖果，不过在德文里这种草叫作“林地主人”，让这么一种秀气的小草背负这样的称号未免太沉重了。现在大刮怀旧风，小众情怀和精致品位大行其道，我儿子要做弄潮人，便寻思用这种香草来给家里的金酒做“植物提味剂”。自古以来金酒都是用杜松子调味的，但各种花草或香料在精碾细磨后也都能用来泡酒。第一次试验出来的那批酒味道可能太重了点儿，第二次的味道就好极了。我们把第二批酒装瓶，并设计了以林地春色为图案的标签贴上。别说，整个设计也算有品位的上乘之作。说不定有朝一日，这种格里姆大堤林地金酒还能在高端市场占有一席之地呢。

林地上有那么多花花草草，但只有蓝铃草和香车叶草算得上佼佼者。对所有的草和花来说，抓准时机乃胜出的关键。花也好，草也罢，必须抢在大树浓荫形成之前拼命攫取阳光，尽可能地攫取，千万不能偷懒，想开花就得这么辛苦。野生紫罗兰、白屈菜，还有好些别的花草也在争抢阳光。5 月里，林地中多处地面被臭草染得绿茵茵的，很快每棵臭草的茎梗上会开出一朵颤巍巍的花，只是等不到夏天过完就又凋零了。蓝铃草也努力利用光合作用积蓄能量，一旦山毛榉树树冠成荫，这些短期内获得的巨大能量就被储存到球茎里，一年一度的轮回大事就算完成了，地面上的这些小家伙便陆续谢幕。白屈菜的心形叶子那么俊俏，却也好景不长，马上就要萎黄。它们自知大限将至，正急急地获取能量并将其藏在长得有几分像球茎的根部[2]，它们奶油色的根须深入地下，盘挽成团，会好好保管这些珍贵营养，只为来年能再度俊俏。在白屈菜的茎上，我还发现了类似的鳞茎样器官，它们就长在叶片和茎的连接处，似乎到了下个生长季从这里又能长出一株新的白屈菜来。花季过后，香车叶草和野生紫罗兰都匍匐在地上，一副无精打采的模样，只是香车叶草的根系发达，所以哪怕遇到大旱也能扛得住。在林地里，我还常闻香识美——凭借嗅到的花香寻物，结果又发现了两种春天开的美丽花儿，一种是细小精致的紫色婆婆纳，另一种是漂亮的毛茛属金凤花。前者毫不张扬，就那么静静地趴在小路边，这是因为小路边阳光能略微多那么一点点；后者也出于同样理由待在小路边上。二者其实都很美，却多半被人忽略，只有懂花的人才会对其怜惜欣赏。

英格兰野生蓝铃草不动声色地慢慢向四周扩展，这恰恰证明我们这块林地历史悠久，壮实的泽漆也能证实此言不虚。林地上已发现有四处泽漆成片，刚长出不久的嫩叶芽带种紫红色泽，微微下垂，和枝顶上绿得灿烂、富有朝气的花朵相互映衬。泽漆的花全然没有通常花的模样，没有花瓣，也没有萼片，几乎所有的生殖器官都极小化了。而被人们常常当成花瓣的其实只是黄绿色的叶片花托而已，极小化的生殖器官就被这样托起并团团包裹，也正是这样一簇簇与众不同的叶片花托组成了头状花序。白屈菜和蓝铃草的花较小，过了春天就憔悴委顿，可是泽漆不同，它们一直在林地上昂首挺胸，哪怕颜色凋零，身子骨仍然直立，绝对保持住尊严。我在很多不同的地理环境里都看到过泽漆属的植物，即使在沙漠上，它们居然也能像仙人掌那样挺直而立，焕发生机。海边的泽漆则匍匐着生长，我家菜园里的那叫长得一个茂盛呀，拦都拦不住。所以，在奇尔特恩的山毛榉林里看到泽漆也没什么值得大惊小怪的。所有的泽漆属植物只要枝梗或叶片被折断、撕破，都会流出白色浆汁，那可是有剧毒的。有一次，我不慎将这种浆汁弄到眼睛里一点点，后果很惨。接下来的两个小时里，我都难受得坐立不安，真抓狂呀，痛苦得眼泪都止不住地流。奇尔特恩的酒馆里，我最喜欢叫狗獾的那一家，这事就是在那里发生的。后来我都不再去那家酒馆了，就是怕会回想起这件往事，想想都后怕呀！

文人学者们

作家之辈绝非遁世之人。就像到哪儿都能看到泽漆这种草一样，无论在哪儿你也都能看到作家文人，不过泽漆统统有毒，而作家不见得个个会施害于人。坦白说，我起先还以为奇尔特恩大丘的这块林地只属于我，事实证明这么想就大错特错了。走出泰晤士河畔的亨利镇后，沿着一里好路往牛津方向走，翻过蓝姆布里奇林地谷仓后的山坡，就来到了下阿森登村。这里有一间都铎时代的橡木房梁的小屋，一位著名作家曾经以此为家生活几十年，他就是塞西尔·罗伯茨[3]。20世纪30年代，塞西尔以这幢朝圣小屋周边的生活为主题写了3本书出版，它们分别是《乡村之忆》《漫步之忆》和《田野之忆》。这3本书现在我都买到了，而且还都是精装本。要不是买下格里姆大堤林地，恐怕到死我也不会晓得世界上有过这么一位特别的作家。《乡村之忆》至少被再版过6次，还上过畅销书榜单。这3本书都非常有意思，尽写些乡间士绅的轶事传闻，虽有点儿傍名流之名长自己威风之嫌，但仍堪称理想的英国乡村生活风情文字长卷。就好比在用原木做框的精美浮雕上罩了件不起眼的防风短外套一样，书中的各路主角看似稀松平常，但个个有不凡的身世来头，也都有锦绣心肠。塞西尔的世界里似乎也有个赫尔克里·波洛[4]时时不离左右，这位大侦探来到一些豪宅参加充满亲切微笑、友好交谈的聚会，却往往发现这家尊贵的主人横死在客厅。爱德华·弗雷德里克·本森[5]笔下的梅普和露西亚系列就将场景设在苏赛克斯（英格兰东南部旧郡）的上流社会中，那些人请得起管家和厨子，主人公可以悠然自得，靠画画水彩画或培育各种菊花品种打发时间。塞西尔的书里写的就是这种人。至于乡间那些辛苦做工的人么，不过是为了叙事生动充当活动背景而已。

根据塞西尔·罗伯茨在《乡村之忆》中的描述，他是在1930年发现这幢朝圣小屋的，这一发现也纯属偶然。当时他驱车从亨利镇前往牛津，半道上车胎爆了。“环顾四周，红土坡上长满了挺拔的落叶松，而在山涧峡谷的另一边则是山毛榉林和绿茵如织的大片草地，太壮观了，感觉就好像置身于提洛尔[6]一样。”他这么写道。那山涧峡谷指的大约就是斯托纳一带。朝圣小屋现在仍保持着20世纪中叶的模样，从楼上塞西尔的房间向窗外看去就能将蓝姆布里奇尽收眼底，所以从这个意义上来说，他还真算得上我们的邻居了。我能想象他忙着打理花园，频频为自己种的唐菖蒲倾倒，同时还不忘吩咐管家准备好茶，因为公爵夫人会乘着那辆希斯巴诺－苏莎牌的汽车[7]准时光临。朝圣小屋的访客“纷至沓来”，他如此发牢骚道，而偏偏来者又都个个不俗，值得大书特书，所以他还不能不写。尽管社交繁忙，他还是著述颇丰。当地的历史是这些著作的核心内容，书中都有生动叙述，娓娓道来，其中相当一部分还和我所介绍的有关，书中提到的有关本地工匠的那些故事尤为宝贵。除了朝圣小屋，还有个地方让他着迷，那就是意大利。他在书中不时提到威尼斯，还有那些王宫，而且只要有机会，总会暗示某个叫芬齐・康蒂尼的人。就像对园艺和日光浴痴迷到几近病态一样，塞西尔对大自然的喜爱也如痴如醉。如果说奇尔特恩正好为他关注的一切提供了很好的演绎背景，那恰恰是因为这里的这些人起了作用。

在第二次世界大战期间，塞西尔・罗伯茨过上了另一种生活。更像 100 多年前人们津津乐道的那些豪门传奇一样，朝圣小屋主人的故事又转到了美国。塞西尔响应国家号召，为国效劳，其方式就是在美国巡回演讲。关于这个任务，他完成得很漂亮。《纽约时报》报道称：“整个战争期间，最善于鼓动人心的当属英国人塞西尔・罗伯茨，不出美国就能听到他的演说，我们实属三生有幸。这位作家的演说场场都具有旋风般的感染力，听众根本感觉不到其中哪怕半点儿政治鼓动色彩。但凡听过他演说，就会对英国更生友好之情。”毫无疑问，他的魅力的影响范围远远超出泰晤士河畔的这片谷地。

战后，塞西尔认为自己在战争中的贡献并未得到足够的承认，便出版了五卷本的自传以期重建心理平衡。1953 年，朝圣小屋转手到普雷特夫妇名下，他们的女儿罗威娜·艾莫特告诉我说，此后的好些年里，总有美国人站在他们家花园门前，请求允许拍照。"这挺让人心烦。"她说道。身为前任主人的塞西尔对朝圣小屋极尽渲染，甚至给普雷特家写信道："全世界成千上万的人都挚爱这幢屋子，因为在他们心里，这就是整个英格兰了。"还是个小学生时，罗威娜见过塞西尔·罗伯茨，她认为这位大作家的言谈举止有点儿造作，后来才知道那是同性恋的风格。时至今日，再读《漫步之忆》，的确会让人对作者的性取向有所怀疑，他对那些露出胸部的意大利锯木工这样赞美道："在光线下，被威尼斯阳光灼烤得发红的皮肤如同聚齐了光影中的各种色彩和缤纷，闪闪发光，而肌肉一下下跳动，光滑如绸缎的皮肤下就像隐藏了无穷的力量。"更不用说读他的那些暧昧诗歌了。

我常常不由自主地想，当年社会还没这么包容，金球酒馆的那些本地酒客又是如何看待塞西尔·罗伯茨的呢？或许，他们会认为塞西尔是伦敦人，所以才有这种做派。当年他在村里表现得相当大方，不但慷慨解囊资助村务，还肯花时间为村民解难，每每提及村民也总是怜悯关怀之情溢于笔下。对于那些园丁的辛勤劳作，他不乏赞美，就连查尔斯·克洛维（住在蓝姆布里奇林地边缘湿地上的一个懒汉混混儿）也被他说得像个大好人。塞西尔坚定地反对法西斯主义，听说他老家在诺丁汉，出身平民，我还颇感意外。凭借手中的笔勤奋创作，他在文坛立足成名，闯出一片天地。他有一位非常特殊的好友，就是那位终身未嫁的维西特小姐。这位小姐极富幽默感，没准儿对成名后的他这么感叹道："Mon dieu! Tu es une arriviste!"（法文，意思是"天哪！你发了！"）相比之下，H. J. 马辛汉姆[8]就要严谨得多。他对自然界的观察可谓精准敏锐，在1940年出版的《奇尔特恩乡村》一书中，他将整个地区的每一座山岗丘陵都介绍得非常清楚。当时在伦敦周边乡村大建别墅的风气（不仅仅是风气，而是狂潮）令他十分不满，所以他常常心怀愤懑写出大作。他哀叹道："山丘、谷地、流水、农田、小路、农舍、当地的动植物，还有岩石，正是这些成就了真正的英格兰。这一切看似杂乱无章，和严谨有序的人体结构不可同日而语，但在英格兰乡村的有机体系里不可或缺。"[9]这里的农舍经过了几百年时间的洗礼，这里的人经年辛苦劳作谋生，值得敬佩。但现在，突兀冒出来些毫无设计感可言的红砖房和人工修剪的灌木，与乡村格格不入，也让村民惶惑不安。在这样的大背景下，山毛榉树不再是生活生产必需品，被贬低到纯粹的风景点缀物。在马辛汉姆眼里，自里克曼沃斯[10]以远的乡村风光已不可修复还原了，而海威科姆[11]周边的乡村也在劫难逃。伦敦铁路主干线延伸到丘陵地区，结果就像一场霉菌泛滥造成的灾难，这些地区被城市化侵蚀的后果就是堕落成了城市郊区，丑陋的高层建筑在这里拔地而起。"干线延伸到哪里，哪里就失去特色。"与马辛汉姆观点相反的是诗人约翰·贝杰曼[12]，后者将市郊称为"都市的延伸"，并承认自己对其产生了共鸣，还说正是在市郊才有好多年轻女郎，个个健康活泼，举止优雅，神态自信。

马辛汉姆的这种坚守真是太有意思了，我想他准恨不能穿越时空，回到启蒙时代前的中世纪末才好。在书中他一如既往，以不容分说的雄辩风格为我们现在住的这片乡村呐喊。提到斯托纳公园时，他尤为动情地写道："这可是奇尔特恩的心脏呀！"至今那里依旧保留着荒野的辽阔大气，那里的景色还有幸免遭丑陋的现代建筑的亵渎，幸矣！这位大作家是否造访过我们的这片林地，我手头没有确凿证据可以证明，不过真心希望他来过，还发现守护这里的土地神对这里的情况也很满意。对把林地划分成小块出售的做法，他肯定坚决反对。当然，如果他生活在近千年之前的英格兰，那么对将这一整块林地分封给贵族或功臣的做法也会表示异议。按照他的想法，要得到林地必须将整个林地购入，那么我就根本买不起了。其实，奇尔特恩大丘这里有钱人多的是，但他们对自己名下的大片林地上最宝贵的东西并不珍惜，倒是我这块小小的林地虽只是弹丸之地，却被我视为珍宝，百般爱惜。

上个世纪30年代，塞西尔在下阿森登的花园里侍弄花草。而早于他100多年前，约翰·斯图亚特·穆勒[13]就满怀对科学的莫大热情来到奇尔特恩乡间进行探索研究。这位哲学家兼政治理论家同时也是一位热诚的植物学家，在植物学领域也堪称博学并多有建树。这个世界上能一眼认出鹿蹄草的人恐怕寥寥无几，穆勒就是其中的一位。他早年和乔治·边沁[14]成为好友，而这位乔治就是杰里米·边沁[15]的侄儿，后来成为维多利亚时代最卓越的植物学家。穆勒曾为了寻找稀有植物专程去过法国，他在伦敦肯辛顿广场上的那幢居所简直就是植物标本陈列馆。有些不太了解博物学的人参观他的居所后总有些不解：一位像他这样著名的思想家、诗人和数学家埋头研究他成名的领域是天经地义、理所当然的，想不到他居然会着迷于自然史的细枝末节，实在不可思议。弗拉基米尔·纳博科夫[16]对待他的蝴蝶收藏和小说创作一样认真，因此被不少文学评论家视为性格怪异。在这类评论家看来，如果纳博科夫能少花点儿时间鼓捣蝴蝶，就能多写几本好小说。殊不知，如果一个人能对蝴蝶进行精确分类，也就一定能对人们隐藏的恶行劣性更为敏感，并能辨识这些恶行劣性的伪装和矫饰，找出其根源。难道那些评论家连这个浅显的道理也不明白？观察入微是一种天分，有这种能力就不应将其仅仅运用在研究两足动物上。

1828 年，约翰·斯图亚特·穆勒只身远足，走过我们林地位于牛津郡的那一处[17]。在开阔的野田里，有无数开白花的野生屈曲花。他写道："那是所有野花杂草中最稀松平常的。"可现在这种野花成了稀罕之物，从我们的林地出发，我走了近 15 千米，来到下斯威科姆的一处开阔地带才找到它。他当时写到圆叶柴胡，说其难得一见，而现在很可能根本就看不到了，这种植物在英国已近乎绝迹。7 月 5 日这天，穆勒从内托贝出发来到亨利镇，也就是我们这里了。看到他的描述，你就能想象出我读的时候有多么开心：

"这一处林地之美堪称这一带乡村之最。很少能看到这样的林地，因为上面不是灌木杂树丛生，也不是经过砍伐的再生林，而全是挺拔的成材大树。这些大树虽然不算古木，也不能说一眼看去尽是参天大树，但它们一直自由自在地生长在那里……我们来到内托贝的白鹿客栈下榻，稍事安顿后便在暮色中下山，顺着牛津路走到亨利镇。往返途中都要经过一处美丽整齐的林地，那分明就是一处山毛榉林。不得不说，从亨利镇回到内托贝的这段山路上所见之景色乃为此次旅行所见中最动人的。"

是的，很难说从亨利镇去内托贝还有什么别的路可走，我也仍无确凿证据来说明穆勒的的确确沿着那条小路穿过我们的林地，但他动情赞赏的那片美景是真实存在的。从他的描述来看，那似乎就是今日奇尔特恩大丘一角的林地，那片林地中的树木枝繁叶茂，郁郁葱葱，成材大树依然挺拔，虽然依旧不见古木或参天大树的踪影。在古老的稀树地区[18]，这样的参天古树很多，一些教区也常以此类大树为边界地标。我和妻子发现内托贝有条小路，沿途都有很多倒下的山毛榉树，它们躺在那里有很多年头了，至少也有400年吧。它们全都七扭八歪，长满节疤，木头里面也已烂空了。那一带没长着多少山毛榉树，而蓝姆布里奇林地就不一样了。200年前，这里还是成材林地，山毛榉树种在这里就是为了成为有用的木材，因此人们会进行轮伐，而不会任其长到老朽。不管怎么说，没有什么能永恒不变，我们的林地早晚也会扮演别的角色，我们只能静观其变。

不能一口认定穆勒当年穿越这片林地时乔治·格罗特[19]也与其同行，可我还是愿意这么想。刚进入19世纪20年代，他们就成为好友了。穆勒对格罗特的文笔非常青睐，并著文对其大加称道，尤其对格罗特在1846—1856年间写的十二卷本《希腊史》给予很高评价。该著作也许不像吉本有关罗马史的那本书[20]那样受到很多好评，但也被人热读，并影响深远。穆勒和吉本的著作都颇丰，也都富于人文精神和改良理念，还都主张功利主义。格罗特家开银行，紧挨着格雷庄园东边的白吉莫尔庄园就是他家的产业。蓝姆布里奇林地伸入亨利镇的一部分原本也属于那个庄园，那里有些崎岖小路可通达我们林地所在的大林地。格罗特的父亲喜欢在乡间游逛，常骑马穿过现在属于我们的这块林地，一路直奔比克斯去。格罗特年轻时也在银行供职，偶尔也会携妻从将近65千米以外的伦敦赶到这里，和父母住上十来天。小两口是这么一路来的：太太赶着她自己的那辆一匹马拉的车，丈夫则以马代车，单程就要整整 4 小时。乔治·格罗特对白吉莫尔庄园很有感情，可是那时到这里的火车没有开通，所以这趟旅途实在难以坚持。1831 年，他们只好无奈地将庄园出让，格罗特也就此定居在大都市伦敦，得以将更多的时间和精力投给政治改良运动。我们将会发现，与我们林地为邻的那些大庄园的主人都在不同时间段内与政治有过这样或那样的关联、纠葛。

说及写过奇尔特恩的当代作家，不能不提到理查德·马贝[21]。他关于奇尔特恩乡村的回忆录是以距蓝姆布里奇林地不太远的一个地区为中心写的，而伊恩·麦克尤恩[22]则在 2007 年出版的小说《切西尔海滩》中有段对在我们这里的白垩岩乡村散步的描写。在这片英格兰南部的土地上走过的作家只怕和爬过这里的虫子一样多。

硬地

走到林地中的这一处，我靴子下的硬土咔咔作响。紧贴着去年落下的树叶，匍匐在弯曲的荆棘新枝下的几乎尽是岩石而不是土壤。我忍不住好奇，想看看这里的浅层土壤里究竟有什么，便开始挖起土来。没多久，我的铲子就拒绝往下挖，看来只好请我的那把地质锤来继续干这活了。

用地质锤的鹤嘴尖撬起些结块的燧石，有的甚至比我的拳头还大呢。想把这些燧石块从潮湿的地下完全挖出来不容易，它们拼命挣扎，发出的声音就像在拼命吮吸地下的水分一样。挖掘深度增加，锤子敲击在燧石上时冒出的火花也不时飞溅。不一会儿工夫，竟散发出一股无烟硝化甘油的气味。燧石打出火星后可点着火药，估计古代士兵用燧石枪交锋时就能闻到这种气味。这里的燧石都被赤褐色的黏土紧紧包裹，很容易将它们连泥土一起揉成泥球，当然这一来我的手指也黏糊糊的了。去掉包裹其外的泥土，燧石大多呈白色，可是用锤子敲碎后，有的大块燧石里面露出的石材呈黑色，黑白斑驳，对照分明。这种石头硬度高，但顺着裂纹一击就碎。很多林地下面都有这样的燧石，倒是奇尔特恩那么有名的白垩岩在这里全没踪影。

然而，据我所知，就在山下那条一里好路的另一边，地下可全是白垩岩。当年对这条双向道路进行维修时，挖出了大块的这种白石头，全堆在路边。我还从这些乱石堆里捡到一块非常典型的圆锥形海绵化石，就是学名为蛭石的那种。蓝姆布里奇林地山下往亨利镇方向还有一个仙人洞（地图上都标示出来了），其实也就是一个白垩岩洞。这里所有的山峦都是由白垩岩堆积而成的，用马辛汉姆的话说，“白垩岩把山岗扛到自己背上”，所以这里的浅表地层都是白垩土，坚硬的燧石夹杂在其中，连绵不断，却并不连成片。白垩海绵化石的内部结构已变成二氧化硅网状支架了，这些燧石就是从中衍生出来的。那些二氧化硅支架先沉淀，然后溶解，形成燧石层，加之早就为长驻于此的白垩渐渐渗透浸染，才有了今日的硬度，化身为石。这里位于格里姆大堤林地高处，地面下一定还不断有白垩形成，大量的燧石在不断析出的同时还吸附大量黏土。这种沉淀物被称作燧石硬土，倒也名副其实，林地的土壤正是这样的燧石硬土。

奇尔特恩大丘很多地方的地面都是白垩层上覆盖着燧石硬土，归因于千万年来白垩岩缓慢溶解风化的结果。万物变化消亡多如此缓慢渐进。在雨水中，白垩岩也会发生些微溶解，难怪奇尔特恩的地下水烧开后会在水壶中留下水垢。所有的白垩岩全部溶解后，燧石也因此变得更加坚硬，但这还要等上多久呢？燧石不会溶解，事实上，这种硅化物几乎无法被摧毁，就算扔进河里，埋进花园里，过上几百年后再拿出来，它们还是原样，不会改变。就算奇尔特恩消失了，燧石还会在这里。

为了看看燧石硬土层究竟有多厚，我沿一里好路慢慢走到路尽头，来到蓝姆布里奇，再顺着荠菜巷走，并用锤子在堤上挖，直到看见露出白色的东西来。一些有趣的现象引起了我的注意，比如我看到了葡萄叶铁线莲，它们吸引我，不仅因为它们在英国境内当属最接近藤本的植物，更重要的是它们只生长在白垩岩上，燧石硬土里绝不可能有它们安家。野生马郁兰也是这样。对于地下的化学物质，植物的根就像美食鉴赏家的味蕾那样异常敏锐。在巷子中地势最低的地方，可以发现连片的葡萄叶铁线莲和野生马郁兰，它们生长茂盛。这样，我顺着走下去，一直走到再也找不到白垩岩存在的证据时才停下来。通过此行的观察，我得出了这一结论：覆盖在白垩岩上的燧石硬土应有近 6.1 米厚。这足以证明与坡地和谷底的碱性土壤相比，高处的瘠薄土壤为中性或弱酸性。得出这一结论令我多少有些伤感，因为越是长得好看的植物越喜欢白垩岩。叶形简单大方、背面闪光的白面子树，黄得明亮灿烂的金丝桃草，还有不少兰花，都偏好白垩岩。看来我不能指望在自家林地上看到上述这些树木花草了。地质学原理就是这样，任谁也拗不过。我也终于明白为什么我们林地的小路如逢大雨必被渍淹，因为水不能渗透那里的黏土层排到深处，结果就当然积在那里，如同储在个池塘里了。我们林地中的某些地方终年都有积水，就是这个原因。

还是回到格里姆大堤林地。我决定不再对坚硬无比的地面做任何开挖了，但会利用先前在这里挖的那个坑来布网捕捉屎壳郎。先拿来一些杯子，分别装上半杯滴露。对于那些夜里爬来爬去的家伙，这既是诱饵又是杀手。把这一切做完，眼前的一块石头又吸引住了我。这块卵石躺在山毛榉树桩旁的地上，形状和大小都如同一枚鹅蛋，只是颜色为紫色，这绝非燧石。我连忙掏出随身带着的放大镜进行观察，立即认出这是一块砂岩。随即我又发现很多类似的石头，它们多为猪肝色，还都呈圆形，若做成手玩，一定是上品，非常适合随手把玩。无论是奇尔特恩大丘一带还是艾尔斯伯里谷地，或远至牛津外的野地，依我看来都不可能具备生成这样卵石的条件。这些石头的棱角都被打磨掉了，才变成了光滑的卵形。卵石只有在河里停留了很久很久，经河水日复一日的打磨和抛光后才会有这般模样。它们如何来到此地并在我们的林地上驻足定居？瞧，这里还有别的远方来客呢。如果光看那颗白色卵石的形状和大小，会误以为是枚鸽子蛋，不过这还真是块完全硅化了的燧石，只不过呈乳白色而已。这是脉石英，我敢打赌。这块脉石英很可能生成于花岗岩里，或是从其他的岩石里误打误撞生出来的。附近一带可没有脉石英的矿源呀。这片燧石硬土上散落了很多来自远方的石头。

应该进一步展开调查，我真就这么做了。在自然历史博物馆供职期间，一些石头在我看来不过是些卵石，而一位同事手法老道地将它们做成切片，以方便用显微镜检查，好看看究竟是何物质，并发现其生成之谜。他先用金刚石圆锯将这些石块一一切片，然后在玻片上涂一层银，要尽可能涂得薄薄的，才能使石头里的矿物质透光，再放到专门的岩石显微镜下来检查。当年在剑桥读书时，我在昏暗的实验室中学会了使用显微镜。现在盯着镜头下的标本看时，早年间的情景又浮上心头。

可以确认这块石头是非常典型的脉石英。放在显微镜下观察时，可以看到不规则的灰色或略带黄色的结晶分布，还有很小的气泡空洞。它很可能已经过好几重地质变化了。不管怎么说，一旦在某处发现这么一块脉石英，那么周边就应该还有类似的脉石英，很可能就像被包在布丁里的李子一样被一大块砂岩包裹住了。也许这些石英块都出自相同构造的砂岩，只是有的局部显得粗糙些，用地质学术语来说，就是“砾团结构”。这些脉石英的形成应早于包裹其外的砂岩，而那砂岩本身也惹人注目，非常奇特。在显微镜下，其砂粒非常清晰，大小应该和沙滩上的没分别，只不过这些砂粒像被一种深红色的胶黏着在一起，所以抱在一起像一个个中空的球体。这种红色物质无疑含铁量很高，因为只有含铁量高，这些石头才有这等鲜艳的红色。这块砂岩好辨识，而且很容易发现它的出处。那些脉石英来自英格兰中部，应该生成于三叠纪[23]，也就是说它们的存在约有 2.35 亿年之久了。旧时它们被称作 *Bunter sandstone*[24]，这个名字的前半部分是德文，合在一起的意思是“杂色砂岩”。在它们最初出现的时期，这片现在叫英格兰的地方还是个炎热干燥的地方，而欧洲大陆则完全是另一番景象。还有些这样坚硬的乳白石英石则形成于更古老的岩石腐蚀过程，又过了很久才进入杂色砂岩的怀抱，而那些砂岩或许也有数亿年历史了。我们林地上山毛榉树的根下深埋着许多脉石英，肯定是被水冲到奇尔特恩的。它们的年龄是地球年龄的 1/4[25]。

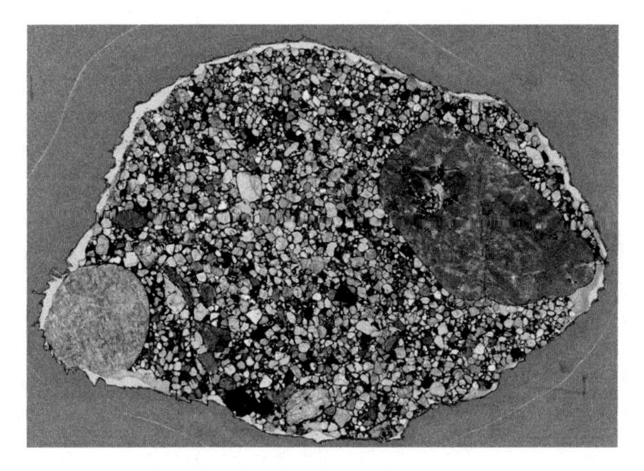

林地中砾岩性卵石的切片。

大河一路向西北奔流不息，也把这些 130 千米以外的石头带到这里。对于现在距林地东边不到 4 千米处平静流淌着的泰晤士河而言，这条大河堪称老祖宗河了。在更新世冰河时期[26]，也就是约莫 258.8 万年到 1.17 万年前，大地上厚厚的冰层化了又结，结了又化，导致欧洲的所有河流改变流向，同时也把大量石头冲向远方。古老的泰晤士河把错综复杂的陈年往事留下的记录全保存在其流域的坡地上，这些坡地现在就分布在奇尔特恩一带和伦敦盆地周边。我们林地附近也有大河流域最古老的坡地，具体位置就在内托贝。我在林地里发现的那些奇妙的卵石则是从另一处坡地冲过来的，那块坡地可年轻多了，整个都属于斯托克洛砾石地层。

能以自己的名字为这么个地层命名的斯托克洛村就在我们林地以西约 6.5 千米处，高居于奇尔特恩高地之上。这个村里绿草如茵，用塞西尔·罗伯茨的话来说，是“最具英格兰风格的草地”。但在这片草地上，偏偏就有个东西扛了个分明来自印地语的名字，真是不可思议。草地旁有口水井，叫马哈加拉井。马哈加拉是印地语，意思是“王公”。这个水井为人工凿成，深约 112 米，直达白垩岩。井水被引下山，流经我们林地周边时会潜在那一带的砾石之下。印度的贝拿勒斯[27]王公支付挖井和管理水井的经费，还出钱修建了井口那个具有异国风情且装饰华丽的小亭子。这位王公如此慷慨纯粹出于感恩，因为斯托克洛村的乡绅爱德华·李德于 1831 年资助印度的一个叫阿齐姆格的地方打了一口井。王公记得李德曾告诉他说自己的家乡就在奇尔特恩大丘的最高处，供水也是个问题。1864 年，王公这份尊贵的礼物正式交付，此后 70 多年里一直成为这一带源源不断的水源。

吉波德教授告诉我，英格兰中部水道的贯通连接远早于 100 万年前，直到 45 万年前才转入地下。更新世冰河时期，林地南部并没有被冰层覆盖，但仍深受影响。冰冻气候一手塑造了奇尔特恩的风景，将它一下子变成块全新的记事板，此后发生的一切便都清清楚楚地刻画记录在上，而我也将此作为这里自然史的开端。我必须努力才能勉强设想出这里没有一棵树的模样。那时这里所有的坡地都是光秃秃的，只有在向南的地面上有点儿绿色，那是些草，只有最坚韧的草才能抵抗住长久以来的严寒扎下根来。到了这时，奇尔特恩大地已被切割成一块块边缘陡峭的谷地，塞西尔·罗伯茨笔下的那个可以抵达斯托纳村的谷地也快要出现了。夏天，大河小溪的水依旧寒冷刺骨。这些急速奔腾的流水不断侵蚀切割软软的白垩岩，日复一日，年复一年。那些白垩岩从里到外都早被冻成了冰，只能等着这些湍急的河水来打磨。就这样，河床里便满是燧石块了。在纬度高的北部地区我也见过类似的情形，那里夏季短暂，被水冲击的石头不断翻滚发出巨响。这种隆隆声一阵阵没个消停，吵得我夜不能寐。冰河时期留下的遗产就是在大地上勒刻的记号，不仅奇尔特恩大丘上的印记清晰得难以想象，就连那些谷底地面上都可以见到古代河床留下的砾石。

岩石巷一直通到格雷家族地产西南侧的一块谷地，像这样的地名都拜冰河时期所赐。大约11000年前，气候回暖，一切开始好转，树木也在山岗上陆陆续续安下家来。叶片瘦小的柳树和耐寒的针叶树打前站，跟着就来了桦树和白杨，接着报到的是橡树、白蜡树、欧椴树、榛树和山毛榉树。最早的林地就是由这样一些树构成的。奥利弗·拉克汉姆[28]曾对树叶细小的欧椴树进行过详细说明。据他的解释，这种他称为“潜伏者”的树木曾一度占据了早期林地的大多数地盘。至今，在奇尔特恩一带仍可在为数不多的地方看到这种树悄悄生长着，只不过在我们的林地上没见到它们的踪影。大概6000年前，人类首次对森林进行了砍伐，而在此之前能对森林大展手脚的只有树上的一些老居民和自然灾害。林木被伐，岩石裸露，那些河流溪水曾不断在两岸的白垩岩上勒刻下地质变化的记录，现在也干涸了，它们的遗迹就成了干燥谷地。从一里好路到斯托纳公园的谷地就是这样形成的，虽说这片谷地还算不上多么干燥，如果碰巧哪年冬天降水多些，水面抬升，谷地上还会出现一条条溪流。干涸的阿森登溪流因此再现，往往会将溪旁的那条小路也淹没。这就苦了那些自行车骑行者，他们只好自认倒霉，怏怏折返；那些遛狗的人见自己的拉布拉多犬全身湿漉漉的，也会恼得冲狗不住呵斥。

这几块红褐色的砂岩性卵石和一块石英石可是真正悠久的历史赐予的纪念品啊！我无比珍惜地捧着它们走到5月明媚的阳光下。这几块石头内涵丰富，包含太多值得我们解读的内容。我不由得想起《皆大欢喜》[29]中的这么几句台词：

“这就是我们的生活，远离尘嚣。听大树诉说，看溪流展现故事，石头布道说理，一切都尽善尽美，皆大欢喜。”

也能用这几句话来归纳这些石块的内涵。不知多少年了，它们躺在地上，悄声无息，现在成为我收藏的新品。

老姑娘和天竺葵花

1787 年，格雷庄园迎来了第一任女主人——玛丽·斯泰普尔顿夫人，这座庄园大宅就是她的嫁妆。此后的 80 年里，这个庄园都由女人当家。1835 年，91 岁的斯泰普尔顿夫人仙逝时，连蓝姆布里奇林地都属于庄园的财产。斯泰普尔顿夫人的两个女儿（即玛利亚和凯瑟琳）继续居住于此。两姐妹也都算高寿之人，又过了 28 年，妹妹凯瑟琳才先于其姐玛利亚去世。当时正值伦敦知识界和思想界风起云涌，她们的邻居乔治·格罗特也深受影响，广结英才，府上常来常往的人多为人中翘楚，如前面提到的约翰·穆勒也在其中。但任凭外面波澜起伏，格雷庄园仍一派宁静，未起半点儿波澜。那一段岁月是格雷庄园历史上最为平和安宁的时期，两姐妹的生活围着教会转。这两位小姐都终身未嫁，一直热诚于为罗德菲尔德·格雷教区的穷人做善事，提供道德和宗教方面的启蒙教育。庄园收上来的租子除了供二人生活，就全用于这些开支了。

斯泰普尔顿夫人有个儿子叫詹姆斯，他早年也住在格雷庄园，还有一个朋友常来陪他小住。这位朋友名叫查尔斯·克帕特里克·夏普[30]，来自牛津的克里斯教会。此君还真没辜负这个姓氏[31]，这位夏普先生给住在荷丹姆城堡的母亲写信时多次提到在庄园里的所闻所见，用语无比尖酸刻薄。在1801年1月12日的信中，提及格雷家过圣诞节的情形时，他毫不留情地写道："一开始——我的天哪——几乎就和场蹩脚闹剧没两样，个个傻笑。末了呢，又人人流泪。"当地人为他举办娱乐活动时，他又如此描述道：

"圣诞节后的第二天晚上，两位斯泰普尔顿小姐、她们的弟弟和我都身着盛装去参加亨利镇上的舞会。到那里看到的情形真快笑死我了。出席舞会的还都是当地有头有脸的人物，加上附近的众多农场主及家属，但这些人个个打扮得都像小丑。男的头发稀疏，像老鼠尾巴一样贴在头皮上，手被白手套紧紧箍着，不知往哪儿放才好。女的则个个头上顶着僵硬的长羽毛，乍一看还真以为是群公鸡在窜来窜去呢，更别说她们为了炫富所戴的那些珠子项链了。这帮家伙进入舞厅时神情紧张，看架势哪像来跳舞的，分明心存不轨，要来偷偷摸摸干坏事呢。坐到凳子上，他们才算放松下来，似乎这一路就是专为让自己的屁股和板凳约会的。说到跳舞，那可真太滑稽了，若想知道牛怎么尥蹶子，猪怎么遛弯，马怎么拉车，就看他们跳舞吧。一个个胳膊腿脚僵硬，真像棍子一样！可他们倒跳得很欢实。12点时该茶歇了，于是唰地一下子，都把雪白的羊皮手套或丝绸手套脱了，露出粗壮的胳膊和粗大的手，颜色像生牛肉一样褐里透红。与其让他们轻摇扇子或细拈牙签，倒不如让他们去拖地洗涮或挥铲挖土。”

沃尔特·司各特[32]曾对夏普这人做过这样的评价：“此君聪明过人，也博闻强识”。显然，这位夏普先生的确有失厚道，但那份细致入微的观察也算多少弥补了他的刻薄。这样一个眼睛犀利、舌头刻毒的家伙当然也没放过斯泰普尔顿姐弟。在下一年的某封信中，他还这么写道：

“我去了詹姆斯·斯泰普尔顿的家，在那里住了一个星期。那段日子真是没劲，好难熬呀！不错，格雷庄园的人都是实打实的大好人，但就是没趣！那里的女人心思刻板，头脑简单，每日除了在暖房里捣鼓就不干别的。两姐妹天真极了，就像一对夏娃，只不过她们一定不会遇到什么诱惑，因为长相实在不敢恭维，连魔鬼看了都会被吓跑，别说男人了。”

据我所知，斯泰普尔顿姐弟的画像现在仅存一幅，系托马斯·比奇于 1789 年所作，如果仅凭这幅画像来评价他们姐弟的长相，未免有失公允。这幅画像不小，就挂在巴斯的赫尔本博物馆的楼梯旁。两姐妹的穿戴像迷人的牧羊女，五官刚气有余，只是神情中又透出几分忧郁，或许已预感到自己余生的漫长岁月将注定在格雷庄园中消磨掉也未可知。当时这里的定期出版物中有一份《亨利旗帜报》，从现在的收藏中，我在 1922 年 7 月 29 日的那份里找到一篇文章，里面对这两姐妹的晚年生活做了简单描述。作者说他小时候“每天都能看到穿着红上衣和长靴的车夫驾着邮局驿车来到亨利镇，而车上总坐着格雷庄园的斯泰普尔顿姐妹”。显然，她们一直都很注意自己的形象，还是蛮讲究的。

夏普观察到斯泰普尔顿姐妹对花房工作的专注，容我插一句，在这一点上他还真说得准确实在。1837 年，亨利镇举行园艺展，斯泰普尔顿姐妹荣获花房培育鲜花头等奖。至今，在格雷庄园中仍能在砖石围墙围住的菜园里看到一座木结构花房，那就是两姐妹在世时建的。妹妹凯瑟琳在天竺葵栽培方面堪称专家，为了肯定她在这方面的精到见地，1826 年有一个品种还特以她的名字命名为“斯泰普尔顿小姐”，至今在苗圃或花房中都还能看到。这个品种的天竺葵花红得热烈奔放，花瓣基底部的颜色略淡，每片花瓣上都有一个深色斑点。我的窗台外就放着这么一盆。既然她这么热衷于培育这种花，想来她当年走在自家林地上时，一定也会发现蓝姆布里奇林地（那时格里姆大堤还在其中）中长有罗伯特氏老鹳草，就在小路边连绵不绝地生长着，这属于她钟爱的天竺葵品种。我还猜想，她没准儿也和我一样会弯下腰来仔细端详这种纤巧而灿烂的红色小花，努力品味花的芬芳，对根部分出的许多细长根须大加留意端详，由于搓抚那长满腺毛的黏糊糊的叶子而把手指也染得通红。她准知道这种草之所以得名罗伯特氏老鹳草是为了纪念尼古拉斯 · 罗伯特，这是一位 17 世纪就率先在法国为植物绘制精准插图的画家。看到这些花，她该多么欣喜呀！留在原地欣赏，依依不舍，忘了时间，好久以后，她才匆匆走开，回到庄园老宅。不错，这些我能感同身受。

蕨的卷叶芽

看到蕨了，真不知道它们是什么时候冒出来的。蓝铃草的叶子都快烂成泥了，蕨的新叶才探出头来。在较大的开阔地带上，我看到这些弯曲如拳的新叶正小心翼翼地伸展开来。狄兰·托马斯[33]所称的绿色烟管是什么样，我没见过，但我想每一棵新长出的蕨都当得起这称号。它们长着细细的绒毛，我咬下一小口在嘴里品尝，味道不错，像坚果。今天，弯弯的叶片朝向地面那一侧的叶脉已开始变硬了，过不了多久，人们不慎碰到它时就会被擦伤。这处的荆棘素来浓密，气势汹汹，不容别的植物侵入，新发出的枝条也只是使这片荆棘更加浓密，更多了些戾气。然而，就在这片灌木丛最茂密的地方，偏偏还有去年的羊齿蕨落叶，不过早已干枯了，呈褐色躺在地上。就在这些落叶中，居然又长出新蕨来。这一簇簇新生的蕨此时看来还不过像些深色的小球，由此估计这一新生现象约莫发生在一个月前。每一个小球都会长成一个犹如小提琴把的小拳头，就像孩子们一起嬉戏时用来蜇彼此的悬钩子，螺旋状卷曲的嫩叶（卷叶芽）要在春晖沐浴下才会舒展开。处于“提琴头”阶段的蕨据说可食用，而且我也看到有被鹿啃咬后留下的伤痕，鹿大概将其视为时令小食了。即便时日尚早，部分卷叶芽也开始舒展了，就像一件件神奇的手工折纸。这些嫩蕨一点点露出优美精致的叶片，迎来又一年的生长。一簇簇羊齿蕨精神抖擞地展开叶子，自豪地宣告战胜了荆棘。一旦这些叶子的颜色变成深绿，那就可以成为它们的利器，用来保护自己。凭借着叶片，蕨才没绝迹，要知道恐龙的出现可比它们晚，但恐龙早死光了。再过一段日子，每片叶子下的孢子囊就成熟了。

羊齿蕨。

有一种蕨则比较容易发现，因为它们就在较干燥的山毛榉树下，不过这种蕨也娇嫩得多。我说的这种蕨就是盾蕨，其叶片近似三角形，基部较宽，叶脉清晰。这里几乎没有其他植物生长，而盾蕨看上去很脆弱，所以它们长在这里委实不易，难怪它的“提琴头”也显得有些畏畏缩缩，只怕是历经艰难困苦了。盾蕨的叶柄很细，似乎裹了一层栗色的谷糠样的鳞片。周围的地面上还有更多栗色的谷糠状东西，大小如手指甲盖，这些都是山毛榉树紫褐色的雄蕊，从树冠落下，早已经没有生命力了。山毛榉树的花并不显眼，这些就是它们的遗骸。虽说山毛榉树的叶子刚长出不久，但这些花已在远远高于我头顶的地方完成了使命。这样伟岸的大树开出的花却是最不起眼的。

山毛榉树的叶子可以酿出美味的酒来，说起来你很可能不相信，但这是真的。多年来，我本人都用这种树叶酿酒，客人喝过后也都为这种酒的醇和啧啧称奇。要用山毛榉叶酿酒必须赶在新叶还没舒展开前就将其摘下，所以 5 月初是最佳时期。这时的嫩叶呈浅浅的绿色，叶质软和到可以用来当卷烟纸。一旦变硬了，哪怕只用一丁点儿，味道也会苦涩。我将棕色的叶苞全都去掉，只取其中的嫩叶，当然这样做耗时得很，勉强采满一塑料袋，花的功夫远远超出意料。一回到家，我就在厨房中拿出一个罐子，把山毛榉叶一层一层放进去，每一层都压得紧紧的，就这样放到约莫半罐后，再倒入金酒或伏特加，酒要加到罐子的四分之三处。说到酒，我可不用那种用海外奇草异果酿制的高档货，只用超市货架上的那种廉价大路货，也就是“年轻人和酒鬼专用”的酒。把罐子密封后等上一个月，让树叶充分浸泡，然后打开罐子把树叶捞出来，一点儿残叶也不要留。接下来要做的事情就是配制糖浆来调味了，以一瓶金酒（约 700 毫升）为例，就得用 200 克糖、100 毫升白兰地和 250 毫升水。然后将这些混合物煮沸，使糖得到充分溶化，这一来就是一锅糖浆了。接下来要做的就是关火让糖浆彻底冷却。将冷却后的糖浆和泡过山毛榉叶的金酒充分搅匀，再放入罐内，最好还能加一根香豆荚。到圣诞节时，罐里的酒就呈现出非常美丽的琥珀色。喝过的人无不赞美，只有那种极度挑剔的刁钻古怪之人才会不以为然地说：“也不过就是白兰地加香草的味儿嘛。”

蝙蝠来啦

克莱尔·安德鲁安置好了蝙蝠监视器。她在我们的林地中挑了两棵树作为安置点，一棵是长在开阔地段的橡树，另一棵是高大的山毛榉树，位于隐蔽的丁利洼地。这些仪器都漆上了伪装色，分别被结结实实地绑在距地面约3米高的树干上，就像给大树绑上了护腿一样，不易被觉察。接下来的一两个星期里，它们能接收到蝙蝠发出的超声波，追踪到这些家伙如何捕食，如何彼此交流。

很小的时候，我听到过蝙蝠发出的吱吱叫声，现在我的听力已大不如当年，也听不到它们在黎明和黄昏时发出的叫声了，唉！但是，天色转暗时分，在林地的开阔地上看到这些蝙蝠在昏暗的天空中飞来飞去，影影绰绰，有一种如梦如幻的感觉。德文称蝙蝠为 *Fledermaus*，意思是“会飞的老鼠”。这个说法还真贴切，可不是吗？这些家伙就在空中来来往往，快速掠过。

蝙蝠飞翔时，几乎无法判别其种类。安装仪器也只是想捕捉到这种昼伏夜出的哺乳动物发出的高频叫声。不同品种的蝙蝠发出的叫声也不尽相同，节奏亦不一样，而蝙蝠正是以叫声为信号来划分领地和捕获猎物（如飞蛾）的。利用回声，蝙蝠还能了解环境，就像海船用声呐系统来了解海底情况一样。在飞行过程中，如有障碍，蝙蝠能敏锐地觉察到并及时绕开，所以才能在我家大树下弯弯绕绕地飞来飞去毫不吃力。长期遭它们捕食的一些动物（尤其是我们林地里多见的夜蛾）也因此使自己的一些器官得以进化，从而能“听到”天敌蝙蝠接近并及时逃离，比如迅速往下俯冲这么一招也能帮它们逃过一劫。进化通常就和军备竞赛一样，进攻的武器越强大，越会激发创造出更加隐秘有效的防御手段。所以，不用为蝙蝠长着超长的耳朵感到纳闷，它们的听觉器官就是这么特别，因为它们需要超大的耳朵来捕捉虫子发出的细微动静，然后发出短促的小振幅“细语”声来骗过猎物，并以迅雷不及掩耳之势将猎物从树叶上摺倒吃掉。白昼时光，蝙蝠都倒挂在隐秘的栖息处，就像一把把收拢了的小伞。克莱尔在一些山毛榉树上发现了多处洞口，那里松散的树皮成了它们绝佳的藏身之处。除了让这些灵巧的家伙建造自己的工事，我们还能干什么呢？

一个多星期以后，我们将从监视器上取下的数字芯片放入克莱尔的电脑里。屏幕上出现音频表，显示计时一秒秒增加，逐渐展示出林中空地上蝙蝠在夜色降临时的活动记录。根据音频表，晚上 8 点 26 分，也就是太阳落山 17 分钟后，那片大的开阔地上传来了一连串频率为 45 千赫的叫声，在图表上表现为一连串倒写的“J”，或者说像用斜体写的一连串“e”。“完全如我所料，”克莱尔说道，“这是常见的伏翼[34]。”到了 8 点 39 分，又是一阵短促的叫声，波形似乎和先前的差不多，但频率为 55 千赫。“这是高音伏翼，它发出的是高频叫声。”克莱尔向我解释说，这种高音伏翼于 1999 年得此名称，以与其他伏翼区分开。这可就有点儿不寻常了，这样一种英国哺乳动物为什么会在以往很长时间内得不到承认呢？它的很多同类近亲都早在两百多年前就登记在册了呀！一眼就看得出，伏翼和蝙蝠非常相像，个儿都小，都呈褐色，只是最近才被人们发现它们并不是一个品种，因为二者的繁育和哺乳方式并不一样。用敏锐的测试仪就能辨别出伏翼的叫声不同于蝙蝠。调低电脑的音频，就能“听到”蝙蝠的叫声了。将这种声音调成不同频率来听，高高低低，也蛮有意思。

9 点 39 分，屏幕上的波形又有异样了。这像是一种叫鼠耳蝠的蝙蝠发出的声音，但单靠声音还不能准确辨识。克莱尔认为这批访客为须鼠耳蝠，要确认的话，还需安置陷阱将其捉住才能看清。且不管这些，我们继续往下听。11 点 2 分，高音伏翼又回来了，不过这次唱的咏叹调有点儿不同，显示的声波为正弦形。这样的声音表示示好，等同于用声音向群体呈上名片，我听着似有一群做出了回应。10点12分，一只褐山蝠的特色声波出现在屏幕上，这种品种当为英国最大的蝙蝠。

与此同时，在林地开阔地带的高大山毛榉树深处，伏翼和蝙蝠不断飞掠而过，这里就是它们的天下。非常独特的低频波是由褐大耳蝠发出的，这种最善于隐蔽的家伙于11点16分从树冠下穿过。克莱尔事先就料定这些大耳朵的褐大耳蝠会在这里出没，虽说它们的耳朵长得很大，但不算什么稀罕品种。格里姆大堤林地中靠近蓝姆布里奇的林地谷仓那里就是这些长耳朵家伙的聚集地。说实话，那个地方也蛮适合另一种不太常见的大个头，那就是长耳蝠属中的大棕蝠。第二天晚上8点40分也确实捕捉到后者飞过的信号。这种大个头的大棕蝠对夜间在山毛榉树下活动的甲虫毫不留情，见者必杀，绝不手软。

算了算，在格里姆大堤林地中共有6种蝙蝠靠吞食虫子为生。由此可见，这个地方还算得上环境健康。没准儿还有一种漏掉了——克莱尔发现了一种转瞬即逝的信号，那很可能是宽耳蝠发出的。这种宽耳蝠的鼻子扁平，专用嘴来捕食。这个品种受到保护，就因为它是英国最罕见的蝙蝠品种之一。诚心欢迎它们，希望它们能来我家林地上生活。我也知道，面对珍稀品种，博物学家都没有抵抗力，因为于他们而言，发现罕见品种的活动永远具有不可抗拒的诱惑力。我必须控制住自己，不能让热情恣意高涨。除非再加放监视仪器并确确实实发现能认定的信号，我们才可以断定这里有宽耳蝠。

注释：

［1］《化身博士》（*The Strange Case of Dr. Jekyll and Mr. Hyde*）是英国作家罗伯特·路易斯·斯蒂文森（Robert Louis Stevenson，1850—1894）于 1886 年出版的小说。书中人物杰奇（Jekyll）和海德（Hyde）善恶截然不同的性格让人印象深刻，后来“Jekyll and Hyde”一词竟成为心理学中“双重人格”的代称。

［2］白屈菜，主根粗壮，呈圆锥形，土黄色或暗褐色，密生须根。

［3］塞西尔·罗伯茨（Cecil Roberts，1892—1976），英国记者、诗人和作家。

［4］赫尔克里·波洛（Hercule Poirot），英国作家阿加莎·克里斯蒂（Agatha Christie，1890—1976）笔下第一名探，比利时前警探，蛋形头颅和他自傲的八字胡是他的特色，有洁癖。

［5］爱德华·弗雷德里克·本森（Edward Frederic Benson，1867—1940），英国作家，作品丰富，但至今最为人熟知的是梅普和露西亚系列小说，2004 年 BBC 还将其拍成电视剧。梅普和露西亚都住在乡间，喜欢窥探邻居的隐私。

［6］提洛尔（Tyrol），位于奥地利，以山地风光美丽著名。

［7］希斯巴诺－苏莎（Hispano-Suiza）是西班牙最古老的车企之一，以专为皇室打造汽车而闻名于世。

［8］H. J. 马辛汉姆（Harold John Massingham，1888—1952），英国作家，其著作中许多都与英国乡村有关。

［9］引自上述书中《英国的面容》（*The Face of Britain*）一文。

［10］里克曼沃斯（Rickmansworth），一个小镇，在伦敦西北方，距伦敦市中心 32 千米。

［11］海威科姆（High Wycombe），通常又称威科姆，是白金汉郡的一个大镇，距伦敦 47 千米。

［12］约翰·贝杰曼（John Bctjcman，1906—1984），英国诗人兼作家。

[13] 约翰·斯图亚特·穆勒(John Stuart Mill，1806—1873)，或译作约翰·斯图尔特·密尔，英国著名哲学家、心理学家和经济学家，19世纪影响力很大的古典自由主义思想家，支持边沁的功利主义。

[14] 乔治·边沁（George Bentham，1800—1884），英国植物学家。1853—1858年，他写出了最著名的著作《不列颠植物手册》(*Handbook of the British Flora*)，多次再版，被学生们用了将近一个世纪。

[15] 杰里米·边沁（Jeremy Bentham，1748—1832），英国法理学家、功利主义哲学家、经济学家和社会改革者，亦是英国法律改革运动的先驱和领袖，并以功利主义哲学的创立者、动物权利的宣扬者及自然权利的反对者闻名于世。

[16] 弗拉基米尔·纳博科夫（Vladimir Nabokov，1899—1977），俄裔美籍作家，《洛丽塔》（*Lolita*）一书的作者，在昆虫学、象棋等领域也有所贡献。

[17] 见1988年Routledge & Kegan Paul出版的《穆勒文集》（*Collected Works of John Stuart Mill*）中的《伯克郡、白金汉郡、牛津郡和苏雷远足之行》（*Walking Tour of Nerkshire, Buckinghamshire , Oxfordshire and Surry*）一文。

[18] 稀树地区的植被特点是旱生草地植被上有稀疏的乔木，这种地区的乔木树皮厚，多分枝，树冠大而扁平，呈伞状。

[19] 乔治·格罗特（George Grote，1794—1871），英国19世纪上半叶最伟大的古史学家。

[20] 此处应指英国作家爱德华·吉本（Edward Gibbon，1737—1794），其著作六卷本《罗马帝国兴衰史》（*The History of the Decline and Fall of the Roman Empire*）于1776—1788年间陆续出版，产生了很大的影响。

[21] 理查德·马贝（Richard Mabey，1941— ），英国作家、电台主持人，

写作和主持的节目多关注自然和文化。下文提及的回忆录当指其1990年由兰登书屋出版的《田园故乡》（*Home Country*）。

[22] 伊恩·麦克尤恩（Ian McEwan，1948—），英国作家和剧作家，2008年被《时代周刊》评选为1945年以来英国最杰出的50位作家之一。

[23] 三叠纪是2.5亿年至2亿年前的一个地质时期，在二叠纪和侏罗纪之间，是中生代的第一个纪。

[24] 据作者的注释，现在这种砂岩的英文名为Kidderminster Formation。

[25] 目前地球年龄的最佳估计值为45.5亿年。

[26] 更新世冰河时期又称第四纪冰河时期（Quaternary glaciation），开始于258.8万年前的上新世晚期，延续至今。

[27] 贝拿勒斯（Benares），印度东北部城市。

[28] 奥利弗·拉克汉姆（Oliver Rackham，1939—2015），剑桥大学学者，长期研究英国乡村生态、乡村管理和发展，对树木、林地和牧场尤为关注。代表性著作为1980年出版的《古代林地》（*Ancient Woodland*）和1986年出版的《乡村历史》（*The History of the Countryside*）。作者此处引用的文字出自拉克汉姆于1990年修订出版的《英国风光中的树和林地》。

[29] 《皆大欢喜》是威廉·莎士比亚（William Shakespeare，1564—1616）的著名喜剧。

[30] 查尔斯·克帕特里克·夏普（Charles Kirkpatrick Sharpe，1781？—1851），英国诗人和作家，生前出版过诗集和专记，生后其信件也被整理出版。

[31] 夏普由Sharp音译而来，而sharp在英文里就有尖酸刻薄之意。

[32] 沃尔特·司各特（Walter Scott，1771—1832），英国著名历史小说家和诗人。他生于苏格兰的爱丁堡市，自幼患有小儿麻痹症，自爱

丁堡大学法律系毕业后，当过副郡长。他以苏格兰为背景的诗歌十分有名，但拜伦出现后，他意识到无法超越，转行开始写作历史小说，终于成为英语历史文学的一代鼻祖。

[33] 狄兰·托马斯(Dylan Thomas，1914—1953)，英国作家、诗人，人称“疯狂的狄兰”。评论界普遍认为他是继奥登之后英国的又一位重要诗人。1953 年 11 月 9 日因连喝了 18 杯威士忌而暴毙，年仅 39 岁。作者这里提到的是诗人那首有名的诗歌《通过绿色茎管催动花朵的力》(*The Force that Through the Green Fuse Drives the Flower*)。

[34] 伏翼，蝙蝠科伏翼属，体长 3.5 ~ 4.5 厘米，翼展 19 ~ 25 厘米，体毛为不同深度的棕色，一般生活在树林或田野之中，也可以在城市房屋顶楼中或房檐下生活。

第3章

6月

诱捕飞蛾

那个黄昏很暖和，安德鲁·帕德莫尔和克莱尔·帕德莫尔带着诱捕飞蛾的装置来到林地。他们搭起一个小平台，并将一盏靠发电机供电的灯安置在台子中央。飞蛾被灯光诱惑而来后会纷纷落入台下的一个大容器内，里面装满了用空心纸板做的鸡蛋托。暮色开始落下，灯光亮起来，我们就坐在那块开阔地头的大山毛榉树下，等着夜幕完全降下来。林地深处传来一种声音，那是只个头不算太大的动物经过时闹出的动静，或许有只獾靠近格里姆大堤了。夜色终于包围了我们，在那盏灯的照耀下，稍远处山毛榉树的树干闪着怪异的光，在黑暗中显得尤为诡吊。

第一只急匆匆赶来的飞蛾是从暗处过来的。这只飞蛾很漂亮，是只绿毡衣蛾。它噗嗤噗嗤地飞来飞去，像疯了一样，过了一会儿后落到铺在地面上的布单上，稍事停留后又绕着圈儿飞，直到最后落进一个瓶子里。这样一来，我们就能从容地欣赏它展开双翼后形成的三角形和翼上的那些绿格状花纹了。不知又从什么地方飞来一只浅灰色的大蛾子，毛茸茸的，它向前伸出多毛的腿，似乎打算歇歇脚，两根棕色的发卡状触须犹如天线一样。安德鲁认出这是只苹红尾毒蛾。它停下来，一动不动，似乎还有些犹豫，后翼小心地藏在前翼下，翼上的灰色波浪状斑纹宽窄不一，好不复杂。与其他品种不同的是这种蛾不给幼蛾喂食，只负责繁殖后代。紧跟着又是一群个头小点儿但颜色深得多的飞蛾，这是种标夜蛾。“它们的精气神都足着呢，”安德鲁介绍道，“因为刚从蛹羽化成蛾。”

飞蛾的两根触角上都长着毛，这也是它和蝴蝶最大的不同，而且每根细长的触角末端都有个小的球状物。看得出，这会儿这些飞蛾的两根“天线”都正忙着呢，不停地抖动探扫着。有了这对超级敏锐的接收器，飞蛾能把夜间的所有信息都捕捉来进行解读分析，丝毫不爽。比如，闻到嫩叶发出的气味就意味着幼虫的食物有着落了，又比如感受到某种信息素时就知道追求者在不远处。于飞蛾而言，周遭就是一个由各种气味组成的世界，至于光线，有没有都无关紧要。我似乎在一片混沌朦胧的夜色中看到林地上满是各种分子，而它们携带的信息只有飞蛾才能捕获并破解。不过飞蛾无论多么能干，仍需靠月亮导航，而我们点亮的灯就干扰了它们对方向的定位，所以才会有飞蛾扑火一说，用灯光能诱捕到这么多飞蛾也就好理解了。

被灯光吸引来的也不全是飞蛾，还有两只胖乎乎的金龟子样的虫子，那是五月虫，由此可以推断还有其他种类的东西也来了。灯光下，一只棕色的大甲虫四下里乱爬，看着像只翅膀长得怪怪的蟑螂。这些虫子挣扎抽搐的样子让人不忍多看，虽说它们的幼虫会毁掉植物的根，但成虫只吃树叶，还真不见得有多大危害。

我已适应完全暗下来的夜色了。树冠枝杈交集，抬头可以看见被枝条分割得支离破碎的天空。向林地远处看，天空也渐渐不那么暗沉了，一颗颗星星就像小钻石点缀在难以形容的深蓝色夜空中。抬头望去，诱捕装置的灯光所及之处的尽头是山毛榉树垂下的树枝，犹如垂下的层层帘幕。一排排的树冠层层叠叠，越往上轮廓变得越模糊，渐渐融入夜空。这块诱捕飞蛾的地方简直就像个剧场，山毛榉树的大树干则成了舞台幕布的拱架，垂下的枝叶就是层叠着的幕布。在灯光的吸引下，两只小蝙蝠飞进了这个“舞台”。它们不断飞进飞出，会不会把好不容易诱捕来的飞蛾一下子吃个精光呢？就在这时，一只飞蛾飞过来，它鲜明的黄绿色前翼上布满了红色斑点，一眼就能认出这是只黄蛾。茶尺蛾则与高调张扬的黄蛾完全相反，只有一片小树叶大小的茶尺蛾是伪装高手，白天不活动时挂在树干上，乍看上去像一块树皮碎片，很难认出来。灯光把好多小虫子都吸引过来了，新访客络绎不绝。这些不请自来的造访者围着灯光上下翻飞，其中好些我都叫不出名来。这些小家伙都是林地上的神秘居民，我真希望能知道它们的种属。远处有只鸣角鸮（又叫长耳鸮）不断发出含混的叫声，只是听上去似乎并没有多少戾气，反倒像对某件事表示深为理解。

安德鲁·帕德莫尔今后还会常来林地，更多品种的飞蛾将被诱捕到。用发电机供电的诱捕灯后来也改用太阳能了，深藏在树丛中。那些性情温和的飞蛾没有受到任何干扰或伤害，从照片上来看，它们仍旧不紧不慢地干着自己的营生。现在，着手对林地里发现的飞蛾进行整理，发现已超过 150 种了，是不是够多吧？不同种类的蛾不仅有不同的翼，它们出没的季节也不一样，一年里最后出现的蛾当数秋尺蛾，俗称十一月蛾。我还记得有一首奇特的小诗，涉及多种蛾的名称，全用典故和色彩名称进行比喻或暗示，非常晦涩。林地里仅毛毡衣蛾就有近 10 个品种，此外还有尺蛾、烟实夜蛾、蝙蝠蛾、蜂蛾和栎树美尺蛾等。东北绮钩蛾、细羽齿舟蛾和芸浊夜蛾都气势汹汹，肆意妄为。还有博维尺蛾、秀夜蛾、红线尺蛾、摩卡尺蛾等，它们堪称林地中无处不在的资深游民。通常，蛾的俗名都能非常形象地揭示它们的特色。如红线尺蛾，其翅膀上的确就有那么一道鲜红色的细纹划过，像一道血管在那里一样；东北绮钩蛾，正如其英文名字（Chinese Character，意为“中国文字”）所示，身上就像被人文上了中国古老的象形文字，不过这种蛾在休息时就像夜蛾。粗皱夜蛾是个例外，这家伙长了很多毛，身上遍布的灰色花纹复杂、好看，可我就是看不出有什么粗皱来。摩卡尺蛾是英国很稀有的一种灰褐蛾，早年间对其进行命名的昆虫学家很可能联想到了咖啡。所有这些蛾的名字都很有意思、耐人寻味。比如波夜蛾的英文俗名是桃花仙子，当初为它这么命名的人一定联想到了爱尔兰的同名小精灵，认为这种蛾被小精灵附了体，所以全身都有粉红色斑点，连深色的前翼上也是如此。当然，这只是开个玩笑而已。

有些品种的蛾只捕到过一次，此后就芳踪难觅了。可能这样的蛾只是匆匆过客，它们本来在草地和人家的院子里安家，靠那里的花草为食，误飞误撞才来到我们的林地，而林地中的这些树木又偏偏没被它们看上。倒真想能再找到些天蛾，只可惜林地上没有天蛾幼虫爱吃的杨树和旋花类植物，所以它们就懒得来了。诱捕到的蛾基本上都是以蓝姆布里奇林地现有植物为生的种群，这些蛾参与构成这一带的自然生态。如桃花仙子专吃黑莓类荆棘灌木，而这种灌木遍布我们的林地，几乎随处可见。被诱捕频率最高的（被诱捕了 111 次）当属榆花尺蛾，这种白色的大蛾子非常俏皮，全身有橙棕、灰和黑等颜色交织而成的色块，它们的食物是光榆树。这种树木早先遍布格里姆大堤，现在少多了。有这么多榛金星尺蛾，安德鲁事先都没料到。欧洲蕨虽然气味芬芳却有毒性，因此能以此为食的虫子少之又少，而金蝙蝠蛾就是这少数之一，所以不用费力气飞到远处，它们就能为幼虫找到足够的食粮了。棕色的髯须夜蛾个头小巧，前部尖尖的，整个看起来像架迷你三角翼飞机，它们只需靠荨麻就能活下去。杨雪毒蛾的英文名字（Willow Beauty，意为“柳树美人”）娇柔动人，引人生出无限美好遐想，却偏偏能啃噬非常坚韧的常春藤。这种蛾乍看上去就像一块好吃的奶黄色点心——上面沾满了棕色和黑色的糖粉，简直就是“神秘难解”这个词的具象化表现。它们披着这么难以辨识的伪装色彩，居然没逃过鳞翅目研究学者的慧眼，实在不可思议！枞灰尺蛾的伪装技术高明，紫杉树的针叶再坚硬也挡不住它们，仍成了它们的佳肴。接下来，我可以列出 40 种苹蚁舟蛾的幼虫。这种蛾在英文里的俗称为龙虾蛾，大小如人的大拇指，长得也很丰满，圆鼓鼓的，一身裹着乱七八糟的长毛。正如它们的拉丁文名（*Stauropus fagi*）暗示的那样，它们喜欢山毛榉树，而这里漫山遍野都是山毛榉树，一眼望不到边。

看到龙虾蛾，总会想到很有趣的智力玩具。尽管这种鳞翅目的家伙长得脑满肠肥，但自我来到林地后，却没发现多少它们的幼虫。我认为原因如下：幼虫是这种家伙最能吃的阶段，堪称吃货阶段，为了能痛痛快快大吃一顿，这些家伙的幼虫也一定煞费苦心，着实把自己藏好。它们绿色的身子趴在绿叶上，一旦有什么动静，便立刻一动不动，化身为一根小叶梗[1]；待到时机合适时，马上把叶子卷起来作为自助餐。飞蛾幼虫都能把这套把戏玩得炉火纯青，轻松骗过了无数猎捕者的眼睛。那些敢于张扬地在身上显示出黄色或黑色条纹的幼虫，毫无例外都是有剧毒的。在一根榛树枝上看到了一条不知属于什么蛾类的幼虫（很可能是那种叫黄蛾的幼虫吧），是那种非常典型的尺蠖——前后足肢长在腹下，前行时将身体中部拱起来，这样一来后足就能往前挪了。它每一步的幅度都一样，精准无误，难怪它的英文名称是 geometer，是不是和几何学的英文 geometry 的关系很密切呢？发现我盯着它，感到受到威胁了，它就停下，并把身体的一段抬得高高的，伪装成一根小树枝。它还有更大的把戏要玩呢，那就是反隐蔽，它能让背部的颜色变得比腹部的颜色更深。正常情况下，光线从上面照下来，背部会因此更亮也更明显。但是反隐蔽方法则是使背部的颜色变得比腹部还要暗一些，这一来全身颜色均匀，更不易被发现。借助这种伎俩，尺蠖（天蛾的幼虫）就和背景融为一体了。可以借用一种肥皂粉的广告语来形容："效果太棒了！"

说到住在高高树冠上的龙虾蛾，竟连约翰·勒卡雷[2]这样的人物也会被它骗过。它的幼虫刚孵出时就有瞒天过海的本领，伪装得像只小蚂蚁，细长的腿能伸到四处打转。一旦受到惊吓，这个小家伙就猛烈地左右摇晃，好像一只受伤的小蚂蚁。据报道，这些幼虫刚来到世上时就晓得要以自己的卵划分领地，并且严防别的任何幼虫接近，哪怕是同类也不行，统统都要撵得远远的。于它们，成长不只是一次次蜕皮，它们还在这一过程中变得日益贪吃，有多少树叶就能吃掉多少。随着不断成长，它们的相貌也变得无比狰狞丑陋，简直可以说是大自然里最丑的东西：脑袋长大了，而长在脑袋后面的腿（这就是所谓的胸足，成年尺蠖会有）变得越来越瘦弱，后面的 4 对腿则变得越来越粗壮，抓到什么就死死不放。它的背部隆起像个驼背，尾端则能卷起搭到自己身上，这一来它怎么看都像个充盈的膀胱，只不过多了根大尖刺。幼虫在发育过程中会渐渐呈粉红色，还是一种较深的粉红色。完全发育成熟后，虫体可长达 7 厘米，人走近看到时会感到惊悚，何况这家伙一旦以为自己遇到危险时还会拼命抬起身体，头使劲向后仰，这就更让人生畏了。人们说它长得像只煮熟的龙虾，模样恐怖，这一点儿也不夸张。

这 150 多种蛾生活在我们的林地上，是否各自都有一段引人入胜的曲折经历要诉说，尚不太清楚。不过此时，从山毛榉高高的树冠中传来了轻轻的哗啦啦声，那是大树在轻轻吟唱着生命之歌。荆棘丛马上做出回应，也进入角色积极配合。每棵树的树皮都咔咔作响，更黑暗的深处又加入了新的讲述者。

山毛榉树

到了 6 月，山毛榉树的枝枝叶叶已尽其所能吸收了阳光，并好好将能量储存起来。每一片树叶都铆足了劲，要和周边的树叶来番竞争，看谁长得更快更高，更接近蓝天。有的树生长得更快，也就长得更高，足足有 30 多米高。这样一来，站在地上只能看到它们的树干，而从空中俯视，又只能看到树冠顶部的华盖。山毛榉树的学名是 *Fagus sylvatica*，它的每一部分都有用处，小枝引火，大点儿的成捆堆起来作为燃料，更大的则用来做家什。1664 年，英国皇家学会出版了约翰·伊夫林[3]的著作《森林志》（关于森林的第一部较全面的论著），书中如此介绍山毛榉树："不管扎根在多么贫瘠的土地里，哪怕尽是砂石，也不管在什么地方，如斜坡、边缘地带、山坡顶甚至白垩岩山岗，山毛榉树都会茁壮生长，枝繁叶茂。”伊夫林接着引用了一首流传已久的民谣：

“山毛榉做的柜，山毛榉做的床，山毛榉做的板凳你坐上；山毛榉做的架，山毛榉做的盘，山毛榉做的大碗你端上。”

退回到300年前，那时山毛榉树除了不曾用来盖房子，几乎可用于制作任何东西。几百年来，如何管理经营好这种树让这块林地的历任主人操碎了心。

瑞典伟大的植物学家林奈[4]为山毛榉树做出了科学命名。1748年，他的弟子彼特·卡尔姆[5]对英格兰的林地进行了一次个人探游，途中在奇尔特恩地区的小佳德思登进行了考察，那儿距我们的林地靠白金汉郡的那一边不太远。很可能他看到的那些树里就有属于我们林地的，因为他是这么写的：“那些山毛榉树下部的树干有好几英寻[6]都是直溜溜的，没有长出任何树杈，非常光滑。”护林人想弄到美味带回家时，便会爬到这些树上抓松鼠（那时都是些红毛松鼠），或者掏乌鸦窝。他们几乎根本就没想到用梯子，只在脚上绑上一种很大的钩子。这种钩子能挂在树干上，这样一来他们自己倒像是巨型松鼠了。

旧时的农人常爱说：“除了叫声没用，猪浑身都是宝。”那么，砍伐山毛榉树的护林人也可以借这话来说：“除了树皮没用，山毛榉树全身都是宝。”被砍下的山毛榉树的每一部分都能派上用场，几乎不会有半点儿浪费。卡尔姆对此也做了详细记录：“最光滑的树干卖掉或锯成木板，长了太多疙瘩或不太直的粗枝就被劈开，一捆捆堆起来作为柴禾。被砍下的山毛榉树倒下后终于能紧贴大地了。两三年后，留在地里的树桩才会被挖出，大小须根一并出土，然后砍成小块，摆成方垛，等待变干……人们小心翼翼地将根挖出，所以在垛起来的木堆上可以看到还摆放着细细的根须，长度不会超过 6 英寸[7]，粗细和羽管笔差不多。这些根也能卖钱，方圆几英里[8]的人家都会买回去当柴烧。"干了的细枝被捆成一束一束的，用作烧面包炉的材料最好。有些人甚至用今天工业化的思维来看待山毛榉树，将其视为单纯的原料或获利工具。1803 年，风景建筑学的先锋人物汉伏利·赖普敦[9]指出："在人们的眼里，这些林地只是获利的工具，他们却没有意识到正是它们构成了如画美景。"他希望能用多种多样的树装饰园林，所有的树也应尽可能保持原生模样，整个宏大的园林都应以此为设计基础。我想，他这样的人绝不会弯下腰去挖什么树根。

卡尔姆的观察也显示出他工作时头脑冷静，思维严谨，极富科学精神。他认真对山毛榉树进行了测量计算："对一棵山毛榉树的树干进行了测量，树干粗的那一头有 54 个年轮，树干直径为两英尺[10]。越靠近树干中心，直径小，年轮的间距越小，可见树木是从中心部位往外生长的。"从树干中央纵横各劈一下就能看到这个现象了。所谓年轮正是树干悄悄对树木每年生长所做的记录，54 个年轮就意味着这棵树有 54 年生命了。我们家的这片林地就应有这样的编年史。

来到格里姆大堤林地的入口处，会看到一些整齐利落的树桩，可以推定临近的一处林地刚进行过砍伐。原以为山毛榉树的生长年岁很容易知晓，现在看来也并非想象的那么简单。我们林地上山毛榉树的树干上端笔直，还都圆得几近完美，这是其独特的优点。没有任何树能从下到上都一般粗细，一般越靠近地面树干变形得越厉害，也越

成垛的山毛榉木。

往外生长。树干上下不一样粗很有必要，唯有如此方能支撑整棵大树挺拔向上。所以，测量时应取树干过腰后的上半段。所有的树干都是从下往上逐渐变细的，树干越靠上部分的直径越小。这一来问题也就出现了：越靠近树干中心的年轮越不易清晰辨识。有的年轮刚长出，还不到1毫米宽呢。

我从砍下的树干上取了一片树心部位的木头带回家，想试着用点儿功夫，看能不能从中获知这棵树的树龄信息。为了便于精确分析，我辛辛苦苦用砂纸将其打磨了好几个小时，原本不规则的粗糙剖面才变得光滑规正，早年长出的年轮颜色就显得深沉，变得清晰。这一过程就如同检查指纹一样，看着一个拇指纹路由模糊不清逐渐变得线条分明。这块直径为35厘米的红褐色木头最终被打磨得铿亮，我从中分辨出了27个年轮。的确，这棵树在长高之前也一定等待了很久，时机一到，它就积极向上伸展。即使在这棵树最成熟的部位，年轮也不见得都那么清晰。可以看出有的年份好，有的年份就差些，比如1974年和1975年的夏天都出现了旱情，这两年的年轮间距是最小的。老练的树木年代学家能从年轮中读取以往好几世纪的气候变化信息，我自愧弗如。一般来说，老树的年轮间距为 3 ~ 4 毫米，这样计算树龄就容易多了。不过，多亏长年养成的科学工作素养，我很快就能准确辨识年轮并进行计数了。在有的树干上，我居然数出了 85 个年轮，杰姬在上面数出的年轮也差不了多少。她的观察可是非常客观的，丝毫没受我的影响。这样的树干直径有的只有 27 厘米，有的却为 50 厘米。有棵树的树干直径为 43 厘米，而年轮还不到 60 个。还真说不清在数它之前，我数的那些树干是否略靠上部，但它们的基底部其实都还蛮粗的。无论如何，我都能自信满满地说，1930 年前后，在蓝姆布里奇林地种下了那些山毛榉树，现在它们都长成了俊美挺拔的大树。

用直径来推算周长或反之都不算多难，我用卷尺对自己林地上的一些树在齐胸高处进行了测量。结果表明，这些还长在林地上的树和已砍下成垛堆放的树都差不多粗细。其实要证明这一点根本不用费时劳神扯卷尺，完全可以用另一种方法（可以说是颇有嬉皮士风格的另类测量法），那就是去拥抱树干。拥抱直径为 50 厘米的树一点儿也不费劲，两只手轻轻松松就碰到一起了。当然，也有相当数量的树抱不住，如果能够到它们接近树冠的部分，就可以抱住了，因为越往上越细嘛。也有堪称树中巨人的大树，“国王陛下”和“女王陛下”就属这一类。还有一棵树我称其为“大象”，其周长足足有 2.5 米。这些大树的年龄一定远远不止 80 年。年轮间距一般为 3 ~ 4 毫米，照此推算，它们生长在那里只怕有 140 ~ 180 年也未可知。这样的高龄大树在我们的林地中并不罕见，大约有十来棵吧。高龄大树的树皮往往不再像年轻的树的那么光滑，还有些疤，犹如往上伸展长高时还不忘不时留下身高记号一样。由于林地上再也没有比它们更老的树了，我想这里的许多树都是它们的子孙后代吧。约莫 80 年前，这里曾经历过大砍伐。对树木进行选择性的砍伐持续了 20 多年，直到托马斯·巴娄爵士接手后才终止。据我们所知，托马斯接手后对这里几乎再没有什么大动作了，而这十来棵大树逃过上述大劫后也被人遗忘了。80 年前对山毛榉树进行了大规模砍伐，而在那之前还曾有过一次收获式砍伐，那些“抱不住”的树就是那次砍伐后长出的。毫无疑问，自那以后，整个林地上的树都是重栽的，是再生林，被间过苗，打过枝，锯倒过，重新生长。林地还是 1828 年斯图亚特·穆勒走过的林地，但林地上的树已经不是他当年所看到的那些了。

像所有靠风授粉的植物一样，山毛榉树的花也毫不起眼。5 月里，我就注意到有些成束的雄蕊从雄花上掉到地上，而与之分开的雌花仍然留在枝头，一心在树上等着成熟后能成为三棱坚果，要坚持熬到 10 月再落到地上。就我所看到的插图来说，萨拉·辛波莱特[11]在《新森林志》中所画的嫩枝条最惟妙惟肖，也最美，简直就是对伊夫林的《森林志》做出的有形高调回应，用画作表示的热情赞扬。这些插图的构图和色调都堪称精美，简直和照片一样逼真，《牛津英语词典》完全可以直接收入作为图例。4 月间，从山毛榉树上落下的坚果早早就发芽了，看到地上到处冒出的浅绿色嫩叶就知道种子已经扎入地下了。那些嫩叶叫子叶，形同并排放着的只有 5 厘米宽的小乒乓球拍。大山毛榉树的树冠还没洒下浓荫，这些嫩叶才得以在山毛榉树残枝败叶堆积的地方得意扬扬地从种壳里探出头来，因为有充足的阳光呀！一片嫩芽很快就会从两片子叶里长出长大，并会长成真正的树叶。现在才进入 6 月，这些刚长大点儿的树苗却有点儿情况不妙了——阳光不再充足了。大树上的叶子已成荫了，阳光被挡住了。树叶丰满，树冠才茂密，可这一来小树苗就没法再长了，开始萎黄，失去活力。种子只有落在开阔地带，长出的树苗才能抢到机会长高几寸，这最初的几寸高度对树苗能否存活并长成大树至关重要。所以，如果看到十来棵小山毛榉树挤着长在一处，尽管都还不及成年人身高，还是不得不挑选一下，看哪一棵最有可能在竞争中脱颖而出，然后拔掉其他的树苗，留下的这一株才能有机会长大。这些小树会争先恐后往高处长，因为它们也知道，只有抢先为自己争夺到一片天空才有机会长大。如果不主动间苗，就会因为间距太密，树苗都长不好。

松鼠

话说亲戚约翰那次砍倒一棵山毛榉树后留下了一截树干在地上，这会儿我就坐在上面沉思。突然，一通响声噼啪乱作，还落下一些硬邦邦的东西，有的直接打在我身上。谁向我发起突袭了？我捡起一块打到我身上后再掉到地上的“弹片”，原来这是一块山毛榉树皮，不到 1 厘米厚。山毛榉树皮居然向我发动攻击并击中了我，这是怎么回事？我用手护住双眼，抬头望去，想看看进攻发自何处。攻击很可能就出自横在我头顶上约 12 米高的那根大树枝，而那根大枝又长在离我最近的一棵山毛榉树上，分杈后斜伸过来。朝头顶上的树枝看去，一个毛茸茸的灰色家伙一下子映入我的眼帘。原来是只松鼠，它跳到枝头顶端后慢慢现身，利索地来了个亮相。当然，它根本不会考虑什么安全问题，对它来说，能吃到东西就是最大的事。很明显，它并没把树皮当作午餐，只是乱扔一气，结果击中了我。它中意的只是树皮下的甘甜汁液，现在正在品味那些琼浆玉液，活像马斯特之臂酒馆里的酒客陶醉于杯中之物一样，对别的都不管不顾。树皮被剥掉后，树皮下的那层韧皮已被舔食得干干净净，而这对树来说无疑伤害巨大。现在我看到近旁的一棵山毛榉树（这棵树还不小呢）的树干上有一个新伤口，上面的一大块树皮已经脱落了，只剩下原本含有汁液的黄色韧皮裸露着，亮闪闪的，这可不正常。周围不少树的树干上也都出现了这种现象，尤其是靠近根部最多见。我来之前，松鼠早已把这里当成野餐营地了。

住在树上的这些家伙就是这样进食的，这也可以解释为什么我在倒下的山毛榉树的树干上会看到上述现象。很多树干上都有树皮被从上往下剥掉的痕迹，因为时间关系，这些陈年伤口的颜色已经暗淡了，所以不像新伤痕那样醒目。抬头朝那些高高悬在我头顶上的树枝看去，朝着地面生长的那侧树皮倒没有遭到松鼠的摧残。事实上，大树顶部受损最严重，也许这就是很多树虽然树龄不大却轰然倒下的原因所在。

松鼠在山毛榉树根部周围造成的伤害。

唰地一声，又一块树皮几乎贴着我的耳朵落下，似乎还能听到上方传来得意的讪笑呢。重新检视被啃噬过的树皮，我发现上面竟然还有陈年旧伤。谢天谢地，这些大树还真能长出新的树皮，要不早就死了。但不够大的山毛榉树就没这么好的运气，好多树干只比我的胳膊粗一点儿的树已被撕剥得遍体鳞伤。而中等个头的树——大约有40年树龄了吧——已经没几棵了，还因长年受到松鼠这样的摧残而伤痕累累，树冠七歪八扭，整个看上去就像开酒瓶塞的螺丝钻。树上大大小小的树枝也多半无力地垂挂着，活像残肢断臂，而枝上的树叶也早已枯萎，有气无力地耷拉在那里，像久未打理的胡须。以前我总不明白是什么造成这一现象的，现在才知道元凶就是这帮松鼠，它们把这些树糟蹋至此。"这些小坏蛋。"我嘟囔道。可是，纵被这些小家伙们欺负、蹂躏着，奇尔特恩大丘上的山毛榉树居然还能繁衍生长了1000多年，这说得过去吗？

灰松鼠在林地里大大咧咧，无所顾忌。它们在枝头间敏捷地跳跃，在树上欢快地蹿上蹿下。这些树就是它们的家，它们的庄园。它们在大树高处筑窝安家，每年在里面产仔两次。这些拖着蓬松大尾巴的家伙是从北美来的入侵者。19世纪，有人喜欢它们萌萌的样子，就将其带到了英格兰，从此它们就在这里安居乐业、生儿育女，数量剧增。现在整个英格兰地区都是它们的活动区域，可它们还没折腾够，又继续北上，苏格兰已经有它们的先遣队了。这些灰松鼠胆大，体质好，繁殖能力强，种群数量呈几何指数增长。它们携带了致命的水痘病毒，身为它们远亲的红毛松鼠却对这种病毒毫无免疫力，所以这些侵入者能横冲直撞，席卷入侵之地。第二次世界大战时有一份刊物叫《萨利镜报》，曾于1942年号召大家尽一切可能消灭这种有害动物。

该刊编辑满怀激情地呼吁道："枪击也好，诱捕也好，无论采取什么手段都行，一定要把这种东西消灭掉，这样做也是为国效力。"先别担心希特勒，恐怕这种啮齿动物会抢在前面毁掉这个国家！只是人们无论用什么办法也赶不走吓不死这些灰家伙，今天它们还在这里活蹦乱跳，没完没了，无休无止，让人无可奈何，气得干瞪眼。

一直以来，人们都这么认为：与灰松鼠相比，红毛松鼠更适应针叶林。灰松鼠虽然在其他树林中都比红毛松鼠更得势，更威风，唯有在针叶林里式微。然而，就我所知，其实很多针叶林里的灰松鼠也占了上风。我努力想让自己忘记毕翠克丝·波特[12]的《坚果迷松鼠的故事》，正是她在故事中生动的描写才使这种红棕色的小家伙被几代人称道喜爱。有些生态学者对"本国品种"这一说法持保留意见，甚至希望禁止这样的说法，他们认为英国的很多野生动物原本就来自世界各地。如果真有人愚蠢到想要建一个专门保留本国动植物品种的伊甸园，还贴上个"本土纯种"的标签，搞得像洪荒时代一样，那就应该先掂量一下这些生态学者的观点，因为他们的说法不无道理。在相关的是是非非争论中，我只会坚决地站在对我而言无比宝贵的这些山毛榉树一边。尽管很多文献资料都证明红毛松鼠也伤害树木，但所伤害的范围与程度都远不及灰松鼠造成的。红毛松鼠侵害山毛榉树的现象在这片林地上一直就有，但显然它们只是偶尔来小打小闹，绝非长住。或许红毛松鼠的数量一旦增加到一个临界点后，就会因食源有限而自动减少数量吧。大多数严重伤害都发生在这样的年成里：头一年非常适宜山毛榉树生长，接下来的冬天又比较温和，于是众多松鼠就会进入山毛榉林胡作非为了，松鼠放肆的原因之一是仗着它们鼠多势众，便无法无天。临近的一块林地的主人曾大开杀戒，毫不手软地开枪射杀这些灰松鼠；还有一个林地主人则坚信大自然自有控制、调节松鼠数量的方法。

我看到了一个白森森的松鼠头骨，它似乎是突然死在这里的。当然，我不会放过它，也捡回去当藏品了。我宁愿相信（尽管这个想法太天真，甚至很傻）再过 100 年，这里的山毛榉树还会这么健硕高大，于是就会有属于未来时代的詹姆斯·穆勒来到此地，为这片茂盛的树林久久流连，赞叹不已。最终导致这片山毛榉林消亡的不是灰松鼠，而是全球变暖。《新森林志》中曾对人们发出警告说：如果夏天的干旱愈演愈烈，山毛榉树“将从整个奇尔特恩大丘消失，只有北坡因为土壤相对潮湿点儿，还能保留些许”。所以，若想让山毛榉林全部存活，只有将其移植到北部的坡地，当然这些小流氓样的灰松鼠也会跟着迁徙。在这起人为制造的灾害中，它们竟成了人类的共犯。想到这里，我摇摇头，真不愿再多想了。

两个幽灵和一个荷兰人的烟斗

山毛榉树的树冠能密密实实地挡住阳光时，林地就成了个阴凉去处。蓝铃草早已过气了，地上只剩下些似有似无的污渍样痕迹，那都是残叶留下的。野草的叶子曾经长得像一把把短剑，现在刀刃不再闪亮。臭草已经把今年结的籽撒下了，现在也无精打采，很快就会化身虚无。个头高些而显得形态优雅的粟草高高地挺起一排排花穗，花穗上一层层铺放着的绿色小花垂荡下来，就像被一根根细枝串起的小珠子。路边的莎草倒还那么倔强，一蓬蓬聚在一起，虽显得粗糙点儿，有失优雅，但暗绿色的草叶能坚定地挺上好几个月，经春历夏呢。想当初，如果不是被林地那边鲜艳的蓝铃花吸引，我根本不会留意到这些莎草。春天里，莎草梗上缀着小小的黄色雄蕊，那时的莎草还真算得上风姿绰约呢。

林地上的 3 种莎草，尼娜·克劳斯维茨绘。

苔草是莎草科的细杆阔叶成员，对狂热的植物学家来说，这草精致可爱到了极致。苔草的花穗非常小巧含蓄，我只有一手拿着放大镜去看一手拿着书对照，才能搞清楚究竟是何品种。原来这是一个较稀有的品种——丝引莎草，是薮薹草组中的一员。在我们林地上所有的莎草里就数它的叶子最细，却偏偏在拖拉机留下的车辙里长得欣欣向荣。丝引莎草的习性偏好就是隐蔽在小水洼或潮湿的地方，把绿色果实藏掖在叶底，人们不够细心的话，就会将其视为一般野草了。莎草不见得都好看，但生命力一定顽强。即便如此，再顽强的莎草也不可能长在山毛榉树下。显然，山毛榉树下寸草难生，这是大实话。堆积在树下的落叶虽厚，却容不得任何东西扎根生长，怕只有精灵鬼怪才能在此长住安家。

裂唇虎齿兰在英国是稀有植物品种，英国人叫它幽灵兰，因为它不时现身于新的林地，出没无常，让人捉摸不定，就像幽灵一样。报道称其早已灭绝，但鬼使神差般，几十年后它又莫名其妙地冒了出来。园艺家们个个都希望能找到这种令人称奇的植物，甚至走火入魔到不顾一切去寻找。若想见到它现身，真是太难了，次数屈指可数，蓝姆布里奇林地就有幸成为它某次现身的场所。大约是 90 年前吧，那是 1923 年到 1926 年间的事了，亨利镇的一位叫艾琳·贺莉的年轻女子在厚厚的落叶堆里发现了这样一株幽灵兰。除此以外，那儿什么别的草木都没有。有个园艺学家叫埃里诺·瓦切尔，此人热心快肠，平生喜欢把所经之事一一在日记中进行详细记载描述，恰恰他又亲自参加了对此花的这番寻找，当然不会漏掉不记。尽管当时都知道这种幽灵兰堪称最诡吊不过的事物了，但他和一些人还是大张旗鼓地进行寻芳探索。下面的几段文字就摘自他的日记。

1926 年 5 月 28 日。电话响了，大英博物馆的威尔摩特先生委托我向（弗朗西斯）德鲁斯先生转达一则消息。一年轻女子在牛津郡发现了裂唇虎齿兰，并出示给（乔治·克拉里德）德鲁斯博士和韦德伍德夫人看。现在威尔摩特先生得知了发现该植物的具体位置，非常爽快地将所获得的信息一一提供！！！真是件让国人心情激动的大事呀！德鲁斯先生电话邀请爱丽丝·诺因一起前往查看寻找，还赶紧派出租车去接埃里诺·瓦切尔，好和他本人一起先赶往大英博物馆，在那里能获取威尔摩特先生搜集来的部分样本材料。然后这一行三人徒步至发现独株奇异兰花的林地，按照威尔摩特先生所提供的地图上标明的方位进行地毯式搜寻，并将搜索地带向周边辐射，却一无所获。眼看头绪全无，埃里诺·瓦切尔提议先回镇上与发现者会晤，三人便返回镇上。经多方探寻，他们被引至一栋整洁漂亮的精舍，此乃I夫人居所。她恰好在家，于是同行的二人便推举埃里诺·瓦切尔为代表与她交谈。I夫人亲切友善，向众人出示了她对那株兰花的亲笔写生，还提供了发现那株奇异兰花的女子的详细住址。三人便告辞前去寻访，正值该女子也在家，其居所的花瓶里还插着一支裂唇虎齿兰！德鲁斯先生再三恳求，希望能拿走那支花，但遭到了坚决拒绝。不过，女子很爽快地承诺，愿带这一行人去发现该兰花的地方，她此前也曾带德鲁斯博士（作者注：原文如此）[13]和韦德伍德夫人去过，并采集到两株标本。遗憾的是，这次到该地后却连裂唇虎齿兰的影子也没看到！

1926年6月2日。今天无事可忙，何不再去找找裂唇虎齿兰呢？到林地后，埃里诺·瓦切尔弯下腰来，慢慢走到此花曾被发现的地方跪了下来，小心翼翼地用手指轻轻扒开周边的土壤，眼前有一段这种兰花的茎，上面还有管状的根呢！毫无疑问，这就是德鲁斯博士发现的那株残留的茎！德鲁斯博士细心测量后，又将它放回土里，并在小坑周围覆盖上一些树枝、树叶和苔藓，然后赶紧离开，直奔家去。这是个天大的秘密，只能与德鲁斯先生和威尔摩特先生二人分享。除此以外，一定不能让任何人知道！

不过一截断了的梗茎，这些园艺家看到时都能欣喜如此，也真够狂热了。这花能在某些人眼前现身，也很可能是幽灵化身扑向这些人呢。这种兰花的确娇美异常，何况在欧洲的兰花里，它开的花朵算得上很大了。幽灵兰开花数量不多，却朵朵娇艳，花瓣粉红娇柔，花蕊则为黄色。很可能因为是借虫媒授粉，所以花气芬芳送远香。只不过这种兰花没有叶子，通体不带绿色，每株只有一个花穗，花茎形态如同“管状的根”，或者就像 V.S. 萨莫雷斯[14]在《英国野生兰花》中形容的那样：“像珊瑚状的根茎。”它的学名中甚至就干脆用了 aphyllum，意思是“无叶的”。由于它藏身在山毛榉树的落叶里，看上去就像普通的落叶一样，难怪不易被发现了。裂唇虎齿兰真的就像披上伪装的幽灵，不见天日，不进行光合作用，所以也就无法提供生长所必需的蛋白质和糖分，但它居然还能生长，真是不可思议。最阴暗的地方恰恰是它生长之处，而那样的地方寸草不生。我手中就有那本旧版的《英国野生兰花》，据作者萨莫雷斯的记载，为破解此谜，他曾为幽灵兰施过“用多种腐烂植物和动物制作的含有大量腐殖质的泥土”。换言之，和菌类一样，这种兰花根本就不依赖光合作用生长。这背后的原因其实很多，不止看上去这么简单。我们以后会看到，它的生长也靠菌类起作用。

埃里诺·瓦切尔造访后，那种兰花就从蓝姆布里奇林地消身隐匿了，从此无影无踪。纵然挖出了那截管状根，也没法复制再生。乔安娜·格雷住在蓝姆布里奇林地附近，打小就喜欢去林地上漫步游玩。她告诉我说，上个世纪 50 年代（1950 年间），她常常会尽可能只沿小路走，因为小路以外，尤其是林地深处，常有些人看上去蛮滑稽的，他们穿着长筒胶鞋在那里出没。她怕这些人不仅是暴露狂，更可能会是歹徒，在那里掩埋不为人知的秘密。今天想来，这些人很可能就是可敬的萨莫雷斯先生和他的团队，他们正在那里兜兜转转寻找幽灵兰呢。维拉·波尔也是本地的园艺爱好者，始终坚守要发现幽灵兰的传统，在一处方圆两三千米的地方不懈寻找，一直坚持到 1963 年，其间也有偶见。我曾在她位于加洛斯特热公地的故居里看到她为此花所做的写生，作品就放在镜框里挂在墙上。越到后来，幽灵兰越罕见，有近 20 年的时间里都没人见过它。直到 2009 年，詹宁克先生这位不屈不挠的幽灵兰寻找者才有收获，终于发现了一株很小的幽灵兰，地点还是之前它们现身过的几处老地方之一，就在和威尔士接壤处。当然，这离奇尔特恩大丘可远了去，但也说明幽灵兰并未在英国绝迹。不过，幽灵兰的种子那么小，怎么会长途旅行到那里呢？我始终未找到任何相关的说明，这种兰花的确诡吊得很。

还有一个幽灵在蓝姆布里奇林地里游荡不止。虽然没人确切见过这个幽灵，但我能断言这个幽灵的存在是人们感受得到的。乔安娜·格雷先是尽量避开那些“鬼鬼祟祟”的家伙，后来又千方百计远远绕开“凶杀小屋”。时至今日，这个看上去精致可爱的小屋仍留在我们林地边紧挨着那座谷仓的地方，几十年来一直背着可怕的名声，令人生畏。事发当年,《亨利旗帜报》如此报道说：“1893 年 12 月 8 日，星期五，这一天将永远被视为亨利镇历史上最黑暗的日子。一名 30 岁的女性被发现在离屋门几米处的林地里已经死亡，左颈部可见很深很长的利器所致伤口，头部也有多处受伤。死者是这处农舍的管家凯特·邓吉小姐。”

这消息太惊悚，连十万八千里以外的新西兰都转载了这篇报道。对于公众来说，这个事件应该说也的确够“重口味”的了。“凶案发生在人们很少涉足的偏僻地方，无人听到呼救声，”《亨利旗帜报》如此报道，“这真是无比黑暗、无比凄凉的一夜。”人们对遇害者邓吉小姐议论纷纷："她的身段姣好，一头乌黑的秀发，人们都说她的容颜出众。"更耐人寻味的是，她还为别人的孩子做过家庭教师，而这个所谓的"别人"就是农舍的主人——水果商马歇先生，由此也可以看出邓吉小姐气质高雅，很有教养。报道继续写道："亨利镇上下无人不称道邓吉小姐。"那么，会不会有人破门而入想进行抢劫呢？可是"室内无任何物品被接触过，就连客厅椅子上的手表也没有被动过"。从前门处的血迹可以看出曾经有过搏斗，很可能当残暴的凶手下手时，受害者试图逃离，但没成功。在尸体边还发现了一根很粗的樱桃木棒，应该和这场凶案有关联。但一定有非常严重的事情发生才导致凶手痛下杀手，挥刀刺下。

接下来的一个月里，不断有新线索出现。有关邓吉小姐的谣言也随之四起，说她与某位已婚男人有染，但又没有任何迹象可证明这一点。到了 1894 年 1 月 3 日这天，一个名叫沃特·拉索尔的男人因此桩命案被拘捕，他曾在这家农庄上做过工。他从来没有安顿下来，总不断惹事，案发那段日子他又正好像浪人一样四处游荡。当年 1 月 13 日的《杰克逊牛津日报》报道，在事发那年的整个夏天，拉索尔都露宿在林地上——现在那可是我们的林地呀！报道详细描述邓吉小姐曾如何当着众人的面递给他钱，这之后"在邓吉小姐的严厉指责下他悻悻离开，不过仍恶狠狠地闹了一阵儿"。虽说这也可算是动机，但警方仍无足够的证据证明拉索尔就是凶犯，最后将他无罪释放。邓吉小姐之死至今仍为悬案。

现在住在那幢"凶杀小屋"里的是海登·琼斯，他也给我讲了个挺吓人的故事。这个惨案发生在"一百周年"之日，又是一个黑暗凄惨的夜晚。那晚这小屋里倒挺舒适，海登说他和伙伴们想为纪念“可怜的凯特”干一杯。一干人刚举起酒杯，只听得啪的一声，屋里所有的灯一下子全黑了！在此之前，海登曾想请一些人帮他看护林地，但人们听了都只摇头，委婉而坚定地拒绝了。这里闹鬼，人们纷纷这样说。这说法当然荒诞不经，任何有理性的人听了都会这么不屑。可自从听说了邓吉小姐的故事后，我也有过不寻常的经历。那是近年底的一天，天空阴沉沉的，风也大，呼呼地刮。时值黄昏，我还没离开林地。突然，远处传来一声叫喊，很短促，一掠而过。也许那是很晚还没回巢的红鸢掠过树顶，也许那是一只乌鸫受到了惊吓。紧接着，从冬青树后又传出嘎吱嘎吱声，一根被松鼠啃断了的小树枝轰地一下子掉到地上。我当时也吓得发抖，但还是不住对自己说：“别傻了，不会有什么杀人犯还在这里阴魂不散。”

幽灵兰的曲折传奇也激发了我的好奇心。6 月里，我决定对格里姆大堤林地再来一次彻底的检查。还想向这么个小块林地索取什么就太过分了，我也知道这点，但仍忍不住要把那块被山毛榉树落叶覆盖的洼地仔仔细细地搜一遍。我不断提醒自己说：“什么也不要漏掉。”就这样，在足足半小时里，我像个园艺僵尸一样在那小块洼地里走了好几个来回。有那么一刻，我的心都停止跳动了——真的看到地里长出两根黄黄的东西，还挂着花呢。的确，它们没有叶子，什么绿色的东西都没有。难道这就是那种幽灵兰？就像牧羊人的拐杖一样，它们都在茎尖处弯下，并在弯曲的茎尖处垂下几朵花，和几个月前林地上长的蓝铃花的风姿相似，只不过眼前这些花是管状的。已知的兰花中可没有花型像这样的。这不太可能是幽灵兰，但看到它时我仍无比激动，无意之间我和另一个从未谋面的幽灵得以相逢。《红色名录》[15]里的很多植物都是英国最珍稀宝贵的品种，这就是其中之一，而且居然就在我们的林地上！很多年前，我从科博尔·马丁牧师[16]的那本堪称无价之宝的《英国花卉简介》里就看到过这种植物的插图。我还是个小学生时就有一本更早时间出版的书，那本书也将其划入野花之列。一直以来，每发现一种野花，我就在书上的插图旁打个钩。没打钩的已经不多了，而这种植物就属于还没打钩的。它并非那种籍籍无名的绿色小草，而是从腐烂的幽灵兰中长出的一种特殊植物，因为缺乏光合作用，显得阴森可怕，犹如游丝鬼魂般不招人喜爱，甚至让人厌恶。它的俗名为荷兰人的烟斗，如果你愿意，也可以称其为黄鸟巢，学名是松下兰。抽烟斗的荷兰人我还真没见过，但如果他抽烟斗的话，我认得出他喜欢的烟斗长啥样。

我趴到地上，轻轻扒开落叶，让新发现的植物露出下面的根茎来。这些根茎只有鳞片包裹，有点儿像长着稀稀拉拉的鳞叶并被沸水烫过的嫩芦笋芽尖。松下兰是唯一能生长在完全不见天日的环境中的植物，但它们最终能顶破地面，笔直地站在那里。我敢用一百条松鼠尾巴打赌说，它们就是从埃里诺·瓦切尔当年找到的裂唇虎齿兰的那段肉乎乎的根茎上长出来的。如果我愿意继续往下挖，一定能证明这点，但真不想费神为这个找什么证明了。一只小甲虫从其中的一朵花里爬了出来，我猜想这只小甲虫一定也帮着施过肥呢。在接下来的几个星期里，我一直注意观察它们的花。花开了一日又一日，还挺持久的。看来这种荷兰人的烟斗一旦播下了种子就很皮实，耐得住寂寞，还耐得住风雨吹打。

荷兰人的烟斗是一种水晶兰，而水晶兰类近些年来一直得到园艺学家的关注，他们对其进行了大量研究。在那本由科博尔·马丁撰写的旧版《英国花卉简介》中（后来的新版本里也一样），水晶兰成为单独的一个科，即水晶兰科[17]。似乎专家们也没法断定这种死不见光的奇怪植物在物种进化的漫长过程中究竟处于什么地位。北美有一个类似的品种，也是这么反自然常规的有机物，颜色苍白，当地人不叫它荷兰人的烟斗，而称其为印第安花，或干脆就叫僵尸花。或许这种花在暗示我们：谁也躲不过人生大限，终须躺到坟墓里，埋在地下。当能测出族系的分子分析技术广为应用时，离解开水晶兰和幽灵兰品种之谜就不远了。这两种兰花和另一个更大的植物科属有关，那就是杜鹃花科或欧石楠科，常见的石楠（蓝铃草也是）都属于这一科，在全世界有4000多个品种。荷兰人的烟斗从本质上来说当属一种石楠，因为虽然在地面上没长出什么，但还有花。现在，我再对它们进行研究时，发现水晶兰的花的的确确和草莓花、蓝铃花和灰欧石楠挺相似，要是早点儿发现这一点就好了。科学偶尔也只不过是常识的加强版。

幽灵兰这类植物之所以让人费解就在于其根部特殊。上面提到的所有这些鬼气妖气十足的植物（兰花也好，荷兰人的烟斗也好）的根都形似，其根茎都呈管状，都是膨大型。这类植物的共同点在于缺乏光合作用，竟能在山毛榉树的浓荫下生长。这是因为它们产生了特殊的适应性，个中秘密就藏在地下。V.S. 萨莫雷斯指出了关键：荷兰人的烟斗和幽灵兰都不是靠自己的营养生长的。但他认为这些植物是他所说的腐生物，即它们全靠腐烂的树叶滋养，但这并不确切。其实二者的生存之道要远远比腐生复杂得多，也奇妙得多。水晶兰和幽灵兰都要了花招——像寄生虫那样寄生在菌类上。以荷兰人的烟斗为例，人们发现其根部就长着俗称佩带骑士蘑的灰环口蘑。这种蘑菇的样子看似普通，但因为顶部为灰色，菌褶为白色，和商店里通常出售的蘑菇不一样，只是形状相同而已。水晶兰和幽灵兰这类苍白的植物压根就没打算为自己生产或谋取什么养料，只消从寄生的蘑菇上偷偷汲取就行了。而在地面上，除了开花结子，什么心都不用操。它们活像19世纪初摄政时代的那些花花公子，全靠剥削殖民地奴隶的血汗过日子。这些有机物也没任何过硬的本领，只会摆摆样子而已。打开它们了不起的根，就能揭开真像——根里全是菌类。借助现代技术对DNA进行分析，分子生物学家能从数千个品种里筛查出究竟是什么菌。我当年是愣头青一个，刚从事生物科学研究时想做到这一点简直难于上青天，现在在实验室里做这种事已经很稀松平常了。

不过，事情到这里还不能说就结束了。那些被幽灵寄生的菌类和林地深处的山毛榉树的关系也很密切。所谓菌根就是大量交错相连的线形物质，科学名称为菌丝体。为了得到营养，这些菌丝体到处伸展，能深深地潜入潮湿的土壤中。烂叶子潮湿成团也好，干燥成堆也罢，这些菌丝体都能轻轻松松地将其完全分解，加以彻底利用。有菌丝体做苦工，菌才能成长。比如大家熟悉的蘑菇，其实体部分则是那些微小的孢子播散后产生的生命循环叠加累计的结果。和很多菌类一样，口蘑就牢牢地贴在山毛榉树的根上，能多年寄生在那里。口蘑和树根成为合作者，互惠互利。菌丝体能将树根紧紧包裹住，好像给这些根戴上了量着尺寸织就的手套，把每根手指都包得密不透风。另外，由于菌丝体从周边获取磷酸盐的本领高强，对山毛榉树的茁壮成长也贡献多多。山毛榉树的生长少不了磷酸盐，而被菌丝体包住的树根也因此轻易得到了有价值的回报。包裹树根的这层物质叫作菌丝体的菌根，通常也叫作菌类的根部。菌根起到了互惠伙伴的作用，它为树木提供磷酸盐，而树木给菌类的最好回报就是向其提供糖分和其他光合作用产生的物质，这些又恰恰是菌类自己不能生成却又不可或缺的。

这就是共生，相互支持，一起成长。就像一出轻歌剧中排练得炉火纯青的二重唱一样，一个也不能少，谁也离不开谁 。

如果把这比作一场三人行，山毛榉树负责搜集阳光和雨水，并将这些供给裹在根上的菌类，同时也从菌类那里获取其他营养成分，而荷兰人的烟斗则活像个花花公子，占尽便宜，还高调张扬。水晶兰就寄生在菌类上，当然也间接地从高高在上的山毛榉树那里获取其光合作用产生的养分，它的绿色也就是这样形成的。菌类实际上对包括自己在内的三者都提供养分。由于不需要阳光，寄生的水晶兰能在不见天日的地方开花，而别的东西在这种地方根本就没法活得这么精神。水晶兰也不需要每年开花，如果年景不利于山毛榉树或菌类生长，水晶兰就耷拉着脑袋往土里钻，把自己搞得像根茎一样，韬光养晦。现在可以明白为什么这些花像幽灵一样出没无常了，最诡吊之处莫过于这一点：它们其实一直都在那里，但你就是看不到。

升降机来了

为了能够到树冠高度的地方进行观察，我们租了一辆升降机开到林地上。升降机司机叫谢恩，这个年轻人戴了个夸张的大耳环，一路开着大卡车把这辆升降机从埃塞克斯拖到这里，这一套行头还真的很拉风呢。升降机由湿地专用履带拖拉机牵引，轰隆轰隆地穿过林地，开到准备作业的大树下，然后在坚实的地面上像蜘蛛一样伸开四足支架，托起升降台。我站在一边，等到系上安全绳后，便小心翼翼地上了带围栏的小小升降台，谢恩也在那上面。

这个装置看上去真够酷，机器的伸缩轴能伸到约 28 米高。谢恩用手柄操作，就能让升降台上上下下、前后左右移动。这样一来，即使升高也不至于碰到垂下来的山毛榉树的树枝。升上去时就如同在一连串由新鲜树叶装饰的帷幕中穿行一样，我们迅速上升，树叶不时从我的脸上擦过，就这样一下子来到了树冠上方。现在离地面约 25 米了，虽然有那么一点儿害怕，但我还是蛮兴奋的。树顶在我下方向四周铺开，变成了绿色的海洋，枝叶摇动，绿色波浪便起伏不已。头顶上除了天空，什么也没有。除了个别开阔地带，地面都藏在浓荫下。夏天里，红鸢在林地上空翱翔时看到的也是这般光景。有那么几棵树长得更高些，在林地中央特别健硕的那棵我认为应当很有些年头了，高度约莫为 30 米。有的树上已挂上些黄绿色的小壳斗了，要到秋天才会成熟。还发现有棵樱桃树为了和周边的树木竞争阳光，便可劲往上蹿，长得很高很高。朝北边看去，蓝姆布里奇林地周边的树木清晰地标出了林地边界，而那些叶片浓密的树枝就像绿色的瀑布倾泻而下，遮住了地面。有一棵白蜡树显得格外优雅精致，令我不由得想到柯罗[18]的优美画作。在他的所有画作里，树木都像轻柔的呼吸一样动人。

此刻看去，林地就像一顶巨大的帐篷，不断捕捉阳光进行光合作用的树叶就是篷布。树干就是一根根结实粗大的支撑杆，不仅支起合成了整个结构，还为我发现的那些动植物提供了安全的栖息地。从这么高的地方看去，大好风光连绵不断，一里好路不过是一处洼地，远方的亨利公园和所有的丘陵土坡上看不到任何刺眼的建筑，极目之处都笼罩在薄薄的雾霭中，安睡在泰晤士河畔的亨利镇看上去几乎仍保持着 18 世纪的风貌，只有蓝姆布里奇林地较低处的那片针叶林的颜色暗得突兀。到了这个高度居然看不到鸟了，这有些出乎意料。我本以为上来后就能看到黑头鸦和山雀这类小型飞禽在高处的层层枝叶间自在飞跃呢。在一些电视纪录片展示的热带雨林中，大树高处的生灵来来往往，只怕这种画面已经植入我的脑海，令我有点儿先入为主了，而在温带情形可就不一样了。

我不能任由自己站在高处看得自在畅快，从自然历史博物馆来了一行昆虫学家，他们也要获取高处枝叶间的昆虫标本，所以我还得下去，换他们轮流上来。每位研究者轮流上到谢恩的升降机平台上，挥舞着捕虫网伸到枝叶深处，捕捉自己喜爱的虫子。双翅目昆虫学家一心一意要捕捉到蝇类，鞘翅目昆虫学家紧紧追逐甲虫，膜翅目昆虫学家则绝不放过那些和胡蜂做亲戚的家伙。一个老道的捕虫人挥网十来下就能收获到足够他在接下来的几个星期里工作的材料，检查那些血管、翅膀以及腿上的绒毛。总之，那些都是生物分类学的研究对象。那天早些时候，我们捕获到了一只黄蜂，这可是英国最大的胡蜂科品种。当时这家伙就在伐木堆一旁的树间嗡嗡地飞来飞去，一副漫不经心的样子。面对这个能分泌毒液蜇人的家伙，昆虫学家毫无惧意，不像我们这些非该专业的人那样紧张害怕。昆虫学家深知这家伙只要不被激惹就不会发起攻击。下一项工作是在橡树高处挥网捕捉昆虫，这下子就有更多种类的虫子了，其中包括大个头的象鼻虫。这些虫子专挑橡果，在其中长为成虫。大家围看这个大个头，看到它伸得老长的口器很像象鼻，不由得啧啧称奇。所有的标本都放入瓶里，然后运至博物馆，在那里进行精确分类。任何一个鞘翅目昆虫学家看到一只吉丁虫都会顿时激动难耐，那是一只小小的荧光绿宝石甲壳虫，属于吉丁虫科。这种虫子本应在热带雨林里才常见。正如同看到金翅雀的巢一样，看到这种也列入《英国珍稀野生动物名录》的虫子，大家都知道应该予以小心保护。

我没本事捕捉这些有趣的虫子，更别说对其进行识别了，但这挡不住我和那些专家一起高兴。他们还会在林地里继续寻找，捕获到更多的种类和品种。瓶内的标本越来越多，林地里哪能少了虫子。这些人都是昆虫学的大家，将来会把检查分析结果告诉我。

荨麻沤肥

格里姆大堤林地的某个角落长着蜇人的荨麻，而这个角落就紧挨着被人认为幽灵仍在出没的“凶杀小屋”。荨麻在这里长得这般蓬勃茂盛，由此可以想见那块土地该受了多大的影响而不得安宁。林地上的一些生物就指望荨麻提供食物，其中有绰约迷人的荨麻舞蛾的幼虫。当然，荨麻也带来了不少麻烦，我们一不小心就会被它们蜇到。到了 6 月底，荨麻已经长得相当高了，这下子就可以把它们全部挖了沤肥，也算可以出口恶气了。荨麻沤成肥后几乎可以为所有的植物提供养分，但必须戴上厚实的手套才能动手拔这种东西。拔出的荨麻堆放到一个大垃圾桶里，然后严严实实地盖好。我还先把叶子和梗弄碎或揉烂，再放入垃圾桶里，并使劲往下按压。现在垃圾桶里的荨麻沤烂了，上面还有水（雨水最好），相当于被盖住了一样。当然，如果压上什么重物，则更有利于肥料生成。在沤肥的荨麻上放了块铁丝网，再把从林地上捡来的两块大燧石放上去，然后把这桶东西置于花园的一角，此后一个月里压根没管过（只怕比一个月更久也是有可能的）。

这期间这桶东西完全发酵了，嘟嘟地直冒泡，看来完全沤好了。我用一只晾衣夹夹住鼻口，把桶里的梗茎捞出来扔掉。剩下的肥水至少得加入 5 倍的水稀释后才能用来为我种的番茄和豆类施肥。这种肥料的功效可好了，那些花大价钱买来的化肥远远比不上。

注释：

[1] 这种行为方式称为拟态，即一种生物模拟另一种生物或模拟环境中的其他物体，从而获得一定的好处。

[2] 约翰·勒卡雷（John le Carré），英国著名谍报小说家戴维·约翰·摩尔·康威尔（David John Moore Conwell，1931—）的常用笔名。

[3] 约翰·伊夫林（John Evelyn，1620—1706），英国作家、皇家学会的创始人之一，曾撰写过美术、林学、宗教等方面的著作 30 余部。伊夫林在园艺和林木方面的知识非常丰富。这里提到的《森林志》（*Sylva, or A Discourse of Forest Trees*, 1664）详细描述了各种树木的种类、培育方法及用途。这部林木专著在 1670 年和 1679 年分别出版过经过修补和增订的新版本。

[4] 卡尔·林奈（Carl Linnaeus，1707—1778），过去译为林内，瑞典的自然学者、现代生物分类学奠基人，受封为贵族后名为卡尔·冯·林奈。下面提到的彼特·卡尔姆是林奈最主要的学生之一。

[5] 彼特·卡尔姆（Peter Kalm，1716—1779），在芬兰语里为 Pehr Kalm，芬兰探险家、植物学家、博物学家和农业经济学家。

[6] 原文是 many fathoms，1 英寻 =1.8288 米。

[7] 1 英寸 =2.54 厘米。

[8] 1 英里约合 1.6 千米。

[9] 汉弗利·赖普敦（Humphrey Repton，1752—1818），英国第一位造

园家，他提出了“风景造园学”“风景造园师”等专有名词。

[10] 1 英尺约合 30.48 厘米。

[11] 萨拉·辛伯莱特（Sarah Simblet，1972—），英国插画家、作家兼电台节目主持人。为了纪念伊夫林的《森林志》出版 350 周年，她与别人合写的著作《新森林志》（*The New Sylva - a discourse of forest and orchard trees in the 21st century*）于 2014 年出版。

[12] 毕翠克丝·波特（Beatrix Potter，1866—1943），英国童话作家。1902 年出版《彼得兔》（*The Tale of Peter Rabbit*）系列的第一本书。该书至今畅销不衰，成为了世界童书史上的世纪经典。

[13] 原著在此特别标注“sic”，因为作者发现这显然和前面的叙述相矛盾。

[14] V.S. 萨莫雷斯（Victor Samuel Sumemrhayes，1897—1974），英国植物学家、植物标本制作和兰花培育大师。曾从事兰花标本制作工作 39 年，其著作《英国野生兰花》（*Wild Orchids of Britain*）于 1951 年由柯林斯出版社出版。

[15] 《红色名录》（*Red List/Red Data List*）是由世界自然保护联盟（International Union for Conservation of Nature，IUCN）发布的濒危物种名录。

[16] 科博尔·马丁（Keble Martin，1877—1969），英国国教牧师，还是植物学家和植物画家，87 岁时出版了七彩版本的《英国花卉简介》（*Concise British Flora in Colour*），书中的 1400 余幅插图皆由其亲手精心绘制。该书于 1965 年出版。

[17] 水晶兰为多年生腐生草本植物，无叶绿素，茎通常为肉质；根部分枝极密，其表面覆有菌根，植物体借菌根在土壤中吸取养分；叶退化为鳞片状，互生，在上部形成苞片或总苞；花为两性。

[18] 柯罗，全名卡米耶·柯罗（Camille Corot，1796—1875），法国画家，被公认为抒情风景画家。他在光和空气的描绘方面常常被认为是印象派画家的先驱。

第4章

7月

阴雨绵绵的日子

雨下个不停。整个林地都被雨水浸透了，灰蒙蒙，阴沉沉，湿漉漉。不管发生什么都傻乐的画眉还在那里诵经般反复叫着，当然还是那段一成不变的旋律，每次必重复 5 遍，似乎在执着地恳请自己的诉求能得到倾听和回应，但其他的鸟都懒得发声了。按说在这种潮湿天气里，菌类应该欢天喜地了吧，但不知为什么，它们也一副垂头丧气的样子。唯一还有兴头开花的是露珠草，它们匍匐在当初长满蓝铃草的地方，不事张扬地在花穗上缀上了粉红色的小花，每朵有两个花瓣。它的英文名为 Enchanter’s Nightshade，意思是“巫师的小龙葵”。这下问题来了，那个巫师是何许人也，居然能将这个小小的龙葵植物据为已有？春天里神灵活现地长在这里的那片蓝铃草又去哪儿了？一切似乎都蒙上了一层不祥的气氛。在这样的天气里，大树的树冠把光线遮挡得严严实实，抬头望去，高挂在林地上的绿叶连成一片，好像有什么神秘莫测的东西在林地上空泛开，无垠无涯。即使能从绿叶缝隙中偶尔窥见一线天空，那也是浅灰色的，让人感到压抑。头顶上方有什么在汇聚凝结，那会是浓浓雾气吗？还是透进来的光线顽皮地想捉弄我？说不清楚。水汽中，极目所见都是灰突突的、脏兮兮的。

不过，雨水成就了山毛榉树，现在大树能向我们证实这世界上没有什么是绝对笔直的。落在树干上的雨水像小溪流一般不断往下淌，但要么只在这一侧，要么只在另一侧。淌着雨水的这一侧树干的颜色似乎深沉了许多，那是因为在雨水的滋润下，无数微生物在迅速繁殖增长。我努力设想过，这样洇湿的日子不知究竟让多少变形虫和草履虫一类的单细胞小家伙欢喜得很呢，这简直就是它们的狂欢节。这些到处游荡的微生物这会儿一定在它们湿淋淋、滑腻腻的疆域里嘚瑟呢。雨滴也不示弱，它们聚在一起组成威力强大的空中轰炸机组。在它们的不断攻击下，树叶已经完全失去为人遮风挡雨的能力了，我也只能可怜巴巴地望着头顶的树冠，在雨中无奈地叹息。小小的雨点聚成大颗的雨弹，毫不留情地对准我的脖子和后背发射，一下又一下，力量强大得让人难以置信，就连胶布雨衣也无力抵挡这样成片落下的雨水。水渍，水渍，林地里到处都是水渍，地面上有冒出的水渍，连我的衣领下方也渗出了水渍。

小路被淹了，我只好走到开阔地带上。现在再看过去，那些拼命往外斜着长的树木似乎变小了许多。雨水模糊了视线，那些弯曲缠绕的荆棘真可恶，不断挂住我的裤腿，我敢发誓说它们就是存心这么干，就想害我摔跤。万一我摔倒，地上的坚硬燧石就会硌伤我的手。这还是我的林地吗？怎么一下子变得如此恶毒阴险？我现在总算明白了，走进林地之前如果没做好完全准备，一不留神就会迷失方向。冷不丁，我打了个寒战，现在总算理解了人们为什么一度认为林地和荒野一样，觉得这里也是妖怪鬼魂出没游荡之地。在《维罗纳二绅士》[1]里，莎士比亚如此描写森林：

> “一个人对习惯多么容易依赖啊！
> 在这片阴云密布、荒凉孤寂的树林里，
> 我倒觉得比在人群嘈杂的城市里更快乐。”

如果林地荒凉孤寂或者冷清凄凉，那么它显然不能容人安静思考或修复心灵。到了莎士比亚生活的年代，狼在英国可能已经见不到踪迹了，在德国乡间引发了许多民间传说的怪物在英国也不再构成威胁了。可是，茂密的林地一直以来就让人总觉得危机四伏，就算没有魑魅魍魉，也还会有剪径强人潜伏或亡命逃犯躲藏于此。可不，就连这些树今早也让人觉得有些异样。这难道还是那棵因根基粗大而被我称为大象腿的树吗？可它昨天都不像今天这么粗夯啊，真的。现在怎么看都觉得有点儿瘆人，总觉得有一种说不出的阴森感。那丛冬青树也未免太深沉了，简直像被谁在那里撕了一个洞，黑咕隆咚的。一根荆棘藤在我的手腕上划了一道口子，出血了。我舔舔伤口，感到咸咸的，还混合着雨水的味道。好吧，今天就是个不寻常的日子，是让人细细琢磨在黑暗中逝去岁月的日子。本以为这个地方只有我一个人，哪知我并非独自一人，还有一个遛狗的人。这位老兄倒想得很周到，穿了一件巴伯[2]短风衣，还戴了顶布帽，把自己裹得严严实实。一路上，他一直吹着口哨，唤那只叫罗飞的狗。他沿着格里姆大堤走过来，一副匆匆赶路的样子，貌似真有什么事紧急得很呢。他长啥样，我没看清。我俩默默地相对走过，谁也没搭理谁。

格里姆

一道几英尺高的堤岸就是林地的西南边界。堤岸朝向我们这边的坡度要小一些，但也说不上有多陡。沿着堤岸（也就是沿着我们林地的边界）慢跑锻炼，会看到堤岸边有一条约十来步宽的浅洼道，你也可以称之为小沟。长在这条沟里的都是些很老的山毛榉树，想来这条浅沟的年头也不短了。堤岸两侧都露出了燧石块，这地方看上去似乎很有考古价值。一眼望去，会发现这里的树木沿着浅沟和堤岸分布得非常均匀。洼道一直延伸到我们林地的地界外面，我曾沿着它一直往下走，结果发现它穿过大部分蓝姆布里奇林地后，又笔直向前，插入山毛榉林和冬青树丛之中，不时在一些地方隐藏起来难觅踪影，突然又在一处探出头，朝着老采邑主人的格雷庄园延伸过去。如果有幅旧时的地图，就能看到还用双影线对其进行了标示。

在此地的任何史料中，格里姆（Grim）大堤——也可以写成格莱姆（Grime's）或按老式写法写成格里姆斯（Grymes）——早于任何历史记录，所以可以说历史悠久。我们的林地也因它得名，我一直怀疑这样命名只不过是从营销角度进行考量的，因为这一来更容易激发人们的思古悠情，人们在冲动之下就会买买买。不管怎么说，这招着实灵光。纳菲尔德离这里只有几英里远，距奇尔特恩断崖顶非常近。那里有个峡沟也用格里姆大堤命名，这个峡沟两侧的山非常陡峭，几乎从山顶垂直降到丘陵地带，然后一直倾斜着穿过艾尔斯伯里平原，在蒙吉威尔来到泰晤士河边。格里姆大堤峡沟的斜坡把现有的农田切成错落有致的碎块，或许这也是在提出无声的告解，控诉昔日人们对它亏欠得太多，对它没有感谢之心和尊重之意，现在它坚持要求人们补偿对它的亏欠。究竟是谁建起了格里姆大堤？可真要花些功夫来考证。奇尔特恩大丘更北边的地方有好几处建筑至今也都保留着这个古老的名字。事实上，在英格兰少说也有 10 个县都有格里姆沟之类的地名。纳菲尔德教堂有记录可证明在中世纪早期，格里姆大堤便已是当时的地标了。在纳菲尔德和格雷庄园之间，还有一道深沟也能多少被证明原属于格里姆大堤的一个分支。如果把这些叫格里姆的构筑物全都贯通的话，这个大堤很可能会一直深入到我们林地的中间，连成一线，横贯整个乡村。今年春天，沿着旧日的步道，我一直走到纳菲尔德上方的大堤山，小路两边长满了蓝铃草，都开着花，古老的乡村风貌原本就应该是这样的。

5000 年前还是新石器时代，为了能找到完美的天然材料来制作石头工具，人们就在诺福克开挖燧石了。那些矿坑现在被称作格里姆坟墓。瞧，又叫格里姆。格里姆这个名字还可以追溯到早期的撒克逊时代[3]。那时，异教徒信仰的神为沃登[4]，格里姆就是这个神的化身之一。在北欧民族的神话中，这个神叫奥登。格里姆可以变形或隐身，“常常戴个大帽子，借此把自己遮掩起来”。这个神可是冥界的常客，悄悄引导人们的灵魂抵达死后的那个世界。我不禁想起那个雨天在林地上遇到的遛狗人，此人究竟为何许人也？难道那的的确确是个人吗？会不会把那片冬青树丛误当作人了呢？罗马人入侵后留下了什么，我们撒克逊人的祖先明白，但他们发现早在罗马人到来之前就有人生活在这片土地上了，并在多处留下了刀砍斧削的神秘痕迹。那些在田野上纵横交错的深沟以及让人说不清道不明的土台都是证明。农庄主很迷信，认为自己身边发生的任何无法解释的事物和现象都隐含特殊意义，自然而然就把这些与众神的法力联系在一起了，否则还能怎样呢？看到宏伟的大堤也好，看到挖掘燧石留下的大坑也罢，都很容易联想到那位令人恐惧的格里姆大神。不管怎么说，人们索性把打造这类特殊地貌的责任都推给魔鬼了，比方说达特穆尔的魔鬼岩石，还有萨里的魔鬼酒杯瀑布，等等。但凡遇到不可解释的现象，就贴上个与凶恶魔鬼有关的标签，这样做再省心不过了。这么一来，也就不必劳心费神去做出科学解释，一劳永逸。

尽管人们信仰神祇，敬畏神祇，但当年格里姆大堤完全由人工修建并维护，这点毋庸置疑。事情明摆在哪里嘛，在撒克逊时代，这条大堤就堪称古老了。理查德·布瑞德利在 1968 年出版的《牛津郡南部格里姆深沟及其意义》一书中曾经指出：位于牛津郡的格里姆大堤有很多分支，但并非所有分支都对整个水利系统有什么实际作用。不过，他也认同他那个时代的一些学者的看法，并对其做出了冷静的回应。他说："有人认为这一带有确凿的证据可证明这条大堤应建成于前罗马的铁器时代晚期，这种说法也不无道理。"现在又有了新的证据可以支持这一说法，在我们的这片小小林地的一侧就发现了 2000 年前人类活动留下的物证！有狗也罢，无狗也罢，就算看不到幽灵鬼魂又怎样？人类的脚步很早就踏进这块土地了，这是事实。

顺着山坡往下走，来到亨利镇，格里姆大堤在这里似乎突然消失了。其实格里姆大堤十有八九经过了亨利镇，因为根据《维多利亚时代郡史》[5] 的资料，自 14 世纪这里已有与深沟相关的文献记载，现存于牛津郡档案馆内。当年，正是这条深沟形成了封邑主人亨利的菲利斯庄园北边的自然边界，该庄园旧称菲雷庄园。深沟最后傍着个日称作新街（实际上很老）的一条街在亨利镇北边汇入泰晤士河。在这之后很长的一段岁月里，深沟都应还看得到，因为文献里说：“格里姆大堤应始建于 17 世纪，在北街酒厂后面的草场上往新街入口处看，就能见其雄姿。”可是现在这些地方都建了房屋，旧踪难寻。如果把以上引用的相关资料综合起来，可以得知这道深沟从亨利镇翻过奇尔特恩大丘的山坡到蒙吉威尔，长度超过 16 千米，与泰晤士河的南大回环相连后又穿过其中。现在，深沟的某些部分已不见踪影，但由它长期灌溉的田地仍保留着，至今仍被耕作，这是不会错的。农业生产能使得岁月的蚀磨延缓下来。

当年修筑格里姆大堤究竟是为什么呢？返回林地，我想从蛛丝马迹中寻找答案。林地上的沟渠并不是很宽，顶多不过 8 米吧。沟的西侧有一些略略隆起的燧石，估摸是当初挖沟时铲起后顺手扔在那里的。2000 年后的今天，这条沟几乎被填平了，但在石头嶙峋的地面上仍看得出它的痕迹。这条沟如果用作防御的壕沟未免太小了，一般来说，如果用于防御，壕沟一侧的内壁应当很陡才能抵挡进犯的敌人。考古学家吉尔·埃尔斯率领她的志愿者团队来到这里，他们也挖了一条横跨过大堤的沟，想找到残留下来的遗迹，哪怕点滴也行。尽管挥舞鹤嘴锄和铲子辛苦干了很久，但他们所获甚少，没见到古币，也没见到陶器残片，简直白忙活了一大场。我们林地这一带的古老居民显然没有想过要修建马其诺防线[6]，而通往奇尔特恩的大坡上也无遮无拦，只有一条小小的集水沟。和许多人一样，我也认为大堤到了这里后就起了边界标记的作用。早些年历史研究者认为其与罗马编年史作者划分部落所用的分界线相仿，东边是卡图维劳尼人[7]，西边是阿特尔巴斯人[8]。现代作家则要谨慎得多，他们最近研究分析后，将深沟看成在开阔地带代替围栏的一种设施，这样就能防止圈养的牲畜跑掉。不过，所有的权威人士都认为：这道大堤（或这些大堤）当与公元前 1000 年铁器时代修建的那些山顶城堡有关。

沿着奇尔特恩的起伏山岗，山顶防御工事修建得非常有规律。在地面上，以城堡为中心向四周建起土墙，作为防御工事。通常有一个入口通往围墙内部，而围墙内部多有一些用木棍支撑搭建的圆形小屋，小屋草草搭就，连草泥都没抹平。通常，这些防御工事都尽可能建在开阔地带，这样就能对北面的情况进行很好的观察。但今日的奇尔特恩大坡上森林茂密，这些工事就被树木隔断或隐藏起来了。就在本书写作过程中，还不断有古代城堡和防御工事被发现的消息报道。大斜坡以远的梅德曼汉姆的泰晤士河畔就发现了一个古代的渡口，也由类似的城堡守护着，那里距离亨利镇下游还不到 5 千米。而山上的城堡原本用于防护，反倒成就了贸易。在英国古代最重要的驿道中，有一条就沿着奇尔特恩大丘底部蜿蜒向北，抵达平原后继续北上，直接与伊克尼尔德驿道相接。H.J. 马克辛姆对这条路形容道："从诺克福德直通德文的古道沿着山脚下的荒草从蜿蜒，路旁树荫如盖，泉水淙淙，坡地上绿砂岩和白垩岩界限分明。"这番描写真的再形象不过了。因了这条因地制宜修筑的古道，毛皮、木材、铁矿石和罗马帝国的种种奇货都得以买进卖出。格里姆大堤则穿过这条古道来到蒙吉威尔，最后汇入泰晤士河。整个坝区都水肥草美，一片兴旺。耕种收获的农夫，照看牛羊的牧人，忙着做交易的商人，急匆匆前行的士兵，一起编织了坝区流动的风景。当时这里的人口持续增长，从山顶城堡上可以将这派忙碌繁荣的景象尽收眼底，当然城堡主人也一定会向这些人收取保护费，得利不少。格里姆大堤并不只是防御工事的加长版，它有自己的走向，更应被视为边界标志。也许，它为部落首领或领地城堡主人划分了势力范围，相互制约而各得其所。当年那些人都威风得很，他们可是有足够的力量去征集劳力挖沟筑坝的，没准儿那时还形成了强大的联盟呢。

再回到林地的历史上来。如果格里姆大坝曾被作为地界标志，那么我就得说，这里当年还没有林地！因为用稠密的树木遮掩一道地界标志实在不合常理。界标理应敞亮着，没有任何遮挡，引人瞩目才是。山顶城堡一带也没有树，因为要喂饱不断增长的人口，这些地方就得用于耕作才好，所以此处树木稀少应属常态。铁器时代晚期，气候经过长期偏冷后开始转暖，这有利于农业生产以更大的规模进行。与长满树且排水不利的平原相比，将地势较高的地方的杂草杂树清除后改造成农田更容易一些，何况当时还能借助于锋利好使的铁制农具而事半功倍。吉尔·埃尔斯进行考古挖掘时，在我们林地所在的这一段格里姆大堤上发现了花粉和人工种植的粮食作物。由此可见，罗马人入侵前数百年可视为一条基线，即林地是在这以后才出现的。今天的格里姆大堤林地在那个时期极有可能只是格里姆大堤的下段部分。我眼前出现了这样的画面：艳阳高照，万里无云，做工的男子们穿着皮背心和皮裤在挖土筑堤，在他们的脚下，铁制工具挖到燧石块时发出的声音不时响起。间或，穿着亚麻短裙的女人赶着几只羊从附近的田野里走过来。这些男男女女说的话有点儿像我当年在威尔士工作期间听到的当地方言，喉音很重，有几分接近凯尔特语，但绝不是盖尔语和布里塔尼语，总之是种很古老的语言，我听着甚至觉得很亲切。几年前，牛津的一个实验室对我的染色体中的DNA进行了检测，证明我是凯尔特人男性祖先的后代。我不是维京人，也不是什么撒克逊人和罗马人，而这些挖土筑堤的人就是我的同种同族同胞。

我的这些想法可是有纯金支持的哟，因为在蓝姆布里奇林地附近曾出土了大量金光闪闪的宝贝。2003—2004 年期间，一名寻宝人用金属探测器发现了埋在地里的 32 枚金币，地点就在格里姆大堤以西。这一发现堪称牛津郡有史以来最大的一次考古收获。这些金币藏在一块燧石的空洞里，显然藏金币的人当时这么做就是为了不被别人发现，甚至连神祇也发现不了。这些金币铸成的年代约莫在公元前 50 年，即铁器时代末期。这块藏金币的燧石和那些金币现在陈列在亨利镇的大河运动博物馆里。金子不会生锈，所以那些珍贵的金币还像刚铸好时那样金光烨烨。金币的大小和美国两角五分的硬币差不多，一面铸有立于战车轮上的 3 匹骏马，另一面则为光板。这种金币应是阿特尔巴斯部落的，而发现地点的确是在“堤那侧”，即他们的属地。铸币的地方可能在锡尔切斯特，古时候那里叫作罗马人的阿特尔巴镇，在铁器时代乃为一座重要城市，距林地只有 24 千米左右。从多瑙河畔一直到法国北部所发现的古币都被古币研究者一一拿来与这些盖尔特金币比对，最后发现这批金币就是古代不列颠本地铸造的，年代约为公元前 120 年。币上的图案袭用了早于公元前 300 年的马其顿钱币，只是稍作修改而已。马其顿人的设计取材于公元前 352 年，当时菲利普二世赶着两匹马拉的战车从奥林匹克运动会获胜而归。在蓝姆布里奇林地边缘发现的这些金币说明这里也算西方文明的源头之一，这可真为奇尔特恩大丘增光不少。

好吧，我要老实承认：自打听说有人在空心的燧石里发现那笔宝藏后，但凡看到有空洞的燧石，我也拿起认真摇晃过。遗憾得很，手气太差，迄今为止尚未有幸捡到能带来那么多财富的燧石。自古以来，生得奇特的石头总令人特别在意。在1677年出版的《牛津自然史》中，罗伯特·普洛特[9]写道："有一种圆石必须在此提及，剖开这种石头，可以看到里面是白色的泥土，所以这种石头又可称为晶洞石，百姓称其为孕石……这种石头外层粗糙，有时就是坚硬的石灰……在奇尔特恩一带，这种石头很常见，当地居民发现后就称其为石灰蛋。只有一个寻宝者运气好得不得了，他竟发现了一个金蛋[10]。"关于这类球形石头的来历已经有了很切实的解释：每块这样的燧石都是球状海绵化石钙化而成的。和其他燧石一样，软质的白垩岩没能将其腐蚀殆尽后就将其包裹住了，直到近期被人们在耕作时挖出地面，又被不经意带到各处。我在林地上无意间捡到的那块就是这样来的。普洛特所说的"孕石"中的那种泥土，实际上就是碎石核心部分尚未被钙化的那部分海绵化石。如能继续风化，就会形成空洞，可以用来存放一些金币了。一定是铁器时代的某个人发现了这样的一块石头，并将其当成结实耐用的钱包，用来小心地保存宝贝。捡不到金币也罢，为了满足自己的贪婪欲望，我捡了 3 个石灰蛋，这下又丰富了我的收藏。

法国莱赛济的欧洲野牛岩画。

凭着眼下掌握的这些证据，可以把我们林地下这片土地的历史推回到 8000 多年前，比那更早的证据还没发现。谁是第一个踏上这块混着燧石的泥土地的？恐怕永远无从知晓了。我曾来到一里好路以远的地方，从白垩泥里挖出一些燧石并带回家。剖开它们后，可以看到非常幽暗的内层，这恰恰就是古人用来做有锋利刃口的工具的那种燧石。尽管已有充分的理由相信在铁器时代奇尔特恩及周边就有人利用燧石，但走遍了蓝姆布里奇林地，我也没发现任何中石器时代或新石器时代制作的东西。斯托纳附近的阿森登谷地上发现过中石器时代的工具，距我们林地东北方约 32 千米以外的彻汉姆也出土过许多中石器时代的工具，同一地点还发现有动物骨骸，属于马鹿、野猪和早已灭绝的野牛。后者现在被称为欧洲野牛，据称是人类今天饲养的牛的祖先。这些就足以让人在脑海中形成这样的画面：一些穿着兽皮的男子穿过密林（可能就是我家的这一块），一心要猎获可以用作食物的野兽，但这些猎物非常警觉，猎获它们并非易事。同时，这些猎人必须小心提防，不能被狼和熊一类的凶残动物盯上。这些人的生命随时都处于危险之中，因此不得不随时转移，而每次暂时落脚时都一定要找这类燧石丰富的地方。一只落到地上的箭镞，一片用于刮去动物皮毛以便缝制衣物的刮刀残片……这些就是他们遗留下来的所有印记了。多亏燧石坚固，先民当年因疏忽大意而遗留下的物件才得以完整保存，直至被今人发现。要知道，古代铁铸的剑到今天也只会是一撮生锈的铁片，没人能认出当年是何物。

直到新石器时代（约公元前 3500—前 4000 年），人类才开始定居。为了养殖家畜家禽，栽种诸如二粒小麦[11]之类的早期农作物，就必须对原始林地进行砍伐，开垦出成片的农田。新的生活方式刺激了新技能的产生，陶器被制作出来储存过冬的食物，而古人每天的烹饪活动也保住了今天考古学家们的饭碗。英格兰的所有乡村都星星点点地散落着一些古墓，通过对这些古墓的挖掘，证实当时的重要人物死后都会有陪葬品。几百年来，历经犁耙翻耕，这些古墓大多已遭破坏，难以辨认，但干燥的夏天里，尤其是在一些玉米田间仍能发现一些突起，其轮廓若隐若现，引得人思古之情泛滥、心绪流连，兀地对古老岁月多了不少怀念。古人喜欢将白垩岩覆盖的地区开垦为农田，但奇尔特恩大丘又不像埃夫伯里，那里有巨石阵，这里却没有。像那样的大型祭祀遗迹在相对高低不平的奇尔特恩村野不曾出现，反倒多出现在维尔特郡以及该郡以南和以西开阔的白垩泥平原上。这一带算得上有分量的遗址只有几处，都在北丘那片，就是靠近丹斯特布尔镇的那片山岗上。

那时的上伊克尼尔德驿道不管怎么说也是条要道，尤其当贸易有了发展后更是繁忙，由此可以推断我们这一带曾人来人往，好不热闹。曾在不远处发现过一把用绿砂岩磨制的扁斧，那可是从遥远的苏格兰贩过来的。有证据表明，新石器时代已有人在泰晤士河畔的沃灵福德定居了，而那正是格里姆大堤北段与大河交汇之处。那批最早定居于此的人一准儿来到过这里的山岗，捡拾了那些内核黑亮的燧石，因为那种燧石是制作利器的好材料。“最前沿的技术”在英文里是“锋利刃口技术”（Cutting-edge technology），原来这说法是有渊源的，很久以前就有了。我能想象那些人会拿着刚打磨好的燧石利器结队出发，穿越山林，寻找猎物。猎人们抬着一头鹿，神灵活现地回到营地，部落里的人集合在一起，热烈欢迎勇士们凯旋。

公元前 2500 年进入了青铜器时代，这时人们应该加大了对森林的砍伐力度，约翰·伊文思在奇尔特恩地区的北部进行的考察也足以证明这一点。那些从洞里爬出来的小型蜗牛原本习惯——如专家们认为的那样——在林地上生活，现在已适应了在草地上生活，这些蜗牛身后的壳就能充分说明这一切。对这些地区来说，这样的变化也意味着在这里的小山岗上出现了牛羊成群吃着青草的景象，这可是前所未见的，而且打那以后几千年里这景象都没有改变。

我们已对铁器时代之前这一处自然景观的历史做了大概介绍，看来在那段历史里还没我家这块林地什么事，确确实实还没有。但就像格言说的那样："没有证据并不是不在场的证据。"虽然在蓝姆布里奇林地没有发现新石器时代的燧石，但这并不等于就证明当时的狩猎活动没有在这里进行过。泰晤士河畔的亨利镇出土过一把青铜器时代的精美短剑，现在陈列在镇上的那个大河运动博物馆里。如果据此推断古代勇士曾在我们这一带出没，那么除此之外，就再没有发现他们留下的任何其他痕迹了。我们确认这一带自中石器时代以后就有人类活动，而且后来北边不远处的山脚下又开辟出了一条要道；还知道这里早在罗马人入侵之前就发生过大规模的森林砍伐事件。很可能我们的林地这些年来就从来没清静过。至于林地上的原生林是在何时被砍尽的，我也说不上来，但自那以后就没恢复过原貌。当初的原生林是什么样子，现在无从得知。奥利弗·拉克曼估计说，在公元前 800 年，全英国百分之八十的陆地面积都被原生林覆盖着。他的这种说法也支持了森林后来遭伐之说。我家林地附近没有青铜器时代的古墓，由此可见后来的铁器时代这里还生长着大树，虽然仍旧缺乏实实在在的证据。可是我确有把握说：由于我们林地的顽强再生力和韧性，格里姆（或者格雷姆斯，或者格莱姆深沟，你爱怎么叫就怎么叫吧）才未遭犁耙耕作填平毁灭，古影旧貌能多少存留至今。寒来暑往，秋收冬藏，农业生产将这里原生林的身影一点点从人们的记忆中抹去了。只有老林地还能多少将这些身影封藏，唤醒人们消失在久逝岁月里的记忆。

紫杉

即使在林地里，也有树居然会比别的树更能保持记忆，更久远的事情也能记得住，而记忆保持最长久的树当属紫杉。世界上最年长的紫杉在土耳其，据估计其寿命已有3000年之久了。若拿我家的林地来对比，那棵树种下时，格里姆大堤还没开挖修建呢。英国最古老的紫杉到底有多大年纪了，至今还没定论。威尔士波厄斯郡的圣格鲁吉雅教堂[12]就有一株巨大的紫杉，据称该树的年龄与土耳其的那株不相上下。这么看来，这棵紫杉就和我们的神秘历史密不可分了。就在沃特林顿山的伊克尼尔德驿道上方，许多年代悠久的紫杉沿着古道生长，树干几近扭曲，让人简直难以想象。老枝垂垂，一直触到地面，甚至重新在土里扎根再生，就像一个个从石缝里探出身子的森林女神。

我家的格里姆大堤林地里也有两棵紫杉，不过都还很年轻，它们的传奇生涯可谓刚刚开始。这两棵紫杉的树枝上长满了叶子，从上往下越长越开，呈非常漂亮的三角形。墨绿色的紫杉树叶并不是完全对生，它们的质地坚硬，形态像针一样尖尖的。这两棵树不大，拥抱树干时我的两只手都可合拢。从远处看，这两棵树的颜色似乎相当深沉，尤其是当一缕缕阳光从山毛榉树浓绿的叶片间漏下时，它们看上去几乎就是黑压压的一大丛了。在阴暗地方紫杉也一样能生长得很好，甚至可以说它们乐于以这种地方为家，如鱼得水一般滋润。说到新陈代谢，它们自有一套机制，能借助林下叶层进行。冬季，其他的树都枝叶萧条凋零，阳光无遮无拦地泻到林地上，紫杉树的叶子便可独享这段日子的阳光，继续光合作用。这两棵紫杉正处于年轻生长和逐渐成熟阶段，别的树的休眠时间却是它们强筋壮骨的大好时机，原本并不起眼的两棵树渐渐露出玉树临风之姿，最后竟有点儿气态轩昂了。它们的年轮距都还不到 1 毫米，这样缓慢而稳健地生长着。这两棵紫杉一定是 80 年前倒下的紫杉留下的后代，我这么猜想。它们在这个世上还有很多时光要过呢，就算林地上最老的山毛榉树倒下了，届时它们也不过刚步入中年。

紫杉这种针叶树的毒性很大。晚春时分，紫杉枝头长出鲜绿的嫩叶，牲口往往喜欢去啃食，可贪吃的后果就是走向死神。人们也往往为此感到困惑：既然紫杉的毒性如此之大，其种子又怎么得以传播呢？其实紫杉唯一无毒的部分就是其秋天结的果，这种果被包于色彩鲜艳的粉红色杯状肉质厚皮中，非常招摇。紫杉果实际上是一种特殊的球果，每一粒种子外面包着的那层厚皮用术语来说就是假种皮。据说那层假种皮的味道不错，但我认为去求证这一点不在我的研究范围内。画眉啄食这些假种皮以及种子，它们排泄出的种子没有变质，只要新地方条件适宜，能随时发芽生长。獾似乎也和画眉做着同样的紫杉种子传播工作，但我们人类可不能这样乱吃。我们只要吃下一小把这种诱人的粉红色“糖果”就足以小命呜呼。紫杉雌雄异株，但雄花并不起眼。和那些有空洞却没放着金币的燧石块不一样，紫杉可谓浑身是宝，很多有毒的植物也都具有这种特点。从紫杉中可以萃取出紫杉烷，这种物质有毒，但能有效阻断或抑制多种癌细胞生长，是临床应用最为广泛的化疗药物。曾经为了萃取紫杉烷，要消耗大量的紫杉树皮，好在近20年里已可人工合成这类活性物质了，这也大大保护了紫杉。

除了人类，迄今为止还没什么能对这种了不起的树造成威胁。14～16世纪，长弓成为很强大的武器，而要制作长弓就必须用到紫杉各个部位的木头。弓箭手拉弓时，弓背最靠近弓箭手的那部分要用紫杉芯材；紫杉的边材由于弹性好，经得住拉伸，常用来做弓背垫层。身手好的弓箭手用紫杉木制成的长弓射击时，箭头能穿透对方的锁子甲。据说，无论坐在马鞍上的敌人如何全副武装，哪怕穿上盔甲和护腿，威尔士的弓箭手也能一箭射穿其装备，箭头一直扎进敌人身下的战马体内。在中世纪后期，这种长弓就相当于点四四马格南子弹[13]呢。制弓的工匠手艺高超，制造这种作战武器必须对木材的弹性、空气动力学和人体肌肉组织的能力都了如指掌。长弓手了不起，而能做出让箭飞速一穿而过的工匠也毫不逊色。

1415年10月25日，在法国北部，5000名英国长弓手手执制作精良的长弓和身后的900名步兵一起，将两三万法国精锐军队打得落花流水，而这支法国军队中竟然还有不少志在必得的贵族呢。在英法百年战争中，阿金库特战役[14]是英国人打下的一场胜仗，意义重大。难怪英国人那么急切地需要紫杉木材，而紫杉木材生意因此举足重轻也就情有可原了。当时，本国的紫杉木材供不应求，而生长在教堂院子里的所有树（包括紫杉）都是神圣的，不能砍伐，很多古树也正因为如此才能幸存下来。1473年，爱德华四世颁布了强制从欧洲进口紫杉木材的命令，那之后的100多年里，欧洲的紫杉木材源源不断地进口到英国。从 1512 年到 1592 年的 80 年里，仅一家叫克里索弗·富勒和列纳德·斯托卡摩的奥地利公司就向英国售出紫杉木材 160 万根，这还只是一家公司出售的呢，要知道当时向英国出口紫杉木材的公司可有好多家呀！一方面紫杉生长缓慢，另一方面对紫杉木材的需求与日俱增，这样的供需关系当然不可能长期维持。在长期的掠夺性砍伐下，巴伐利亚和奥地利的森林不靠人工栽培就无法再生了。对长弓的需求如无底洞，意味着对紫杉木材的需要也如无底洞，就连科尔巴阡山脉的紫杉也被一一伐尽。这样下去可不是个事，终于 1595 年 10 月 26 日伊丽莎白一世宣称尽管长弓威力大，但军队仍应当用枪炮代替长弓。就这样，那些还未被砍伐的紫杉才躲过一劫，能有机会慢慢老去。我们的这两棵紫杉真算年轻，还得有 1000 年要活呢。

在林地中穿行的鹿和狗

传来了一种很奇怪的叫声，那应该是狗和自己的主人走散后非常不安地发出的叫声，可是也不会叫得这样不住气呀——一声接一声，中间间歇只有几分钟。似乎乌鸦也在嘶哑地嘎嘎叫。不错，高高的天空中还有红鸢在利声长啸，今天我就听到过，但我肯定这里这会儿并没有什么鸟。后来我看到从荆棘丛中跑出一只暖棕色的黄麂，哪怕要躲过带刺的荆棘枝条，它仍不失步态优雅。那不住的叫声原来就是它发出的。这家伙其实胆怯得很，老远看到什么动静，就会瞬间跑得无影无踪。我只有尽可能藏好，不让它看到。正好随身带着望远镜，我可以在远处好好进行观察，能看到它机警的耳朵边长出的小角枝已经竖了起来。这可有点儿冒失呀，伙计。我还看到这只黄麂的上颚已獠牙初现，随时可以发动攻击了。但它此时腰身弯弯，微微低俯，这个小家伙正处于戒备状态，似乎在躲避什么。的确，这附近总有狗什么的动物，总之有不祥之物在这一带活动。小黄麂吃榛树叶子的样子优雅得不一般，它先仔仔细细地挑一片小心地咬下来，然后细细咀嚼，慢慢品味后咽下。也许它通过什么感应觉察到我在偷窥了，便纵身一跳，身后一道尘土飞起便了无踪影。这片林地中有多少黄麂，的确难以估计，但至少应该有两只，因为没多久就从另外两处又分别传来了黄麂的叫声。

野生哺乳动物绝不会食用紫杉，可是对黄麂来说，除了紫杉，林地中还有很多似乎好吃的植物也是有毒的。麂子是我在林间看到的动物中最喜欢独来独往的。有两次我还看到成群的狍子在林间奔跳而过，看到那场面时我都感到喜出望外了。虽然雄性狍子的角枝分叉不是那么多，但狍子当属鹿类中最灵动俏皮的了。一旦认定眼前的人会加害于它们，就会齐刷刷地转身，用那黑乎乎的鼻子和美丽深沉的大眼睛对着你。虽然把它们吓着了，我也不觉得有多愧疚。说实话，当时我还真有那么一下恍惚了，觉得自己就是个新石器时代的猎人呢！搁在旧日，原生林地里总会有狍子。熊呀，狼呀，还有欧洲野牛，早早就被赶尽杀绝了，只有狍子一直悄悄在小杂木林和其他各种茂密的树丛里出没。于它们，现在这些地方只怕比起几千年前倒要安全多了。它们还保持着古代的模样，警觉性已浸入基因里，无论何时何地都心怀忐忑，小心提防。我的确有林地狩猎的权证书，这点我不曾也不会告诉它们，我更没告诉它们在北半球最差劲的射手就是我。在投石捕猎的年代，我这种蹩脚猎手一定会遭淘汰。

之所以这么有把握认为林地上还有些闲散的鹿群，是因为曾在林地里发现过一副换下的鹿角。这副换下的鹿角比狍子的角大一些，角冠呈火焰状，角基近端有直生的小叉。真想捡回来，可这副角太大了，没法弄回家。尚无确切证据证明这些鹿群是这里的常客，但我留意到，林地中的许多树已经带着受大力摩擦后留下的伤痕干枯了，这就说明鹿曾在这些树干上摩擦大角上的绒毛来着。

金雀花王朝[15]的爱德华[16]是约克王朝的第二任公爵，也是阿尔金特战役的大英雄。他在其狩猎专著《狩猎大师》中对日常狩猎活动如此描述道："大约是圣玛丽·马达拉日（即 7 月 22 日）那天吧，这些鹿伸出大角对着树蹭，一直到把表层的树皮蹭掉，就为能让新长出的角坚硬有力。"别说，这位爱德华在雄鹿和紫杉等方面也很有研究。

我们林地中有鹿科的 3 个品种，它们对这块土地自有划分。狍子在这里算是资格最老的了，古时候就定居于此。扁角鹿则是诺曼王朝[17]为了狩猎消遣和肉食需要而引进的，不过也有人认为是在更早时候由罗马人引进的。麂子到英格兰则要晚得多，而且和灰毛松鼠的来历非常相似，自中国引进后又从沃本公园[18]逃出来，20 世纪初就遍布英格兰各地了。一位同事告诉我说，麂子的那些形状奇特的牙齿与中新世[19]的动物化石非常相像，因此从某种意义上来说，麂子也可以算作目前地球这个星球上最老的居民了。这 3 种鹿都很享受在林地上安逸吃草，还都特别喜欢榛树叶。当然，别的鲜叶也受到它们的青睐。蓝姆布里奇林地中有稀有兰花生长，但花穗常被啃掉，看得出就是被鹿一类的家伙啃食的，三者中大概数麂子的嫌疑最大。如果有人想借用林地保护开花植物，那么最好先将鹿清场为妙。至于我么，这块林地本来就不大，我实在不愿再在上面设置围栏了。田野上，森林里，到处都能听到鹿大模大样的鸣叫，这种现象别说农庄主听了有所不安，博物学家和生态学家也都认为鹿会对林木的生长造成威胁，但上述人士又都一致认为对此也无需太担忧。有人甚至建议再次将狼引进，而这一说法则遭到普遍反对。

在英格兰，鹿的命运有了很大变化。自征服者威廉开启诺曼王朝后，就大兴鹿苑和王室森林，王室贵族莫不以拥有私家鹿苑猎场为荣。来到巴黎的克鲁尼博物馆[20]，在那些中世纪挂毯上就常常可以看到这样的画面：林苑中开满鲜花，成群的成年牡鹿在悠闲地行走，它们是花海里最常见的点缀。猎鹿远不只是一种游戏活动，更是骑士身份的体现。威廉·鲁弗斯[21]在英格兰引入了《森林法》，该法对在林地内的任何非法猎伐采取非常严厉的惩罚措施，私人偷猎、杀鹿取肉等（实际上在林子里从事任何活动）都是挑衅法律的冒险行为。距林地北边将近 5 千米的斯托纳庄园的四周现在仍为鹿苑。斯托纳家族已在此居住了 800 多年，至今仍保留下鹿苑，是为了表示对传统的尊重，虽然很久以来都再无弓箭在这里飞掠而过，但间或仍会用现代装备进行选择性捕猎。中世纪时，格雷庄园也有鹿苑。在以前的好几个世纪里，鹿肉都是最优质的野味。

新近的研究表明能保存至今的古代园林绿地屈指可数，而它们多半都属于疏林。在这种绿地上，草本植物占优势，虽有树，但并不像原生林那么密集。像这样的疏林一度在欧洲的西北部广泛分布。在很长的一段时间里，鹿苑都是拥有巨大财富的标志，那些有钱有势的人家以此做足面子，好向邻居炫耀。私家草场上的树木疏落有致，也不再显得乱糟糟的，不但更具实用价值，还能成为美景。但在 18 和

19 世纪，即使这样经过精心设计的如画风光中仍然不能少了体态优美、举止优雅的鹿群。林地靠近一里好路那侧几百米外就是亨利公园，那时就和斯托纳园林的差异很大，这种差异保持至今。那时的亨利公园风光绮丽，而精心规划的园区吸引人的原因之一就是能让人看到风吹草低见牛羊的风光，但在园地边缘又能看到鹿的灵活身影。有地位有身份的人家饭桌上少不了鹿肉，不过王室成员只吃鹿的腿和里脊这两个部位。威灵顿公爵[22]1816 年里最爱吃的一道菜是用鹿颈肉做的。那时简直没人相信这些长得壮实的公鹿有朝一日能自由生长，不再成为猎物或当成美味佳馔。现在，奇尔特恩大丘上常常可以看到死鹿，那都是遭到飞速开过的汽车碾压所致。没有人会下车将被碾压的鹿抬走善后，结果这些死鹿就躺在路上，任由喜鹊不时飞下啄食。曾经一头鹿能让一家人好几个星期不致挨饿，现在就那么被不管不问地抛弃在路边腐烂变臭。鹿的数量太多了，已经没人在乎了。

鹿对林地极具破坏性，树苗还没长大就被它们齐头啃去。有的林地主人对我抱怨过，说由于屡屡遭到鹿的破坏，林地无法自然再生。格里姆大堤林地为何能逃过这种厄运，我也不解。这里的一棵大树下，往往有几十株白蜡树苗争抢地盘，再转转还能发现很多没生长多久的山毛榉树和小小的樱桃树。与其说担心鹿患，我更担心灰毛松鼠之害。7 月里，有一次来到林地后，我才意识到为什么别的林地主人会担心鹿患。从蓝姆布里奇林地中跑过来的 4 只母鹿唰地一下子就超过我，奔下了山坡。几分钟后，一个专业遛狗师走到我们这边的步道上，他用狗绳拴着的几条狗带路，紧跟在他身后的是一只上了年纪的有气无力的猎犬，其中几只经过山毛榉树时还翘起了后腿撒尿。刚才跑过去的鹿把这些狗当成了一群狼，立刻做出了新石器时代就形成的逃生反应。

格里姆大堤林地有3条公共步道，几乎把林地整个包围起来，从泰晤士河畔的亨利镇很容易走上步道进入这里。遛狗的人经常走这些步道，所以这些步道上狗的气味很大。这一来，鹿经过这些地方时就非常焦躁不安，时刻提防，顾不上旁骛。正因为如此，我家林地上的树苗才得以存活。真希望那些灰毛松鼠也这么胆小就好了。可是那些一心想抓住它们的狗刚扑过来，这些小家伙就能嗖地一下子飞快地爬到树上。由此看来，狗还真是我们的朋友。

刚成为这片林地的主人不久，我对经过林地的狗也不见得有多厌恶。怎么说呢，我多少也算爱狗人士吧，但对有些狗的主人我觉得真犯不着去亲近。一只阿尔萨斯牧羊犬走近我并冲我凶巴巴地叫，露出了利牙。不用动物行为学家解释，谁都看得出这狗要干什么。“他看到别人戴着帽子就不高兴。”这只狗的中年女主人嗔怪道。有时我走到步道外边，想看看冬青树下有没有菌子蘑菇，不料两只品种不纯的狗一下子扑过来，那股凶悍劲儿足以让一只母鹿当场送命。“它们看到有人提着篮子就生气。”那对穿着深筒胶鞋的夫妇非常傲慢地说，满脸不情愿地把那两只狗往身边拉。“看到树底下有人提着篮子，它们就格外不高兴。”

向着太阳

连日雨天后，终于盼来了清风徐徐的艳阳天，太惬意了。现在，林地的开阔处出现了一片片敞亮的地方，然而在枝叶浓密的山毛榉树下，布满燧石的地面上仍阴暗冷清。风吹过山毛榉树的树顶，掀起层层树叶，于是光线如精灵般起舞，明暗对比，扶摇不定。这里，那里，到处都有微微的唰唰声。榛树上的嫩叶伸出来，好像大树满怀感激地伸出一只只小手来迎接降临到开阔地带上的阳光。一个月前，灰松鼠将大树根基处啃得惨不忍睹，但现在那些地方已经变成灰色了，伤口也不再那么显眼，令我见了颇感欣慰。往远方看过去，林地里颜色最深、挺得最直的总是樱桃树的树干。同样被阳光映照，樱桃树的树干闪着亮光，而山毛榉树的树干则像被刷上了一些金粉一样闪闪发亮。山毛榉树长得靠下的枝条在微风中缓缓摇动，俨如水面下的水草一样。

一丛丛生长的发草是林地上开花最迟的草了。发草非常优雅，在植株近 1 米高的地方，叶子和花穗蓬松地舒展开，像用羽毛织成的一样轻盈，被强烈的阳光照得银光闪闪。短柄草的叶子虽多些，但要短一些，而且分生的花序低垂，看来开花这件事对它们来说也着实不易。由于得到阳光照拂，成片的荆棘也开出了白色小花，其中不少早早结出了果实。这些果子还是绿色的，密密集集，包裹在光秃秃的棕色雄蕊柄中，至于雄蕊么，早已凋谢了。荆棘有 400 个小种[23]，我查了很多有关书籍，仍没查出我们林地上长的是哪一种。且不管怎么对这些荆棘进行科学界定，我们见惯的这些白色小花对虫子一定蛮有吸引力。至少有 4 个品种的食蚜蝇盘旋在上方舍不得离开。这些食蚜蝇似乎不是长着两对翅膀，而是只长了一对，其实它们不过是苍蝇而已，只是打扮得标致点儿罢了。它们或模仿黄蜂，或伪装成蜜蜂，纷纷急急地飞过来，再略作停顿，忙得不亦乐乎。那里似乎有一团橘黄色的花楸果，但这个果子会飞，原来这是一只狸白蛱蝶，它停下暂作休息时，才能看清它美丽的双翅上的那些斑纹和翅缘的那些波纹带。

一只优红蛱蝶对着白色小花的花蕊小心翼翼地伸出它的口器，它进行这一活动时还真的很从容镇定呢。有些深褐色的眼蝶飞来飞去，采花授粉，翻飞游戏，忙个不停。一直到它们合上翅膀，人们才能看清那些白色的小眼斑，以及它们身子正中下方的那些斑点。还有些白蝴蝶，它们的幼虫曾把我园子里的卷心菜糟蹋得不像样，但这会儿真的只觉得它们轻盈活泼，其中一只带绿色花纹的显得格外出众。接着一只银豹蛱蝶独自飞了过来，个头可比狸白蛱蝶大多了。只见它悠悠滑翔着慢慢停下，这一招可真是拿手的技能秀呀！它围着花慢慢兜几个圈，活脱脱地像一个 T 形台上的大牌模特，似乎就是为了充分展示橙色双翅上的那些美丽斑纹和深褐色晕彩。真希望它最后能停下来待一会儿，可人家偏偏不肯，兜了两圈就离去了，它还急着要让别的博物学家感到惊艳呢。

微风吹过，樱桃树上高高挂着的樱桃随风落下。这些圆圆的果实成挂长在一起，个别已经红了，就像小娃娃胖嘟嘟的红脸蛋，只是个头不大，最大的也不及人工种植的一半。我小心地尝了一颗，咬到果肉时觉得微微酸甜，不像市场上售卖的人工栽培的樱桃那样甜得浓郁，虽然后者分明是由这种野生的后代栽培而成的。地上四处散落着一些褪了色的樱桃核，看来已经有鸟儿发现我头顶这么好的免费大餐了，偷偷来享用过。这又是何种鸟儿呢？只有大个头的乌鸦才能一爪子下去攫获这么多樱桃呀，只怕就是它了。

刚过去的日子里雨绵绵不断，但雨一停，天气就晴热干燥了，山毛榉树落下的枯枝败叶被踩上时会咔咔作响，似乎在抱怨嗔怪。前些日子，吸饱了水的青苔还那么精神，现在也萎缩了，因为只有这样才能锁住自己体内的水分而不致流失蒸发。潮湿日子里得到滋养的微生物现在一定也都变成了一个个小囊包裹住自己，好度过少雨缺水的日子。遇到这种天气，小型哺乳动物只能找个尽可能深点儿的洞待着，或者躲在潮湿的木头下休养生息，待曙光微露或日头西沉时才出来小遛两下。有小鸟鸣啼，声音来自窸窸窣窣摇动着的树叶深处，但看不见鸟儿的身影。远处传来低沉的轰鸣声，那是一架喷气式飞机准备在希斯罗机场上降落。在针叶树下寻找菌类时，我竟发现了一只肥大的棕色癞蛤蟆，这家伙就藏在一块正在腐烂的木头下。面对它坦然自若的注视，我小声道歉，轻轻把木板放回原处后离去。

自制野樱桃酱

野樱桃树很高，想从这么高的树上采到很多樱桃绝非易事。好在今天有风，不少樱桃都成簇被吹落了，这下让我动了弄回家做点什么东西的念头。其实想用水煮加工樱桃，没熟透也行，不用等到颜色变得通红，就像现在这样的杏色再合适不过了。像苦杏仁一样，樱桃核也含有氰化物，但尚未发现对人体有害的任何证据。樱桃核还能分泌一种胶质，有益于果酱成形。所以，如果先去核再下锅煮，做酱时就必须多放带果胶的砂糖了。讨巧的做法是先把核悉数挖出，用小锤砸碎，再用薄纱布袋包了扎住口，这样放在锅里煮也能获取果胶，而且这种做法更靠谱。有的食谱上写明要取出核仁，砸碎后用水煮，过滤后再加入果肉煮，这样做未免太劳神费力。加入多少配料适宜，则取决于樱桃的量。简单地说，加入的糖应为樱桃的四分之三。将去了核的樱桃放入锅里，然后把砸碎的果核装在纱布袋里放入锅内，再挤点儿柠檬汁，然后开火煮。待樱桃煮得很软了，再放入够量的糖，然后就按书上说的那样，让锅里保持“嘟嘟冒泡”，那声音很像肚子消化不良时发出的声音，就这么熬上十来分钟。当锅里的酱黏稠了，就可以把它浇在冰激凌上吃了。

注释：

[1] 《维罗那二绅士》（*The Two Gentlemen of Verona*），莎士比亚早期的喜剧作品，也是莎士比亚的第一部以爱情和友谊为主题的浪漫喜剧。从这部戏剧开始，莎士比亚抛弃了传统闹剧的模式，开始注重人物性格的塑造和心理描写。

[2] 巴伯（Barbour），英国的风衣品牌，以结实耐穿的品质著称，在时尚界被称作欧洲上流社会的入场券之一。

[3] 撒克逊（Saxon），1000年前从丹麦移居德国的日耳曼人，撒克逊时代相当于欧洲历史的中世纪早期。

[4] 沃登（Woden），日耳曼民族的主神，乃战神提尔之父。英语中的星期三（Wednesday）在古英语中为Wodnesdaeg，意即Woden’s day。

[5] 《维多利亚时代郡史》（*The Victoria County History*），相当于英格兰早期地方志和民风记录的百科全书，首卷于1809年出版。1933年由伦敦大学历史研究中心接手主编，作者来自英格兰各地，是研究英格兰地方志的权威来源。

[6] 马其诺防线（Maginot Line）是第一次世界大战后，法国为防德军入侵而在其东北边境地区构筑的防线。

[7] 卡图维劳尼人（Catuvellauni），罗马人入侵英格兰前，是凯尔特人的一个部落，4世纪前主要分布在泰晤士河上游以北，即今黑尔福德郡、贝德福德郡和剑桥郡南部，可能还包括今白金汉郡和牛津郡。

[8] 阿特尔巴斯人（Atrebas），罗马人入侵英格兰前，在英格兰的一个以高卢人为主的部落。

[9] 罗伯特·普洛特（Robert Plot，1640—1696），英国博物学家，牛津大学的第一位化学教授。

[10] 此处应指前文提及的在燧石中发现金币者。

[11] 二粒小麦或许是人类栽培的第二种小麦，曾是地中海东岸至北非和欧洲等广大地区最主要的培育品种，直到罗马时代早期，其地位才被硬粒小麦和面包小麦取代。

[12] 圣格鲁吉雅教堂（St Cynog's Church），在威尔士语里 Cynog 的发音为 grugiar。

[13] 11 毫米口径的马格南子弹，一种威力很大的子弹。

[14] 这是一场著名的以少胜多的战役。在亨利五世的率领下，英军以由步兵长弓手为主力的军队于此击溃了由大批法国贵族组成的精锐部队，为随后在 1419 年收服整个诺曼底奠定了基础。这场战役成为了英国长弓手最辉煌的胜利之一。

[15] 金雀花王朝（House of Plantagenet，1154—1458），在法国又名安茹王朝（House of Anjou）。在该王朝统治的 1154—1399 年间，英国的文化艺术逐渐成形，较专门的教育机构也建立起来了，包括牛津大学和剑桥大学。而这一时期政治气候多变， 百年战争便是一次代表性历史事件。

[16] 此处的爱德华当为爱德华四世（Edward IV，1442 年 4 月 28 日—1483 年 4 月 9 日），是约克公爵理查之子。他在父亲理查于 1460 年战死后作为约克派首领，1461 年即位，成为约克王朝的第一位国王。

[17] 诺曼王朝 （1066—1154），英格兰的一个王朝。11 世纪中叶，法国诺曼底公爵威廉同英国大封建主哈罗德为争夺英国王位进行了一场战争，史称诺曼征服战争。它以威廉的胜利而告终，诺曼王朝统治

时间由征服者威廉一世之后的 1066 年开始，直至 1154 年。

[18] 沃本公园（Woburn Park），后改名为沃本野生动物园（Woburn Safari Park），英国最知名的野生动物园之一。位于英格兰贝德福德郡沃本地区，由贝德福德公爵（Duke of Bedford，1389—1435）建立于 15 世纪，于 1970 年对外开放。

[19] 中新世（Miocene）为地质年代新近纪的第一个时期，开始于 2300 万年前，止于 533 万年前，介于渐新世（Oligocene）与上新世（Pliocene）之间。

[20] 克鲁尼博物馆（Musée de Cluny），后更名为法国国家中世纪博物馆（Musée national du Moyen Âge），馆内收藏有众多中世纪的藏品，其中尤以挂毯类藏品闻名。

[21] 威廉·鲁弗斯（William Rufus，1056—1100），英格兰国王，1087—1100 年在位。他将《森林法》引入英格兰，而《森林法》则完全遵从国王意愿而成为王室私法，王室森林因此而属于国王私有，成为国王收入的重要来源。

[22] 这里指的是第一代威灵顿公爵阿瑟·韦尔斯利（Arthur Wellesley, 1769—1852），他是历代威灵顿公爵中最为人熟悉的一位，所以他常被称为威灵顿公爵。他是英国军事家、政治家、陆军元帅、第 21 任英国首相，也是 19 世纪最具影响力的军事、政治领导人物之一。

[23] 小种（microspecies ）指与亲缘类型显然有别的地方性物种。

第5章

8月

雷雨来过之后

风开始掠过树叶，一阵又一阵，树叶便发抖，越抖越厉害。风势逐渐变猛，似乎想变身为要淹没林地的滚滚洪水，还发出浪涛拍击时的惊天劈地声。闭上眼，我觉得自己似乎身处海洋之中，而每一阵冲击到树冠上的风都像一排碎浪。每一次风刮到树叶上，就像一层层碎浪击到卵石上那样哗哗作响，前一排浪花还未退下，后一排又袭来。风中传来红鸢的啸声，此时听起来就像海鸥在叫。北边远远传来沉闷的雷声，紧接着哗的一声，闪电撕开头顶的天空。暴风雨逼近了，我刚跑进车里，瓢泼大雨就落下了，待在车里总比待在外面安全些。还好，这阵雨很快就过去了。

雷阵雨来得快，去得也快。突然间，阳光就穿透大树了，真没想到阳光还这么明媚。微风吹得树叶轻盈舞动，从树顶泻下的太阳光线也不断变幻，摇曳不定，像身不由己的火光那样。这种光影效果简直可以比作万花筒，不过这里的画面只有两种颜色：投射在色彩深沉的冬青树篱上的绿色和金色。在强烈的阳光照耀下，高大的树冠微微发光。有人形象地描述林地“具有魔力”，这么说还真不算夸张。小豆花、蛛网仙子[1]以及其他的仙子精灵，的确能让这个真实世界的林地片刻就进入魔幻世界。一个女孩骑着小马从小路上走来，孩子和马就这么悠悠地从我的眼前走过，似乎从那个几乎看不见的阴暗处一下子冒出来两个幽灵，简直令人难以置信。树枝上还挂着大滴的雨水，就像结出的梨挂在那里呢。刚才那场豪雨在地上制造了好多小水坑，林地里兀地多了这些亮晶晶的小酒窝，便也有了更多光影在林地上闪耀。

大个头的蛞蝓本来躲藏在林地中最不见天日也最潮湿的地方，但是这场大雨让它们待不下去了，只好走出来。最大的是只黑蛞蝓，喏，比我的中指还要粗还要长呢。还有一种深橙色的蛞蝓，在阳光下，它们黏糊糊的体表闪闪发亮，更显得肉嘟嘟的身子滑腻腻的，让人觉得恶心。我将一只蛞蝓翻过来，以便更仔细地观察其足部的无意识收缩运动，结果发现它的爆发力特别好，每一次蹬腿时都能把腿伸得好长，足有其身长的一半。由于蛞蝓天性喜欢在不洁的环境中生活，以至连老饕也嫌弃它，其实它也不就是一坨蛋白质嘛。被放回原地后，蛞蝓的两对触角很快再次膨胀变大。前面的那一对要更长些，相当于导航器，能在纷繁杂乱中非常迅速地找到出路。而后面的那对则起到感受器的作用，能很快“嗅”到蘑菇或其他什么腐烂的植物茎秆，一日饮食得来就全靠它们了。现在这只蛞蝓一下一下爬走了，目标坚定，心无旁骛。还有一只灰蛞蝓，体形也很大，只是相对来说没那么粗壮而已，前部还带有很显眼的黑点，后部则为黑色条纹，确切说像是印错了版的条纹。这种豹纹蛞蝓虽没有豹子那么凶猛，但它们有一样本领是豹子赶不上的，那就是它们能改变身上的豹纹，至少能改变其颜色。在那堆腐烂的木头下，我发现它们产的卵就像漂白过的鱼子酱。一天傍晚时分，我看到蛞蝓求偶交配的舞蹈。在整个过程中，两只蛞蝓都用黏液将自己吊在树枝上。任谁看过那场扭动滑溜身子的双人舞也不会觉得性感。

看到这些无处不在的滑溜溜的家伙，我不禁想到它们的近亲蜗牛，确切地说不禁想到为什么这里少见蜗牛。在格里姆大堤林地看不到还值得用奶油烹制的蜗牛，就连那些善变的普通树丛蜗牛也只在林地边缘发现过一次，那种蜗牛就像亨利划船赛上运动员穿的条纹衫一样。我也曾专门寻找过蜗牛，但只找到几个个头极小的品种。在腐烂的木头下，通常可以看到那种独自栖息的小土蜗。这种土蜗的名字不管是在英文中还是在拉丁文中都是“圆盘”之意，能很确切地描述它的形态。将其放到放大镜下进行观察，可以看到这个小东西的长相倒也俏皮，由一个个螺层划出身上的一道道有序的棕色条纹。玻璃螺也大不了多少，但小小的壳是透明的。还有一种多毛的蜂鸟螺，它的身上长满了纤细的绒毛。好了，这里一共也只有 8 种蜗牛。

我的园子离林地不远，那里面菜园蜗牛成群结队，像集团军一样汹涌出没，开吃园里的蔬菜时毫不留情，所有的玉簪属类植物就算能侥幸长大也都被咬得伤痕累累。为什么林地和园子中蜗牛的数量有这么大的差异呢？这说不过去呀。通过求教地质学家，我才明白个中奥秘。大型蜗牛需要碳酸钙（比如从白垩岩中吸收）来促进壳体生长，壳体越厚，对白垩岩的需求也越多。林地的土壤以黏土和燧石为主，白垩成分早已被过滤殆尽。这样一来，只有那些不需要太多碳酸钙的壳体单薄的蜗牛和小型蜗牛才会在林地中安家。让人看了恶心的蛞蝓之所以能在林地中大行其道，就是因为它们压根不用劳力费神长壳呀!

为了验证我的推理是否正确，我专程造访了白金汉郡的汉布勒登谷地。那个地方就在亨利镇的下游，白垩土构成了那里的一道美丽风景。沿着鹌鹑岗边的一条小路，我来到一片空气清新的林地。小路旁长的都是适宜在白垩土里生长的植物，比如长得像老人山羊胡的葡萄叶铁线莲、山靛，还有桂根旋复花，后者的英文名字很漂亮，意思是犁地人的甘松香。看到这些植物就知道这里的土壤和我们林地上的还真不一样，尽管两处的山毛榉树和白蜡树都长得又多又好。好吧，我承认那一会儿还真对这块林地心生嫉妒呢，暗自希望自己就是斜坡边的这一片林地的主人，那该多好呀！站在这里往下看去，四处都有许多蜗牛的空壳，个儿还都挺大的，我那里就没有长着这种壳的蜗牛。在这里，这些大蜗牛显然轻易就能找到筑壳的秘密材料。这里还有圆口螺，它们的花纹壳体厚实到有角质，因为能得到足够的碳酸钙，竟然豪迈到敢任性让壳体按需要调节，必要时甚至能遮挡住呼吸孔。我家林地上的蜗牛品种少，就不是什么难解之谜了：一处地方是否适宜蜗牛居住，碳酸钙含量是决定因素，格里姆大堤林地就是因为碳酸钙含量不足，才不能吸引大蜗牛来安居。

寻常易见的东西并不见得就招人嫌弃，但很容易被忽略也是实情。在林地上巡视时，发现暴风雨后花草树木的精神都一下子抖擞起来。慢慢地在林地中穿行，环视身边的林林总总，如果能无意间发现上次来过后又有了什么新变化，对我来说不啻乐事一桩。每次在林中漫步都会有不一样的体验，总能有新的发现。林地东南角附近有棵山毛榉树，算是我们林地上最大的那类了，就在这棵树下长满了从平缓的坡岸延伸过来的一大片苔藓。这片苔藓里今天又冒出了一株白鬼笔菌。这玩意儿臭味难闻，就像什么东西腐烂后发出的恶臭，如同变质的肉类或垃圾那样臭得让人难以忍受。白鬼笔菌可算得上大自然中最奇特的产物了，属于真菌。

我跪到地上，用手轻轻在苔藓上摸索，果然发现紧贴着地面还有一棵刚长出来的白鬼笔菌，这会儿看上去就像一枚白色的鸡蛋，不过这要真是鸡蛋的话，那准是一只巨型母鸡下的。这个“蛋”的白色外壳似乎有点儿弹性，像猪皮一样，但捏上去又觉得质地坚实。把四周的苔藓擦去，我发现这个“大鸡蛋”连在一根粗粗的、有点儿弹性的像线一样的东西上，而这根线在地下的浅表层中横行蔓延。这根线就是这个真菌体的生命线，即菌丝线，它将菌体与千丝万缕交织在一起的完美菌丝网络相连，也正是凭借着这个网络从林地周边的腐烂木头和树叶里汲取养分，白鬼笔菌才能从这个白色的“蛋”里长出。它的菌柄顶着菌盖迅速往上蹿，并因为分泌出一种绿色黏液而变得光滑。

接着我又发现了几只肥硕的苍蝇正在食用这株白鬼笔菌，它们用口器一个劲儿地吸，就像动画片里那些贪吃的老饕贪婪地喝汤时那样，一刻也不肯停下。吃恶臭的白鬼笔菌，可以说明这些苍蝇是嗜好腐肉的品种，它们对腐烂的物体进行精心选择鉴别，在臭中选出最臭的，这就是它们的佳肴，还真是口味重啊！但凡有腐烂变质的死鼩鼱和死老鼠，它们都能凭嗅觉找到。现在它们被这株白鬼笔菌勾引过来，赶紧凑上来吃那些孢子，然后通过排泄替白鬼笔菌把这些孢子遍撒在林地中。作家萨谢弗雷尔·西特韦尔[2]称这种白鬼笔菌是“混进巫师聚会中的长着角的那种妖精”，它的气味有特殊的恶臭，闻过一次就终生难忘。我曾多次隐约闻到过从路边草丛里飘过来的这种气味。令我好奇的是，长在林地边缘的这些却不那么臭。刚长出来的白鬼笔菌蜷成一团，就像一颗被近乎无色的果冻包住的坚果仁又被放到蛋里包裹住了，这种刚长出来的菌芽可以生吃。没什么比发现一大片已经长得又肥又大的菌子能让采菌人更开心的了。我身为采菌行动指挥，高兴地拈起一只“蛋”，将这个尚处于胚胎阶段的白鬼笔菌摘下放进嘴里。

罗马人来过之后

为何直至铁器时代晚期这一林地仍未出现，前面我已就此进行了解释。但我仍很想搞清楚格里姆大堤林地所在的这片土地上究竟是什么时候长出这些树的。我从小就看那些图文并茂的老书，书上都说公元 43 年罗马征服者将不列颠带入文明社会。说真的，恺撒的《高卢战记》[3] 第三卷在很大程度上塑造了我心目中罗马人的形象。学校出的那些严肃的考试题目也好，好莱坞拍的那些花哨的电影也好，都给我洗了脑，让我以为罗马将军个个都像查尔顿 · 赫斯顿[4] 那样英武硬朗，挥剑指挥部下时都刚毅非凡，威风凛凛，所向披靡。现在已知，早期居住在这里的部落已属当时文明相当先进的族群，这些人参与了在欧洲大陆早已开始的各种商业贸易活动。大多数历史学家都认同这一说法：罗马征服者不仅在军事武力方面的确远远超出其他民族，更兼组织严密，纪律严明。多赛特的梅登堡在铁器时代堪称坚固的要塞，却几个回合下来就被罗马人摧毁了[5]。在那个遗址上发现的英格兰人遗骸都显示其生前曾遭到硬器的致命打击，也能证明上述说法。住在我们奇尔特恩大丘的凯尔特部落虽然以失败告终，但肯定也曾奋力抗争过，企图阻挡侵略者的脚步，但到头来仍是溃不成军。这里什么树都没长，视野非常开阔。想到当年的部落首领为了便于侦察敌人的动向，居然会在山岗上划出一块地什么也不让种，真觉得不可思议。

罗马化持续进行了多年，但也并非一直充满血腥暴力，许多地方也有记录为证。总体来说，在罗马化下，英国人在被征服的同时也被教化了。公元122年修建哈德良长城[6]时，罗马化的进程很可能空前加快。那时，一条新的罗马大道已经建成，就经过我们这里奇尔特恩断崖下的低地，与上伊克尼尔德驿道平行，沿路都是宅邸。又过了100年，就连奇尔特恩也遍地建起了住宅，有的还特别建在临近泰晤士河的地方。这些住宅群中有两处离我们的林地非常近，一处在比克斯，距这里不到1.6千米；另一处在我们南边的哈普斯登村，也只有3千米之遥，是两幢别墅。近来，借助金属探测仪，有人在比克斯和哈普斯登村之间的地下发现了罗马时期的珠宝，据说质量还都是上乘呢。

我们林地往东，也就是靠近我的蜗牛小道那里，走上约4.8千米就到了优登，考古人员在那里的泰晤士河古渡口一带发现了一个古代建筑群，其中还包括豪宅。这个地方显然在战略上意义重大，而丰富的考古成果也证明罗马人曾占据这里达3个世纪。最出人意料也令人感到痛心的是：在这个遗址上竟然发现了遗骨，而且都是胎儿的遗骨，用医学术语来说是围产期胎儿，即孕期在38周到40周的胎儿。因此，人们推测有人下意识地残杀了这些胎儿[7]。对此骇人史料还有一种解释，即这些胎儿的母亲是随军妓女，所以这些孩子注定不能出生。优登当地出土的文物中有来自埃及的护身符和刻有特殊花纹的宝石，这也是确凿证据，能证实当时那里确实有罗马帝国的海外驻军。

不管怎么说，假以时日，这段历史的迷雾总会被拨开，但有一件事现在已经很清楚了，那就是位于奇尔特恩大丘的我们林地这一处在罗马人统治英格兰期间没有任何原生林。要说住在哈普斯登的人根本不知道近在咫尺的比克斯也住着人，这实在说不过去。说这两处的居民像我们现代人星期天下午常做的一样，当时也相互拜访、谈天说地、做些交易，这种推想也并非冒失。哈普斯登村里的那些罗马建筑主要集中在一个洼地上，我估计是把那里的树砍倒后就地建的。我总一厢情愿地认为：自铁器时代以来，比克斯高地就一直这样开阔。但这么想的理由呢？除非说那里的古代居民懒得种树（这的确也是人类的通病），还真找不出正当理由支持。按照大多数人的说法，这些宅邸是平了耕地而建的，如果此说法正确，那么这些宅邸下的土地以前也就是农田而非树林，而且人们一旦适应了农业生产方式就会继续保持农业生产。总而言之，我认为在罗马人统治英国期间，格里姆大堤林地尚未出现。

罗马帝国衰败了，不是像大厦那样呼啦一下子就倾倒了，而是渐渐地，实力一点点渗漏削弱，然后就这样黯然终结。公元 410 年，罗马人占据奇尔特恩的时代悄然结束，不列颠人虽然没有立马放弃被罗马文明改变了的生活方式，但从此进入了黑暗时代。黑暗时代从此持续了 650 年，不列颠才进入中世纪。5 世纪末和 6 世纪初，旧秩序烟消云散，之前几百年曾经昌盛的人口这时开始减少，就连货币——这可是最受考古学家宠爱的证据——也被弃而不用，人们更乐意以物易物，或干脆明抢暗偷。2 世纪，从罗马传入的基督教曾得以传播，而到了此时，信奉多神的异教卷土重来，这都是那些跨过英吉利海峡入侵英格兰的日耳曼人造成的。

最早进入奇尔特恩大丘地区的日耳曼人是5世纪初从北欧来的雇佣军，当时罗马帝国在英格兰的城邦没剩下几个，这些雇佣军就是被派来保护以圣奥本斯为中心的维鲁拉米翁城邦的。考古发现也证实，这之后在阿尔斯伯里的淡水河谷以及泰晤士河沿岸数处都有撒克逊人的村落。在那之前长达150年的动荡岁月里，撒克逊人曾尽可能避开奇尔特恩高处的地方。到了这个时期，这些山岗被称为“不列颠人的保护地”。我们的林地那时候就是撒克逊人抵抗侵略者的战场之一。相当一部分历史学家都认为，这样的前哨性堡垒只有在政治中心化的组织体系下才能产生。这也是罗马人从圣奥本斯发出的最后挣扎，结果倒是出乎意料：那些入侵者终于乖乖地听从当地列强们的指挥而离开了。我头脑里出现了这样的画面：一个武士潜入蓝姆布里奇但没有停下，他这番要前去断崖顶，好对整个地区进行侦察。对他来说，罗马人统治的岁月就是好几代人绝望挣扎的岁月。营地上可还有人记得当年的辉煌吗？由于日常必需品短缺，往昔的分享传统也就不再，这不分明就像当年耕耘成行的农田被一座座新坟占据了那样旧貌难寻吗？公元571年，由于受到一个组织更严密的撒克逊族群的进攻，这里和其他不列颠族群的联系被彻底切断了，于是地势较高的奇尔特恩变成一处飞地。在远处平原和谷地上生活的人非常愿意使用新的语言，也乐于适应新的生活方式，英语开始形成。据守在山岗地区的不列颠人再也不能安然处之了。

到了公元650年，撒克逊人终于将奇尔特恩大丘地区收入囊中。正是这之后的两百年里，这里的乡村田野风光逐渐形成，至今没有多大改变。如果要探寻蓝姆布里奇林地的源头，就应从这个时期着手才对。大不列颠图书馆中藏有一份题为《部落土地税登记》的文件，这份7世纪末的文件里首次出现了奇尔特恩的古英语字样，在那上面奇尔特恩被写成了西尔特恩，这一片白垩岩上的高地得名的初始目前就只能以此为据。秩序从此又回到英格兰了，这片土地总算能安定下来喘口气了。

我们林地所在之处当时正好是美西亚和韦塞克斯[8]两个小国的权力范围的边缘。本森顿人则在奇尔特恩大丘以西不远处安顿下来，成为重要的前哨守卫，比牛津在撒克逊时期中期的角色更为重要。根据《撒克逊编年史》的记载，公元571年卡特乌夫[9]从不列颠人手中夺下此地。今日的本森（也就是旧日的本森顿）之所以出名乃因其在英格兰地区的寒潮中经常是最低气温纪录的保持者，很多人都忘记了这里的空军基地当年可是武士的营地。很多年里，撒克逊时期的本森和周遭的泰晤士河谷地不仅是人间兵家争夺的要地，还是天上神灵志在必得的宝地。就在几英里外的上游，也就是泰晤士河畔的多切斯特，圣伯礼尤斯让这里的韦塞克斯人皈依了基督教。几百年来，他的修道院也成为朝圣者向往的圣地，只是这里并非真迹。这个乌龙可真叫人想想都遗憾。

公元779年，经本辛顿一仗，美西亚的国王欧法打败了西撒克逊的国王，也就是威塞克斯的基涅武甫，这一来统治阶层必然遭遇大洗牌。只是那些没能逃离的不列颠人仍处于社会底层，继续被奴役，如被迫到林地里当猪倌什么的。撒克逊时代的中期，林地这一带很可能多少还有些安宁岁月。当初被逐到飞地的那些不列颠人生活艰辛，度日艰难，十有八九便像古代罗马人（甚至铁器时代的人）那样从事非常简单的农业耕作，以求维持温饱，只是最终仍逃脱不了迫害，又被赶出了奇尔特恩，去别处服苦役。于是，那些地势高的地方渐渐得以长出灌木，继而出现了林地。土地一旦被耕作，灌木丛便能在这样的土地上生长兴旺，迅速蔓延。我之所以敢这么笃定地说，因为我亲自进行过观察，发现在这种休耕地上，只要任由李树、山楂树或荆棘生长而不予修剪砍伐，过上个 10 年，这些东西就能在这里长满，脚都插不进。我们林地上的乔木重新在这里生长到有高大的树冠，大概用了 80 年。到了这时，被树荫遮蔽的地面上除了那些特别能适应阴暗环境的植物之外，可谓寸草不生，干干净净。格里姆大堤林地的前身一直伴随着撒克逊民族的艰难文明进程，并融入历史发展，还始终保持着自己的特点。世间林地的岁月悠久，怎么说也不为过，盎格鲁-撒克逊的伟大史诗《贝奥武弗》[10]里就提到过：从大树的生长中，人类领悟并学习如何顽强抗争，艰难求生。森林永续常新，也是文学艺术永不枯竭的灵感和素材源泉。

撒克逊的大佬们将各自的土地切分得井井有条，时至今日，英格兰的乡野还保留着这种格局。本辛顿于公元 571 年成为国王私产，被划作行宫之地和度假村，当然绝不可能是块方寸之地，否则怎么能容得下贵族们在这里寻欢作乐。起先这片地产只是紧傍泰晤士河，后来得到扩展，连泰晤士河畔的亨利镇及周边都变成奇尔特恩的边界。到了撒克逊时期的后期，就连偌大个奇尔特恩也划入本辛顿王室产业的乡村部分了。很可能王室还将早就在那里的格里姆大堤老深沟也当作天然地界了，我家林地没准儿就是王家园林的一个角落呢。王室贵族取乐少不了畋游，这一项活动除了能尽兴取乐，还能打回猎物大吃一顿。话是这么说，但当时住在这个地方的人又如何，我们现在也多少有所了解。比克斯的一处古墓地中曾发掘出两具遗骸，他们当年下葬时握着两枚硬币作为随葬品，这大约就是通往更好世界的买路钱。经熟知历史又博学多才的钱币收藏家认定，这两枚硬币为公元853—874年的美西亚波格雷王朝所铸，因为上面有铸币家西武弗的特别徽章，确切点儿说，大约是在公元865年铸就的。

从行政管理角度来看，本辛顿在撒克逊时期的地位甚为重要。听听约克人和兰开斯特人之间至今还持续不断的相互调侃和斗嘴[11]，就明白一个地区如能建成郡，可大大增强当地民众的区域认同感。建郡意义着实非凡，不仅便于行政管理，也能使所辖区域内各个族群产生向心力。不妨想想我们自己，我们之所以有发自内心的忠诚感，不就是因为那份对撒克逊的认同深植于我们心底吗？郡的最高行政长官是郡长，这个词在现代又有什么意思不用费神解释了[12]。今日已鲜为人知的是“百海德”这个管理层级，这是一个郡的基层组织，是以供给100户人家的物资所需这一概念为基础来设立的。养活一户人家需要1海德[13]土地，而且这个面积量词一直沿用到中世纪。泰晤士河畔的亨利镇和我们林地那部分都属于本辛顿百海德。到了公元996年，经过一项规定，泰晤士河经过戈灵谷的南大回流圈内的大片土地邻近的一些百海德都属于本森了，这成就了今日的本辛顿。奇尔特恩百海德南部的特色就是直面大河，这一地区的地形多样，临河一带泛滥平原土壤肥沃，宜于农耕和放牧，而奇尔特恩的开阔高原和下面的白垩岩坡地又宜于林地发育。有这样丰富的地貌和地质环境，这一带当然农业兴旺，物产丰茂。

盎格鲁-撒克逊民族皈依基督教后，教区基本上也是根据百海德界线进行划分的，以泰晤士河流域为中心将百海德又细分为更加狭长的区域，奇尔特恩北边的大坡地区也同样遭到这样的“细条化”。为了让每一教区都能自给自足，划分时都尽可能向较好的自然资源倾斜。肥沃一点儿的土地可以种小麦和大麦，而麦草又能用来搭盖茅屋；丘陵和空地则可以饲养家畜；林地除了提供柴禾外，橡果也是上好的猪饲料，树木还能提供做家什的材料。别说做家具和盖房子了，就连吃饭用的碗和勺子都能用木头来做。这种多样经营的农业模式从此持续了 1000 多年，至今仍对乡村生活发挥着巨大影响。而奇尔特恩南边的山岗则整个成了“化石景色”。那里的树木、岩石、地界、教堂无不清清楚楚地记录了岁月流逝的痕迹，何况那里还有不少考古发现和迄今保存完好的古老档案。像我这么一个古生物学家居然也想对这一带的人文历史进行一番追根溯源的考究，只怕有点儿不知天高地厚了。

盎格鲁 - 撒克逊时期经时几百年，今天的很多地名就是那个时期的产物，因此也可将其视作语言学的化石。我们林地所在地原属于一个古老的教区——罗德菲尔德 · 格雷教区。“罗德”（rother）在盎格鲁 - 撒克逊语里是很多牛（oxen）的意思，“菲尔德”（feld）则表示一块空旷的土地。由此可见，罗德菲尔德就是“一块空地上有很多牛在吃草”。“格雷”当出现在诺曼征服后，表示这块地产属于庄园主人罗伯特 · 格雷。奇尔特恩大丘那些狭长干燥的洼地名字都以“登”（-den）或“顿”（-don）结尾，一里好路尽头的谷地阿森登就是很好的例子，这个村子就在我们林地的下面，而塞西尔 · 罗伯茨就记下了这个地名的好多种拼写组合。南边一个类似的谷地叫哈普斯登，考古人员在那里发掘出一个罗马人的古村落；而北边则有汉布勒登谷。这些名字一般来说还不仅仅就是个地名那么简单，比如“罗德”就表明撒克逊人已经将牛当作畜力了，套上两头牛就能拉犁耕田，为播种做好准备。听着这个地名，就好像能看到一幅这样的画面：在冬日阳光下，一块一两英亩大的田地上，衣着朴素的农工赶着牛拉着单铧犁劳作。到了地头以后，他又吃力地把犁调过头，继续吆喝着，努力赶着牛往前走。

翻过奇尔特恩大坡，有一个村落，别看它不大，却很好地保留了中世纪的风貌。这个村子就是斯温康博（Swyncombe）。当年，也就是撒克逊时期的末期，沃灵顿的威高德老爷常来到此地，在被方方正正的界线围起的谷地中围猎野猪（这个村名中的“com”早先还可以写成“cwm”，在凯尔特语里就是野猪的意思）。不过，千万别死抠这些老地名，现在野猪早消失了，这里也不再是围猎的场地了。阿森登谷地的另一边有个叫特威尔（Turville）的村子，是从“thyrre feld”演变而来的，意思是“干燥开阔的乡村”。但现在那里早就绿树成荫，林地成片，几乎看不到空地了，只有在边界的公地上还能看到早时的农舍，零零星星，并不多。可是很久很久以前，那里很可能真是一大片空地。

约克郡以及英格兰东部的那些郡都曾长期处于维京人[14]的统治下，所以很多地名都是维京人留下的。说来也怪，牛津郡就没有多少这类地名。9世纪，韦塞克斯的阿尔弗莱德大帝在沃灵顿的泰晤士河畔修建了军营，并加强工事建设，以防止维京人来抢夺骚扰。至今，仍能看到这个军事基地外宽大的壕沟，甚至站在我家林地靠奇尔特恩大坡的那一侧都能看到这个营地。这可不是个小工程，据估计需花1万个工时才能挖出这样的壕沟。公元1002年，埃塞尔雷德二世下令处死牛津境内所有的维京人，后世将这一事件称为“圣布莱斯大屠杀”[15]。11世纪初，挪威人在斯温[16]的率领下向沃灵顿发起复仇性进攻，那帮北欧人一心要复仇，却又生怕中撒克逊人的埋伏。这些北欧人从泰晤士河上游划船驶来，只怕也经过我们林地这一带。那时这些山岗上已经长满了树，有橡树、山毛榉树和白蜡树，还有椴树。经过这片陌生高地上的密林时，这帮入侵者一定加快了脚步，生怕惊动早年埋在此地的罗马人，也不愿遇到长着角的树林之神。

白蜡树被种下后

早期的维京人并不信仰基督教，他们敬畏的是伊格德拉西尔[17]，那实际上就是一棵很大的白蜡树，所有的神祇都聚集在这棵大树下。大树的枝干伸向天堂，但 3 条粗粗的根一直深深插入智慧之泉，然后伸达世界上所有水的总源头，最终抵达掌握人类命运的诺伦女神[18]身边。人类仅凭直觉就将树视为一个象征，并从中受到启迪。几乎所有的宗教都将大树作为族群后代繁衍、人丁兴旺的象征。大树就是这样：植根于黑暗的地下世界，枝叶直达高高的天上乐土。耶西之树证明了耶稣的血统[19]，智慧树结的果[20]则将罪恶带到了世界上。当然，也唯其如此，救赎才有了意义。树还被看作许多重大事物之中心的意象。在艺术作品里，单单树本身就足以起到绝佳的装饰作用，当然也可以像波斯地毯上的图案那么复杂——枝干相连缠绕，结满通红的李子和柿子，加上宽宽的镶边。这样一来，整个地毯就像一个巨大的水果蛋糕了。甚至连科学也抗拒不了树的诱惑，把树当作象征性符号来使用。最新的一种计算机程序能破解 DNA 信息，解读其进化关联，最后打印出来时仍用树状图来表示，数字和姓名就标示在树枝末端。中世纪表示宗族血缘关系时也用树形族谱表，顶端放上盾状家徽，树枝表示旁系，也在末端注上姓氏。在非洲，考古学者每当在那里发现了已灭绝生物的化石时便欣喜若狂，一定会说“刷新了人类系谱[21]树形图”，我这一辈子就看到人类系谱至少被刷新 10 次了。树能使一切清晰明朗，也能使过程变得含混模糊；树能启发思维，也能掩藏真相；树能令人愉悦，也能令人沮丧。但无论如何，人类的心灵复杂隐秘犹如神秘的大森林，永远会有树不断生长、开花、结果。

在我家林地上，白蜡树当属姿态最轻盈的，一点儿也没有伊格德拉西尔的那种深沉和阴郁。春天里，它的树冠最后才长满叶子形成树荫。山毛榉树和橡树会将阳光挡在树冠上不让丝毫透过，而白蜡树就算满枝绿叶了，还是会让阳光从叶子的间隙漏下，所以它的树下总会有花儿在它的仁慈守护下得以开放。表示它类属的拉丁学名 *excelsior* 很是让我喜欢，它的意思是“天天向上”！这种树身处林中，要不断和周边的树争夺阳光水分，但仍能保持树干挺拔，从不扭曲或节外生枝，所以这个名字真是再贴切不过了。与山毛榉树相比，白蜡树似乎有更好的直觉，才能毫不犹豫地向垂直高度进军。白蜡树干上有种黄黄的色调，成熟后木材有纵纹，有些像爬行动物皱巴巴的皮肤。死了的树枝不会很快落下，而会继续留在树上，不过树枝上面会长出高尔夫球大小的黑色球状物，那是一种炭球菌，英文名的意思则是“阿尔弗雷德大帝的糕点”（King Alfred’s cakes）[22]。这个名字会让人想到这位英雄守着烤炉时的窘态，比起在沃灵顿率众抵抗维京人的英勇事迹，这件糗事反倒流传得更广，可谓家喻户晓，丢人丢大了。

冬天里很容易将白蜡树辨认出来，因为这时树枝的末端会略略下沉再往上翘起，就像花式烛台上的那些烛架一样。别的树在冬季踏踏实实进入休眠，万事皆休，而白蜡树原有很多小疙瘩的树枝上这时又会出现一些黑色的锐角疤痕，像小蹄子一样。我们林地上的白蜡树在5月里就开花了，那时叶子还没长出来呢。雄花很小，很多朵聚集成一小束，这样一来雄蕊就像红色的小胡子了。雌花在枝头停留的时间则长些，更偏绿，也更不显眼。当树叶终于在芽尖长出来时，就知道对它们最具伤害力的霜冻真正离开了。白蜡树的叶子为卵形，成对生长在小枝上，小枝尖则往往长有一片树叶。到了8月，成簇的果实开始成熟。成串吊在枝上的果实的长度和火柴棍差不多，现在颜色变成深绿色了。随着进一步成熟，果实的颜色会变淡，最后变成淡褐色。这些长长的果实形状像刀片，基部有一粒种子。秋天，这粒种子会从包裹着的翅果里喷射出去，如同一架微缩直升机那样盘旋着落到地面上，来到一个新地方安家，准备开始新的生活。我观察到很多种子都发芽了，密密麻麻地长在一起，由此可见这些种子的繁殖策略相当成功。仅仅4棵长得笔直高大的白蜡树从树冠上发射下的种子就有这么一大片发芽了，我还得间苗呢。

速生树比较：左为白蜡树树干，右为樱桃树树干。

约翰·伊夫林在《森林志》中对白蜡树大加赞扬："（这种树）从用处和经济效益来说，仅次于橡树，所以谨慎的林场主如果想将林地经营好，就应每种上 20 英亩别的树，便拿出 1 英亩专门种白蜡树。因为很多年后，这批白蜡树会比树下的这块地皮更值钱。"撒克逊的农场主和封地上的护林人也对白蜡木非常青睐。白蜡木天生坚韧，有弹性，非常适合用来做抗压或抗拉强度大的工具，如犁耙或手推车的车轴。在我小时候，家里用的园艺工具（杈、锹、锄等）都是用谢菲尔德的钢制作[23]的，手柄则一律用白蜡木制作，哪像现在那些 DIY 商店里卖的那种华而不实，根本不能用。用这些工具移栽玫瑰，轻易就能将深深埋在土里的根完整挖出来，而挖掘辣根时也不会感到吃力，还不会损伤块茎。若现在还想买到这样的好家什，就只能去旧货卖场淘了。由于白蜡木的延展性和韧性好，还经常用来做木器中受力且经常折叠的部分，比如伸缩架、拱形支架、轴和腿架等。老式的细骨靠背椅上也用了不少白蜡木，我家的这些椅子（当然椅面是用榆木做的）已经用了 100 多年，被无数人坐过，坐上去的有些人还相当有分量呢。当然，周日吃过大餐后坐上去的人体重又会增加一些。

若用来烧火，白蜡木也是极品木柴，顺纹理劈开时没有任何木屑，烧起来也很干净。有位佚名诗人如此写道：

"山毛榉木放上一年，才能燃得明彻无烟；
橡木必须足够干燥和粗大，才能燃得够暖够久；
而白蜡木无论新斫还是久放，都能用来点燃女王的壁炉。"

我曾用林地里野樱桃树的木头做燃烧试验。当然，新砍下的木头水分多，没法烧，得等一年后干透了再放到壁炉里烧。野樱桃木燃烧时火光跳跃，还发出淡淡的香气，只是火焰中的樱桃木不时裂开，溅出些燃着的碎片，有引起火灾之虞，搞不好房子也会被烧了。看来白蜡木的确在很多方面都优于其他木柴。

据说将白蜡树当伊格德拉西尔神供奉，才能让这种树永生。如果能适时对白蜡树进行修剪，则大大有利于它的再生，而且带来的好处还会持续。判断一棵树是否成材，根系大小不是唯一的根据。有人以为只有根系足够发达，才能在砍去其主干后依然存活，但白蜡树可不是这样的。白蜡树很易于扦插。一棵白蜡树砍倒后，剩下的矮树桩次年就会很快长出一圈树苗来，并迅速长成精神气十足的小树。这种能不断发出新苗的树桩就叫根株，因为这种老树桩不但可以生出新苗，还能提供营养让新苗茁壮成长。在东英吉利[24]地区，我曾看到这样的根株，一棵有好几米粗，据说已有 800 多年了。人们不时因为需要而从一棵白蜡树上砍下些枝条，或是耙子要个长点儿的把，或是斧头得安个手柄，反正有需要呗，只要不把这棵树砍死就行。白蜡树生长的头 60 年都能扛得住砍削，这也可视为其生长的极限，一般来说，最好的生长期以 20 年为限。护林人往往以此为标准来判断哪些树该留下，哪些树得砍，同时还要保证做根株的树桩不被砍伤。只要把这些做到位了，白蜡林的再生就会水到渠成。

由于林地上的白蜡树太少，我们不敢将传统的插枝技术用到它们身上，生怕这样做太冒险。但我们的林地上有榛树的根株，而榛树分枝扦插后也能长得很好。格里姆大堤林地上恰好就有这么七八棵很大的榛树，一直很不起眼地长在那里。如果定期砍伐周围的山毛榉树，那么阳光就能照到地上，再生的榛树往往就在这时从底层植被里长出来。人们不会对这些榛树多在意，也不会花心思去猜它们在这里生长了多久，但我推测我们林地上的那些榛树和山毛榉树一样，都很有些年头了。这些榛树长得很密，树干粗细不一，但都十分笔直，有七八米高，和一般榛树差不多，最粗的树干我两手还握不拢。榛树的树皮上有点儿浅褐色的亮光，很柔和，隐隐泛着油光。有些树干砍下后被磨得很漂亮，我数了数，有的有35个年轮，甚至还有40个的。由此可见，这些榛树还真是和周边的山毛榉树一起长大的。和别的树一样，榛树也喜欢阳光。我们的这几棵很可能是几十年前经特意扦插成活的，现在我再扦插一些也不迟呀。

去年冬天，我精心挑选了林地上长得最好的榛树，用它的树枝来进行扦插。人们之前已经告诉过我，说鹿很爱吃扦插成活的榛树苗，所以，尽管将树枝扦插到地上更有利于树苗成活后生长，但我只能将树枝扦插在齐腰高的树干上。比起对付高大的山毛榉树，将小树砍倒要容易得多。年头不长的榛树的树枝又长又直，用来给豆藤搭架子再好不过了。过去，人们用这种棍做围栏防狼，或者干脆让它们长在地边做篱笆，甚至用来做晒干草的撑木。英格兰的传统农舍采用泥巴墙，砌这种墙时得先用橡木搭主架，再把板材钉进主架，成为一格格的框架，然后糊上泥就妥妥的了。榛树的板材则是做框架的首选。别忘了，榛果也是很好的食品。当然，前提是你能抢在那些贪吃的松鼠前面下手。总而言之，看着不起眼的榛树怎么看都浑身是宝。《新森林志》里说，已知榛树能为230种无脊椎动物提供生存条件，这么看来，我们林地上生物多样化的情形很可观了。

我对第一棵挑中作为根株的树下手太狠了，以至于经过一番修剪砍削后，它看上去都活不成了。它奄奄一息，经过几个月，光秃秃的树桩也没什么变化，似乎全凭着顽强的生命力才坚守在那里。我对长得靠上面的树枝进行修剪时多加了点儿工，以为这样可以多少罩住下面，万一长出树苗了，对喜欢啃食嫩叶的鹿来说也能起点儿阻拦作用。终于，向阳的那侧树干上冒出了一些带着红色的小疙瘩，它们冲出了树皮的包裹后，很快就变成了嫩芽。这些嫩芽长大后，顶尖部分还长出了些红色绒毛，而林地里其他树的嫩枝都没有这种现象。最后从这些绒毛中长出了尖尖的树叶，一片片还卷着没打开呢，但已经可以看得出这些叶子的形状长得匀称极了。现在是 8 月了，那些壮实的新苗努力向着阳光生长，我们的林地上不久就会出现一大块新的榛子丛林了。鹿群也不能再伤害到它们了。

犹如一个健全正常的人，林地一直忙碌着，满足人们的各种需要。林地天生就有这般本事，能适应人们不断变化的需求。倒不见得林地管理人员有过什么特意设计，更多的还是人们需求的多样化，这才导致对林地的开发多样化。扦插长出的树当然很好，长大后能成为优良的木材，直接进入买卖市场。所以，自古以来，人们在林地管理中就引入了混乔矮林的做法，以确保林地可以循环再生。混乔矮林的种植方式不仅能对树木进行最大限度的利用，还能将浪费降至最少。格里姆大堤林地中就有很多这种混乔矮林，看到它们，人们就能想到旧时林地的模样。在这样的混乔矮林中，如果保证对每棵榛树的顶部进行修剪，并根据树的形态、长势和密度进行间隔砍伐，那么 15 年中每年都能有所收获。与山毛榉树和白蜡树这样的速生树相比，橡树身上就没有这么多可收获的了。在这种混乔矮林里，还能收到可以让猪长膘的山毛榉坚果和橡果，把这些果子当作饲料卖掉也是一笔附加的收入。将速生树砍掉后，阳光可以照进来，马上就会有花儿在这片空地上开放，招蜂引蝶，于是这里就响起了虫吟声组成的合唱。几个世纪以来，这里的丰富生态就这么周而复始，绵延不断。直到20世纪，人们才引入了松树进行大规模栽培，但这类“经济作物”实际上已被时间证明种在这里非常不适宜，还大煞风景。

泥土挖出来后

隆尼·范·瑞斯维克扛着锹、提着桶来到林地上，她随身还带了很多结实的塑料袋。我们发现了一个好地方，它就在一处空地边，但那里偏偏长了很多荆棘碍事。一丛丛抱团长起来的荆棘条弯曲后插入地下又生了根，便发出更多的来，结果形成了一大片低矮的丛林，谁也进不去，连那些匍匐在地上生长的草也得不到阳光。这些荆棘枝条长达数米，长满了尖刺。我挥动着镐，拨开这些恣意横行的荆棘条，新长出来的荆棘藤蔓很快就爬向这边，白色的细根裸露在藤蔓上，这些细根一旦碰到泥土就能扎下去生长。很快，这块地方的荆棘被清理干净了，裹着燧石的黄褐色泥土露了出来。隆尼开始往下挖，她挖出一些黏糊糊的大泥块，然后将其分别装进塑料袋，准备运到荷兰烧成瓷砖。她说这些都是“漂亮的”泥土。隆尼在她家乡的工作室专门用圩垸的泥烧制砖瓦，那里农庄上各家用的陶器和砖瓦都出自她的窑炉。她对自己烧制的成品很讲究，一定要做到风格独特，还特别花心思让各家用的瓷砖也自带特色，比如有的人家里用的是深红色或橙色，有的人家里用的则为绿色或带点浅浅的灰色调。要做到这点，就需要注意对以本地泥土为主要成分的陶泥进行适当的调配。这样，她用五颜六色的瓷砖墙为家乡的景色增添光彩。从牛津郡挖出来的这几袋泥将会代表我们的林地让隆尼的砂浆增加一些特色。用这些泥烧成的红色瓷砖寄来后，我会将其视为林地藏品中的珍品。从牛津郡我家林地上挖出来的那么几袋泥土成为做瓷砖的砂浆，也能证明我家林地的土地有多么特别，我为此感到自豪。

我们这一带自古以来就有烧砖的传统。蓝姆布里奇林地正对着格雷庄园的那边就有一个农庄叫砖厂农庄，由此也可以推断当年的制砖盛况。老式的砖没有标准规格，但总的来说比现在的要小些、秀气些，格雷庄园中那间用驴拉水车的小屋就是用那种老砖砌成的，以前全靠这台水车将奇尔特恩白垩泥下深处的地下水抽上来使用。老砖的颜色是一种深沉却很温暖的红色。古时候，无论买什么东西，最大的难题就是运输，如果能在当地获取到原料，人们一定会就地取材，从而省去不少麻烦和损耗。奇尔特恩的泥土很好，蓝姆布里奇林地的沙子中又含有石灰，用林地木头烧成的炭烧制出的石灰就成了上佳的砂浆。所以，这里的人若想制砖，所有的原料都可在格雷庄园的领地内获得。在约翰山，人们就发现了老式窑炉的圆形基座，那个地方距蓝姆布里奇林地西南方可很近呢。

制砖业一度在这里成为一个重要产业。从我们的林地走过去，不到 5 千米，就在内托贝高地上的大路旁，离那些现代建筑不远处，还突兀地耸立着一个巨大的瓶状砖窑，那就是曾经兴旺过几个世纪的制砖业留下的唯一遗迹。据说罗马入侵者离开后，亨伯河以南最早的砖就是内托贝砖。斯托纳家族在中世纪曾是内托贝的领主，从他们家保留下来的那些珍贵文件中可以得知：1416 年到 1417 年之间，托马斯·斯托纳在斯托纳公园里建造了领主庄园，为此买了两万块砖，还雇用了很多弗拉芒人[25]修建庄园的小教堂。这些工匠来自远方的欧洲大陆，他们带来了谋生技能，到内托贝安顿下来烧窑制砖。按照合同，托马斯·斯托纳支付给麦克·沃维克 40 英镑买砖，另又支付了 15 英镑用来将这些砖装车运到斯托纳。250 年后，对天上和地上的事全都知晓的罗伯特·普洛特博士（见第 4 章）对这些砖做出了评价，他认为这些砖结实坚硬，并认为这样好的品质应归功于用来烧制的泥土。这一点也毫无疑问，在那段岁月里为那些砖窑提供燃料的正是混乔矮林。

内托贝砖窑。

18 世纪以后，砖的大小开始走向标准化，这一带住房用后来烧制的砖建造，因此也有了特色。著名的内托贝灰砖侧面带着一种暖暖的红色调，两端则带蓝色调。通过不同的排列，可用这种砖在外墙上砌出凸凹有致的斜格状图案。沃灵顿和泰晤士河畔的亨利镇都有很多这种风格的房子，虽不张扬，却很可爱，在整个牛津郡里就这一带的建筑有这种特色，自成一道风景。

内托贝有栋大房子，它的名字很奇特，叫快乐林。20世纪初一个叫罗伯特·弗莱明的银行家住了进去。这位罗伯特老先生和造砖没有半点儿关系，但挡不住他是伊恩·弗莱明[26]的祖父。而这位伊恩·弗莱明不是一般人，说出来不怕吓到您，他就是007詹姆斯·邦德的创造者。这个人的名气可比那些砖头要大得多了，于是那些特别喜欢这种砖砌的斜格花纹而又住在这种内托贝灰砖房子里的人，给这种花纹图案起了个名字，叫“弗莱明-邦德式图案”。1984年，一份出让斯托纳土地的名录上这么形容内托贝，说这地方“优质黏土资源丰富”。黏土资源是否丰富不晓得，但自20世纪30年代后，内托贝再也没有生产过一块砖。从前为取黏土挖出的大坑早被填平，今天来到坑址上，会看到一片天然次生林。现在这里用的砖基本上都是在彼得伯勒周边的那些大型黏土矿里取材制成的。

燧石当属最容易获得的建筑材料，因为这一带遍地都是。燧石的优点是硬度高，不易摧毁，但也有问题，比如不容易和在砂浆里。诚如罗伯特·普洛特博士所言，很多燧石（比如前面提过的燧石蛋）并不是很坚固，虽然能将其简单塑形或敲碎加工，但这些都得花一番功夫。在白垩岩地区的一般建筑物上，燧石的这些毛病和砖的长处得到结合，后者用来砌墙角以及门窗的框架，而形态不一的燧石则和在砂浆里，用来砌在墙上或填塞缝隙。刚从白垩泥中挖出的燧石当然最好，但被犁耙扒拉出来的也不错。在奇尔特恩大丘一带，用砖和燧石混搭修建的传统农舍很常见，它们的规格不大，但着实别有一番风韵，很可爱。从前这些屋里多半住着农场工人，士绅们当然不会住在这里。撒克逊人喜欢的茅草屋顶一度也很常见，但现在因为不能防火而不受保险公司待见，所以几乎见不到了。

位于威高德狩猎区的圣波托尔福教堂里的跪垫。

修建大的城堡时也会将燧石砌到墙体里，林地的旧主格雷庄园就是这样的。城堡的墙必须足够厚实才能起到防御作用，所以要将大量燧石与其他石料一起混合后掺在砂浆里。中世纪建造教堂时也一定少不了燧石，但墙角的隅石则必须用实实在在的大石头，连砖都很少用在这里。斯温康博有一个深藏不露的洼地，当年沃灵顿地区撒克逊人的头领威高德就把野猪肉成袋装起来存放于此，古人在这里建了个小巧玲珑的圣波托尔弗教堂。这座教堂的每个角落和门道上都使用了大块白垩岩，不过这些大块白垩岩并非产自本地，而是来自诺曼底。从盎格鲁 - 诺曼王国北部的卡昂[27]运到这里比从巴斯[28]运过来还方便得多。斯温康博还有一特别之处，那就是一直到1404年这里都是贝克修道院[29]的一部分，而贝克修道院又是诺曼底的一个地位重要的修道院。也因为如此，在整个牛津郡只有这一带教堂外面的建筑风格都是相似的古风，教堂里面那些用白垩岩做的圣洗池和水钵也都是差不多的模样。为了尽可能把大块的地都圈进去，教堂的墙紧挨着路边修建，带斑点的灰色墙体也都是用细碎的燧石砌成的，墙面纹路粗糙，像老橡树的树皮一样。这样一来，整体效果非常棒，教堂的外观和周边的风景很协调，彼此映衬，相得益彰。要追根溯源，这座教堂出现的时间只怕更早，因为墙基的燧石段砌成了鱼骨状花纹，这可是撒克逊工匠留下的典型风格。本辛顿老爷名下的整个教区（包括格雷家庄园）都有浓郁的撒克逊风格。诺曼人来后，但凡看到木头教堂以及燧石砌的简朴建筑就拆掉另起，可是林地最初就被撒克逊人相中了，所以这块历史悠久的土地上每一寸最早的烙印都是撒克逊时期留下的。日月如梭，转眼间 1000 年就这样在罗德菲尔德人和斯威康博人的土地上倏忽而去。

打磨燧石

詹姆斯·迪雷常来林地上找中石器时代遗留下来的燧石工具，但在我们的这一块林地上从没找到有任何加工痕迹的燧石。不过，他还真找到了些品质不错的原生燧石，可以用来向我们施展他杰出的打磨技术。林地里的燧石外壳大多带有白色或棕色的硬渣，但里面的质量才是最要紧的，里面的颜色越深且越整齐就越能派上用场。燧石的硬度高，但也很脆。若敲击得法，很快就会取下薄薄的一片，面上的裂缝还有弧度，就是那种贝壳形状的裂纹，打破一块厚玻璃时也能看到这种裂纹，而燧石和二氧化硅玻璃几乎并无二致。对燧石进行打磨之前，必须戴上护目镜。除了要选取安全的地方，还要在大腿处放上一块厚厚的保护垫，以免被尖锐的碎屑扎伤。

林地里到处都能找到可以对燧石进行打磨的石头，那是一种绛紫色的卵形砂石，林地里随处可见，要多少就有多少。一旦发现一块漂亮的燧石，就可用砂石敲击，只需敲一下就能带下一两片薄薄的燧石。朝一个地方继续敲下去，没准就能敲下长条的薄片，可以用来当刮刀使呢。这种燧石薄片的边缘通常很锋利，很容易成为一件称手的工具，难怪燧石受到了大家的青睐。不过，想把一件燧石器具做得精致，就要花更多时间，还要用更多技巧。可以用细小的石头来轻敲燧石片的锋利边缘，比方说，沿着两边慢慢打磨，就能得到一把石刀样的工具。詹姆斯还带来一件工具，那是用鹿角做的一根棍，用来切削燧石薄片时很好用。鹿角比燧石柔软得多，不断将其在锐利的燧石边缘上轻轻摩擦，就可以将其脆弱的部分磨去。这样不断打磨一两个小时后，你一定会得到一件像样的工具，也会对石器时代人类的技术表示由衷的赞叹和钦佩。

注释：

[1] 这里的小豆花等仙子精灵都是莎士比亚《仲夏夜之梦》（*A Midsummer Night's Dream*）里的人物。

[2] 萨谢弗雷尔·西特韦尔（Sacheverell Sitwell，1897—1988），英国知名作家、文学评论家和音乐评论家。

[3] 《高卢战记》（*Gallic Wars*），是古罗马伽尤斯·尤利乌斯·恺撒（Gaius Julius Caesar，公元前102—前44）对自己的功业所做的看似平实的记录，发表于公元前51年，记叙了公元前52年之前的历史。

[4] 查尔顿·赫斯顿（Charlton Heston，1923—2008），美国的一位素以扮演英雄人物见长的影星。

[5] 多赛特（Dorset）是英格兰西南部的一个郡。梅登堡位于该郡，考古证明它是建于铁器时代的山丘城堡，大约在公元前500年时这里的人口仍然十分稠密。公元48年，罗马人攻克了这里。史学家也认

为这里曾经是英国凯尔特部落在抗击罗马入侵者时最后据守的场所之一。

[6] 哈德良长城（Hadrians Wall），位于英国，是一条由石头和泥土构成的横贯大不列颠岛的防御工事，由罗马帝国的君主哈德良所兴建。长城全长 73 千米，高约 4.6 米，底宽 3 米，顶宽约 2.1 米，上面筑有堡垒、瞭望塔等，工程耗时 6 年。从建成到弃守，它一直是罗马帝国的西北边界。

[7] 1912 年，考古学家在优登别墅群中发现了 97 具婴儿遗骸。

[8] 美西亚（Mercia）和韦塞克斯（West Saxons）都是公元 6 世纪后撒克逊人在英格兰地区建立的国家。公元 8 世纪，英格兰出现七国时代，上述两个国家在当时都为强国。

[9] 卡特乌夫（Cuthwulf），韦塞克斯的国王。

[10] 《贝奥武弗》（*Beowulf*），英国文学中最古老的史诗，全诗共 3182 行。

[11] 这里指红白玫瑰战争（指英国兰开斯特王朝和约克王朝的支持者之间的内战）后两地民众之间曾长期存在对彼此不满的情绪。

[12] 原文为 sheriff，该词现有治安官、州长之意。

[13] 1 海德为 120 英亩或约 49 公顷，将近 4.9 平方千米。1 英亩约合 4000 平方米，即约 4 公顷。

[14] 原文是 Danelaw，现在这个词意为丹麦法律，但在英国历史上是居住在英格兰东北地区的维京部落。维京人从公元 8 世纪到 11 世纪一直侵扰欧洲沿海和英国岛屿，其足迹遍及欧洲大陆至北极的广阔地域，欧洲这一时期被称为维京时期。公元 789 年，一伙维京海盗洗劫了多赛特郡，英格兰从此遭受不断的骚扰。

[15] 圣布莱斯大屠杀（the St Brice’s Day Massacre），因为这一天是 11 月 13 日，是圣布莱斯日。

[16] 斯温（Sweyn Forkbeard，960—1014），挪威国王。986 年或 987 年早期，

在其父亲去世后，他又成为丹麦国王。1013 年攻入英格兰，开创了丹麦王朝。

[17] 伊格德拉西尔（Yggdrasil）在北欧神话中是一棵伟岸的白蜡树，又被称为生命之树。

[18] 诺伦女神（Norns）是北欧神话中的命运女神。长姐兀儿德（Urd）司掌过去，二姐薇儿丹蒂（Verdandi）司掌现在，小妹诗寇蒂（Skuld）司掌未来。三姊妹不仅掌握了人类的命运，甚至也能预告诸神的命运，她们还是司掌法律的女神。在古老的图画中，手持天平的诺伦三女神是公平与正义的化身。

[19] 耶西之树（the tree of Jesse）之说出自《圣经·旧约》中的《以赛亚》。大卫王之父耶西被认为是耶稣的先祖。在宗教画中，耶西通常被描绘成靠在一棵树旁或者一棵树从他的腹中生出，而整个树冠上则是其后世子孙，即每个树枝都是耶稣基督的祖先，树的顶端则是怀抱圣子的圣母形象。

[20] 智慧树结的果指的是《圣经·旧约》里面《创世记》中的夏娃被诱惑吃下的那个苹果。

[21] 英语里系谱和族谱都是"family tree"。

[22] 传说阿尔弗雷德战败并藏身在萨默赛特郡的沼泽中，一个放牛人收留了他。一天，放牛人的妻子把阿尔弗雷德一个人扔在家里，让他照看炉上烘烤的饼。他的心思根本没放在饼上，而是一边收拾着弓箭，一边憧憬着能有那么一天来教训可恶的丹麦人，同时也为他的臣民被丹麦人到处追逐而担心，结果饼烤煳了。"天哪！"放牛人的妻子回来后嚷道，狠狠地训了他一顿，"叫你烤饼都不会，真是条笨狗！"

[23] 谢菲尔德（Sheffield）位于英国的中心，是伦敦以外英国最大的 8 座城市之一。从 19 世纪起，谢菲尔德市开始以钢铁工业闻名于世，许多工业方面的革新（包括坩埚钢和不锈钢）都诞生在这座城市中。

[24] 原文为 East Anglia。Anglia 指英格兰东部地区。

[25] 弗拉芒人（Flamands），因居住在比利时西部的弗兰德地区得名。

[26] 伊恩·弗莱明（Ian Fleming，1908—1964），英国小说家、特工，以自己的间谍经验创作了詹姆斯·邦德系列作品。

[27] 卡昂（Caen），又译作冈城，法国北部靠近拉芒什海峡（英吉利海峡）的港口城市。

[28] 巴斯（Bath），位于英格兰埃文郡东部的城市，距离伦敦约 160 千米。

[29] 贝克修道院(the Abbey of Bec),坐落在上诺曼底厄尔省的贝克埃卢安，建于 1034 年。12 世纪，它是诺曼底最具影响力的修道院。

第6章

9月

金色林地

这里就是格里姆大堤一带独一无二的金色林地。9 月的阳光从树干下方穿过，树干因而被映衬得像一根根联排联行的巨大立柱或巨大栅栏。满树的叶子还没落下，光线只能透过空隙漏下，沐浴到光线的地方温度渐渐升高，林间也因此形成许多冷热不同的小区域。林地上弥漫着轻雾，这是秋天将至的信号。穿过黑压压的冬青树林间的空地，放眼远看，就能想象得出站在地狱仰望着金碧辉煌的天堂会是什么感受。接着我就发现了属于我自己的金子，它们虽不是铁器时代就被人藏在这里的，但和那些古代的宝藏相比毫不逊色，一样金光闪闪，炫人眼目。我说的就是长在林地上的鸡油菌！它们就在林地中央，沿着小路生长，犹如一簇簇被困住的阳光。这些身形小巧的蘑菇黄得灿烂，像是经山毛榉树冠过滤而下的阳光，会聚成一块约3米见方的小地毯。这方小地毯呈蛋黄色，或者说是藏红花那样的颜色。它们那么黄，那么鲜亮，让人不由得怀疑眼前的这一片金黄会不会是去年的落叶所化身的精灵。究竟是让这一片鸡油菌留下，继续在这里装点林间小路，还是把它们当作意外的收获采回家？还真让我为难。继而又想，反正它们已经将成千上万的孢子散播出去了，这一世的使命也就完成了，现在也该轮到我享用它们了。于是，我便将它们悉数采了放入筐中。

在谷仓附近，邻居砍下的山毛榉树干还堆放在那里。现在，那堆木头上长出了蘑菇，尽管余晖很快变得暗淡了，但白瓷般的菌盖仍有种釉彩的亮光。如果说鸡油菌黄得不真实，那么这些蘑菇也白得有几分虚幻。这么说吧，它们就像另一个世界仿制的瓷器，每一个菌盖都仿佛在浓浓的石灰水里蘸过一样，现在正在最后一道夕照的映衬下发出白闪闪的光。这种百环粘奥德蘑的每一片都白得神秘诡吊，连同菌盖下的每一道菌褶和菌柄上的每一道菌环也都是如此。人们说洗掉菌盖上的胶质后这种蘑菇还是可以食用的，但我不会拿自己的性命去冒险尝试。通过对这种蘑菇进行专门研究后，科学家得出的结论我还没忘记。这种百环粘奥德蘑专门生长在死去的山毛榉树干下，为了不让别的菌类侵入自己的领地，它们会分泌一种化学物质，称之为甲氧基丙烯酸酯。这种物质已被证明非常特殊，尽管不破坏生态，但对其他菌类有害。也正由于这种物质对一般生物无害，所以被专门用来消灭对农作物有害的霉菌。阳光背后还有好多这类让人出乎意料的惊喜等着我们去发现呢。

我来到高处，借车灯照着，这里的光线稍好点儿，但也付了借路费——裤腿上粘了好多颠茄种子，看着就像裤腿上趴着些绿色的小虫子。正是在这片地方，蓝铃花曾经怒放过，而在荆棘丛下默默开放的颠茄花大概没人注意过，它们约莫在 7 月里就凋谢了。这些抱团拥簇的细小种子就是颠茄这一年轮回的最终谢幕。理查德 · 马贝（见第

2 章注释 21）曾说，颠茄的英文名字 Enchanter's nightshade 是从拉丁学名 *Circaea lutetiana* 译过来的，而拉丁学名又是从希腊文转译的，保留了希腊的那个女妖希瑟[1]的名字，但是从拉丁文译成英文时就将女妖的名字去掉了，简化成巫师。16 世纪，巴黎的植物学者认为巫师用这种植物熬药，尤利西斯[2]的水手受诱惑服下这种汤药后变成了猪。Lutetia 本来专门用来称呼那个了不起的领跑者帕里斯，但人们讹传为这是希瑟用来毒死巴黎人的毒药[3]。颠茄，原本是如此卑微的小草，居然得了一个来头这么大的名字，其实它并没有毒。

不过，颠茄还真不完全是名不副实，它的种子真的有魔力，就连魔术师也向往不已。通过放大镜，可以看到这些绿色的小棍儿被包裹在白色的纤毛里，每根纤毛顶端都有个钩。颠茄那不起眼的花开过后就算尽了传宗接代的职责，这些种子只能靠自己想办法去云游天下，找地方谋生。它们往往挂在针尖一样的花梗上，但凡什么动物经过时，它们都会粘上去。这样，搭着顺风车，它们来到四面八方。对它们来说，我的袜子和裤腿就是带了绒毛的专车，把它们舒舒服服地运送到合适的地方去才理所应当。大自然的设计就是如此精妙，我由衷敬佩，也理解为什么还有很多人也崇拜这位设计大师了，难道这一切不是太完美了吗？了解细节并对细节进行准确拿捏的确很重要，因为出彩的往往就是细节。世间万事万物无不由细节构成，小到一个分子也是如此，只因为某个细节发挥了作用，就能让喜欢惹是生非的霉菌也望而却步。这样的共生合作简直远远超出了我们的理解范围，难道这真的都是上苍一手安排的吗？不过，我对这个问题自有答案：善于做法迷惑众人的女巫师转身念个魔咒，一切就变得妥妥的了。经历了非常复杂漫长的适应过程，才终于出现了这么个林地。这里的每种生物都经过了大自然的选择和测试。一粒颠茄种子如果没有在纤毛顶部长出那些完美的小钩，能得到传播的概率就要大打折扣。如果不能分泌出那种化学物质甲氧基丙烯酸酯，百环粘奥德蘑就难以大量繁殖。谢谢那位女巫，她让我看到这一切背后原来早有这样合理的安排。如此巧妙的安排，令我在敬佩之余也无比喜悦。对科学家来说，详细周密地进行分析，厘清事物的来龙去脉后，反而会更感到这一现象妙不可言。一部史诗是由一行行诗句中描写细节的词语组成的，否则这部史诗不可能完整，读起来也会让人感到枯燥乏味。

驱车回家前，我将粘在裤腿上的颠茄种子小心刷干净。这些种子万一不慎被我带到我的花园中安下家，后果将不堪设想，那不啻一场灾难。

附近城镇的来历和庄园主人的更替

1066 年，诺曼人征服英格兰不久，我们的这片林地就归到采邑主人罗德菲尔德名下，成为他财产的一部分。20 年后，在《末日审判书》（见第 1 章注释 18）中，这片地产又登记到安凯蒂尔·德·格雷名下。在此后的 300 多年里，格雷家族的几代人一直是格雷庄园的主人，而这个教区的命名也部分采用了格雷家族的姓氏。另一个望族是皮帕家族，虽然他家的势力和地产更多向西发展，但用的套路也差不多，现在还可以在地图上看到罗德菲尔德·皮帕村这个地名。《末日审判书》还标明：对领主来说这块地产的税值为 5 英镑，而这块地产包括了 7 块普楼兰[4]、12 英亩牧场以及四弗隆乘四弗隆[5]的一片林地，养活了20户人家（其中12户为雇农，8户为佃农）。这样的一片地产上当然景色多样，至今也没多大变化。罗德菲尔德·格雷村到处为绿树环绕，风景宜人，只是从来没有人能说得出这个村庄的边界究竟在哪里。那些星星点点散落在地头山坡下的农舍和雇工小屋都是这个村庄的一部分，而且毫无例外都面朝格雷庄园。

格雷家族在中世纪修建的城堡如今只剩下几面高墙和三座塔楼，不过那些用大量燧石砂浆砌成的厚厚墙体完全不同于都铎晚期的建筑风格，至今仍能让人看了有所震撼，斑驳墙体也引人对曾经的严酷岁月产生联想。有座塔楼曾在7世纪被改建成楼房当作陪嫁。遥想当年，在英格兰南部一望无际的乡野上，出现这么一幢高高的建筑，该惹得多少人眼红艳羡。可是退回到中世纪，人们经过这一带看到同一处洼地那头有这么座城堡时，只会感到杀气太甚、威严逼人，不由得心生畏意。

格雷庄园当年很可能为林地和牧场所环绕，至少在13世纪以后都是这样。庄园中还有一片开放的绿地，上面长满大树，专用来放养鹿群和其他家畜。庄园大宅北边那片上好的农田就是所谓的普楼兰，只用来种植好的庄稼，至今仍为农田。当年他家庄园的林地没有现在这么大，我计算过，大约只有54公顷。当然，早年没有地图，所以庄园地产究竟具体如何安排也难一五一十说清了。不过，说林地是从农田外朝领地边缘铺开的不会有错，所以面积不会像现在这么大。

撒克逊时期的土地被分割成狭窄的长条，罗德菲尔德·格雷教区就是其中之一。这些长条形土地大致有8千米长，但宽不过1.6千米甚至更窄。这些长条形土地全都面朝泰晤士河往东延伸。土地被这样分割的初衷只是为了让领主们享有渔获便利，但也大大促进了相邻地区之间的贸易往来。从高处的“荒地”一直到泰晤士河沿岸的肥美牧场都分布有连绵的林区和草地，还有肥沃的农田，足以养活缓慢增长的人口。由于地势越高就越缺水，所以人们修了很多堰塘，后来还挖了几口深井。

在封建制度下，佃农必须为地主做工。整个中世纪，这片土地的领主都是格雷家族，这里的农民也几乎世代为奴。这些身为家奴的人就在这个庄园里耕种土地，养殖家畜家禽，对这片林地他们最熟悉、最了解。翻看1330年所成的《鲁特维尔诗篇》[6]，我们对这些人的形象就会有所认知：他们的衣着很简朴，穿的是那种粗布做的打褶束腰衣，裹着护腿，戴着式样简单的帽子或头巾，只要能包住头发就成。这些人除了辛苦劳作，其他时间全献给了宗教，只有在纪念某个圣徒的日子里才能稍事休息。他们修剪树木，维护林地，视情形进行适当的砍伐，顺便也能拾得柴薪和零星木头，为家里搭篱笆找到合适的支柱，发现合适的白蜡树干时能给家什换个新手柄。当然，没准儿也会偷偷揣上截儿山毛榉木头回家，好做个粗糙的碗或别的什么东西用。有的佃农还能将林地上的残枝枯木带回家当柴禾，这种行为叫作“砍柴权”。领主也允许佃农用林地上的木头修房子，也就是得到“修房木料的权利”。佃农一生一世都被无穷无尽的义务和职责套牢。如果他们能穿越到今天，看到任由这么多的树倒下烂掉不管，一定会惊得目瞪口呆。1134年到1154年，英国陷入内战，也就是史书所称的无政府状态时期，不知那20多年里佃农们都是靠什么活下来的。夹在以斯蒂芬为首的叛军和以玛蒂尔达为代表的王室之间，更兼近在咫尺的沃灵顿屡遭围攻和屠城之难（1153年），这些佃农真是身陷水深火热之中，备受煎熬。霍布斯[7]论战争后果的名言完全可以用来描述内战时期的苦难：“人生孤独、贫困、龌龊、凶残，还短命。”受苦的不光是这些佃户，那些士绅老爷的处境又能好到哪里？

13 世纪初，格雷这个名字已赫赫然了。早在约翰王和亨利三世在位期间，沃特·德·格雷就成了权力最大的神职人员。1214 年，他被约翰王封为大法官，然后又被封为沃斯特的主教。1215 年 6 月 5 日，《大宪章》签署时，他就站在国王身边。后来他又被推选为约克的红衣主教，这样的身份也让他赚得盆满钵满，从此成为大富豪。亨利继位后，沃特·德·格雷仍位高权重。1242 年，亨利三世为了夺回失去的法国领土，出征普瓦图，但那次出征也是一次灾难性的行动。国王外出，国家大事就交由沃特·德·格雷处理。1255 年，沃特·德·格雷去世，他的遗体用油涂过做了防腐处理，然后被恭恭敬敬地安葬于约克大教堂的十字架南翼下。人们为他的葬礼举行了大弥撒。从此以后，格雷的后代世袭采邑领主头衔。第一任格雷·德·罗德菲尔德男爵是约翰·德·格雷（1300–1359），他不但是第一批获得嘉德勋章的人员之一，而且在爱德华三世的宫廷中担任内务大臣。罗德菲尔德·格雷教堂里那尊身披铠甲的精美铜像则是罗伯特·德·格雷勋爵（故于 1387 年），也可被视为那个家族盛况日下的纪念碑。

宫廷王室也好，教会事务也罢，由于主人都与其关系紧密，这座大庄园也因此有过辉煌。但庄园林地上的劳作仍日复一日，平淡而辛苦。挥舞砍刀，修剪树木，捆好砍下的树枝，然后一一扛走，这样的事老爷们不会在意，但总得有人去做。树长在那里，就如同人的名气越来越好一样越长越壮；树倒下，也如同人的名望下降一样越来越不堪，真是繁华易逝，荣耀难久。岁月匆匆，人事无常，名气财富都是过眼云烟，如春梦般了无痕。但树木不会忘记留下一圈圈年轮，不过被它们记下的只有季节的按时过往、雨水的慷慨馈赠以及大旱之年的艰难苦困。

中世纪里，格雷庄园一路兴旺发达之势有增无减，然而东去约 3 千米，那里正在发生一连串的变化，这些变化又会使奇尔特恩的南部历史翻入新的篇章，我们的林地就在这个区域内。泰晤士河畔建立了亨利镇。在此之前，英格兰的很多市镇在建成初期都是一片混乱，嘈杂不断，发展无序。而亨利镇不是这样，从规模到布局无不经过精心规划。亨利镇建在王室的土地上，这里曾经是分封给古代领主本辛顿（今日称为本森）的封地中的一小块，而这位领主的祖先往上数好几代是撒克逊人。亨利镇初成规模究竟在何年，众说纷纭，但可以肯定早在 12 世纪 70 年代很多相关的重大事宜已有眉目了。亨利二世在位期间大力建镇建市，亨利镇的第一座横跨泰晤士河的桥（至少部分为石头所砌而成）就是在那个年代建成的。时至今日，站在河边那个叫大桥天使的小旅店中，还能看到当年这座大桥基部的桥拱，只是今天已沦为存放啤酒桶的阴凉去处了。唉，流年似水，繁华如烟，物是人非！镇头的圣玛丽教堂附近，那座现在还横跨河面的大桥则始建于 1204 年，几个世纪以来不断经历着翻修改建。亨利镇之所以能够不断发展繁荣，究其根本还靠着紧挨大桥的那些大码头。

镇子的其他部分基本上是以集市为中心而修建的一个大四边形，也就是说今日集市广场仍为镇中心。根据规划，开发用地被划成多个狭窄的长条，今日门面开在大街上的商铺后面便是各种作坊。前店后厂，既方便了交易买卖，也促进了市镇的繁荣。大钟街东侧的那些现代经营场所都在房屋中介的名下，游人如果好奇心大过天，又愿劳动双脚深入其中看看，那么仍可在公司楼房间或咖啡馆附近发现现代化卖场背后不显山不露水的老房子。这些房子的主人牢牢守住土地所有权，才能让这些老宅历经沧桑后仍能最大限度地保持原样。这些中世纪的建筑让开发商们伤透了脑筋，他们为如何不破坏原有结构而又能建造新楼想出各种花招，但最后都失败了。开发商为此苦恼，而于我们则是福音，唯有如此才让这个古镇多少保留了一些古旧风貌风情，与远方景色古朴的山岗遥相映衬，无边气象和谐相融。

亨利古镇的入口，可以看到延伸部分就是对土地使用权的最大限度利用。

到镇上老街旁一字摆开的商店和酒馆里走走看看，还可以寻觅到建镇初期的些许痕迹。在老街上到处都能看到都铎晚期外包黄铜的大梁，现代过客游人看到这样的设计实在很难理解。房屋里面则深藏着更多的陈年旧事，多半黑暗压抑，甚至丑陋不堪，难以言表。有的老式建筑风格粗犷，人们后来改建时索性原封不动地保留了橡木桩柱和大梁，只对房屋外表重新进行了装潢，因此，房屋当年的气派仍显露在外。大钟街上有一幢精美的房子，它建于中世纪，人们在那里发现了很多极好的古董玩意儿。比如那里就有很多橡木房梁，经树木年代测量学家鉴定，其年代可追溯到 1325 年，那时的英格兰国王是爱德华二世。那些梁木发黑，被认定曾放到炉膛里烧过[8]，只是当年的炉膛早已不见踪迹了。大教堂的后面藏着一幢非常豪华的房子，据说是中世纪晚期的建筑。房子的门廊有造型精美的橡木饰物，说明当年房屋主人就存心要炫富。房子的二楼有数间陈列室和收藏室，物品都是 15 世纪中叶亨利镇的两位商界大佬用过的或收藏的。这两位大佬分别是约翰·艾尔默斯和约翰·戴文。码头就在这幢房子东边不远处，以前那里沿河开了很多店铺，做的买卖不外乎粮食、酿啤酒的麦芽和羊毛等。新兴企业家阶层出现了，这些人心怀大志，勇于挑战，善于抓住商机。小教堂就是这个阶层出现的标志，它昭示着这里的社会早在封建时代已开始发生变化，泰晤士河畔的亨利镇从那时起就一直兴旺发达，蒸蒸日上。

亨利镇上的小教堂，也是该镇现存最好的中世纪建筑。

伦敦的需求促进了大河贸易。进入中世纪不久，京都伦敦日益繁荣，人口也逐渐增多。伦敦人不仅吃得讲究，还要过得舒坦，所以他们对小麦和其他谷物的需求有增无减，对鱼的需求量也大大增加。鲜鱼也好，咸鱼也罢，反正只要是鱼，自然越多越好。那年头，人们冬天取暖只有烧木头，而木炭专用于金属冶炼和火药制造。平民贵族都时兴穿戴皮革和毛呢衣物。几百年来，大河上开往伦敦的船都是从别处经过的，现在镇上的船也沿着泰晤士河驶向伦敦的码头，船上载的尽是上述货物。亨利镇的出现不仅恰逢其时，也正适其位——成为一个重要的中转港。亨利镇傍着的这条大河非常有利于大型平底船航行，那种船过去叫作“希望之星”，因为它们能在这里的浅水区河道中从容航行，一路直向伦敦。

从亨利镇开始的泰晤士河上游曾是驳船主人最怕的一段水路。大河经过雷丁镇时形成一个大回流，这本身就加大了行船的难度，更兼这一带鱼栅遍布，还有很多水车磨坊。沿河道继续逆流而上，以前要靠单向船闸（现在用的双向船闸是后来才出现的），这种船闸用木制闸门止住水流，效率较低。下游的船只升高通过时，上游的船只就进入闸里。这样一来，磨坊的水力就被截断，磨坊主当然心里一百个不乐意。可是领主老爷心里又是另一种想法，巴不得既能从磨坊获利又能向过往船只收买路钱。从亨利镇到伦敦只有 4 个这样的单门船闸，但从亨利镇往上游到牛津居然有 20 多座这样的船闸。这样一来，亨利镇的经济就成了这样一个模式：货物都在新城沿岸的码头装卸，以使效益最大化。伦敦的商人来到这里开店经商，当然也会建起漂亮的大厅做店堂。接下来的 600 多年中，还不断有人被吸引而来。从 1280 年到 1350 年的 70 年间，查看这一时期亨利镇的房地产契约登记记录，就可以看出在这里买地买房的商人里有不少是做谷物生意或开渔行的。码头还建起了大型粮仓，以便有效储存从周边山区收购来的谷物。这些货物在这里等着装船运往伦敦，而在伦敦这些商人也有自己的专用码头。

由于另一个方向的奇尔特恩大丘地区也有市场，所以货物在亨利镇卸下后，一部分也会被马或马车运到沃灵顿，绕过这个交通滞缓、运输成本高昂且十分不便的大回流，再运到牛津。而这样绕路就必须走马道，这些马道多半都是几百年前被牲口贩子们踩出来的。车辆从我们的林地间吱呀吱呀地来回穿梭，把货物运到丘陵地区。当赶车人弯下腰来吃力地把车轮从烂泥里拖出时，他们喊的号子想必也将林地上的树惊动得不住地颤抖。树枝被车轴挂住后发出咔嚓声，在不远处耕地的农夫听到了觉得心疼，连忙跑过来，眼看着车夫把货卸下车后再推出车，走出烂泥，离开格雷庄园的地盘。全靠亨利镇，货物才能通达四方，才有周边地区商业的兴旺发达。

想当年，罗德菲尔德·格雷领地上这番人货来往，熙熙攘攘，一定好不热闹。一直以来，自给自足式的乡村经济占据着绝对地位，现在该让位了，登场唱主角的是市场经济。小麦由种着供自家吃的口粮变成了交易的货物，我们林地上的树除了供自家用还能派上别的用场。格雷家族非常精明，抓住了经济转型这一机会。这片林地在奇尔特恩大丘中本不起眼，但也在此时首次向外面的世界开放，并从此与外界发生紧密联系，再也不曾疏离。既然小麦很有市场，人们就要在林地上打主意，企图尽可能在被山毛榉树占用的土地上改种小麦。这么一来，势必要毁林垦地。随着中世纪人口剧增，粮食作物种植越来越受到重视，加之农业生产技术又有了很大改进，蓝姆布里奇林地低处那些挖取石灰矿留下的大坑这时又有了新用途，里面的石灰可以用来改良地表浅层的燧石黏土土壤，使其宜于耕种谷物。罗德菲尔德·格雷甚至借着早先撒克逊时期划分教区的便利，将亨利镇南码头边的滨水区也划到自家教区内，使原本狭长的教区更加狭长了。原来纵穿教区的道路从河边直通星期五大街，那时这条街还没被划进亨利镇呢。没有任何人能阻挡住这一块土地上的林地和粮食进入交易市场，这条大路从此又通到了格雷山，也就是绕过了镇子。现在，这条大路从镇边绕过的那一处常有交警蹲守，以便拦下那些时速超过 48 千米的驾驶人员，这些人之所以这么冒险只不过是为了赶到 1.6 千米外的圣尼古拉教堂去。500 多年前，马车一定也在那段坡道上吃力前行，我对此深信不疑。那时虽无限速之说，但道路上遍布深深的车辙，行进也就变得异常艰难，滞缓受困应是常事。

橡树

亨利镇蓬勃发展，这也直接引发了对木材需求的增加。要建房屋，哪里都要用圆木、梁木和曲材，这些又全靠橡树提供。橡树天生好处多多，英文里很多表示褒义的词都源于橡树，例如坚实可靠（stalwart）、值得信赖（trusty）、勇敢坚毅（stout-hearted）、坚固持久（ sturdy）等。不少英国男人都自诩拥有橡树般的品格，并引以为傲。虽说栎属的树木全世界各地都有，但真正坚实可靠、值得信赖的橡树在哪里都稀罕。约翰·伊夫林在《森林志》中如此称许橡树的品格："迄今为止，所有的木材里，当数橡树的用处最多，也最结实。"虽然分别论及硬度和韧性时，橡树并非之最，但既能承重又能保持一定弹性的木材不多，唯有橡木可以胜任。而且论及坚固持久，橡木也拔得头筹。“橡树的品性意味着务实干事，不轻浮应付，遇事果断担当，绝不推脱委蛇。”

当年伊夫林之所以会写这本《森林志》，有一个很重要的原因：生怕没有足够的橡树供海军制造舰艇。出于这种担心，他进行了林地考察。在格里姆大堤林地，成熟的橡树现在只剩下两棵，我们一家又郑重其事地种下了第三棵，不过在蓝姆布里奇林地上长得很好的橡树多得是。可以想象得出，这里曾经有成林的橡树，其数量远远多过今日。以往的日子里，常常因为橡树下有很多小矮林而被挑出来进行砍伐。如果当年人们对橡树的砍伐哪怕稍有保留，今天的林地上也绝不会是山毛榉树独唱主角了。

经由牛津郡，林地上的树被运去建造中世纪的广厦大厅。现在我们已经知道，其实早在 14 世纪到来之前，人们就已经开始这么做了。在房屋建成之前，通常先在经验丰富的木匠大师傅的指导下搭起框架模型。这些大师亲手写下的相关文字也有少量幸存。虽说亨利镇并不像伦敦那样拥有那么多传世经典建筑（比如说伦敦的西敏寺大厅的屋顶，亨利镇就找不出可以同日而语的），但也不乏建筑精品，而做出这样经久的设计除了技艺高超，还要能对材料的性能进行精确的评判。为这类结构性的支架选材时，人们更愿意挑选青材，因为在以后的季节里，这种青材会收缩，这一来整个支架更紧致。门窗也会用橡木，最好的房子会用橡木板做所有的门，墙则多先用篱笆编成，然后往上抹灰泥，后来的人家盖住房时也有用砖在墙上砌出鱼骨纹的，但关键部位一直都用橡木。

工业化到来之前，若没有橡树，人们如何生活，简直无法想象。对木工来说，橡树永远是值得信赖的朋友；对桶匠来说，橡树也永远是首选的材料。车匠要用橡树木头制作车轮的辐条，造船厂如果没有橡木，根本无法造出结实的船舱，更别说打造出豪华高贵的船长室了。橡树就是这么一种树：具有独特的优良品质，其木材经久不坏，还能胜任各种用途，是无法替代的资源。但橡树被文学家神化还是在它的黄金时代结束以后，1809 年 4 月 16 日莱兰斯牧师为《橡树之心》[9]一曲重新填的歌词可以为此作证。歌词中这样写道：

阿尔弗雷德国王赶走了丹麦人，
便亲手种下一棵橡树。
他祈祷上天会祝福这棵树，赐予它神圣的力量，
让它成为英国的权杖，助它征服海洋。
橡树之心，我们的船，
橡树之心，我们的海军。

壮实的橡树已经被提升为一种符号，象征着真正的英国人，被比作英国国民性中重要的一部分。阿尔弗雷德国王很可能就在位于沃灵顿的前哨种下了这棵人们想象中的橡树，而这个前哨离我们的林地只有几英里之遥。由于神奇的心理暗示作用，500 年之后英国真的就成了海上霸权国家。诚然，一棵橡树生长 500 年并不算是什么个别现象，橡树能长期保持活力，真是树中的寿星。时至今日，古橡树中的绝大多数都存在于中世纪遗留下来的古老林地中，而这些林地往往就在古老庄园的周边。当时人们种下它们作为地界标志，只是这些古老

的橡树似乎被时间遗忘了。我想到乔叟的《骑士的故事》[10]中提到的那些古树：

“眼前的这些老树啊，树干上长满结节，树叶也已落光，看着真让人不由得觉得满心苍凉。”

橡树（左）和山毛榉（右）树皮比较。

在奇尔特恩大丘通往牛津的古道旁，我和杰姬还真发现了橡树中的长寿者，但树干中心已经空了。古道途经的山势最高处有个水塘，牲口贩子们当年前往集市，途中一定会在这里停下饮牲口。这些古树形色苍凉，和经营良好的林地里的那些树完全不同。橡树的用处太多了，让它们就这么没有作为地老去——哪怕是优雅地老去，也实在太委屈了。

在雷丁大学的乡村生活博物馆，可以看到记录工匠如何用橡木制作器具的黑白影像资料。当地的一个桶匠经过长期学徒生涯训练和多年实践，练就一手真功夫。仅凭一捆木头加一点儿铁丝，不一会儿他的手下就会变出一只水桶或发酵大桶，严实紧密，能用上好多年呢。在这个过程中，他展示出了对木料的深刻了解，仅凭眼看和手摸就能评估材料，丝毫不爽，一气呵成，只教像我这样笨手笨脚的人看得目瞪口呆，钦敬之情油然而生，更觉得自惭形秽。在早年的亨利镇，会有人雇他做运鱼专用的那种小桶，后来又有人雇他制作啤酒桶和酿酒桶。英语里的制作一词为 manufacture，来自拉丁文的 manus 和 fecit，意思是 made by hand（手工制作）。山毛榉木能车削成桶塞，所以这种稀松平常的树也能有所作为了。现在库珀（Cooper，意为桶匠）这个姓氏很普遍，这说明这个行当的从业人员曾经很多。今天要酿出上好的葡萄酒和威士忌，还得用橡木酒桶，所以桶匠这个行业还没消失。木工车匠（cartwright）和车轮制造匠（wheelwright）这两种人的手艺就濒临失传了，前者虽然也是个姓氏，但并不多见。当然，眼下这两种手艺人还不至于像幽灵兰那样四处难觅。做一只木头车轮需要用上很多种树（我们的林地上都有）：光榆木做轮轴，白蜡木做轮缘（弯曲后做成木制车轮的外圈），结实耐用的橡木则用来做辐条。写到这里，我不禁想：旧日里那些制造车轮的工匠可曾是我家这块林地的固定客户呢？

在我看来，人们把橡树比作坚强的心、乘风破浪的船或特殊的勇气没错，但他们一定还忘记了一点：橡树也能用于鞣制加工。中世纪的奴隶也好，自由人也好，贵族也好，脚穿的靴子是用毛皮制成的，身上的短褂也是用皮革制成的，商人们把钱放进皮革袋子里，就连士兵的盔甲也是用皮革制作的。动物的皮剥下后成为皮革，需要经过复杂的工序进行加工，这其中最重要的一个环节就是鞣制，而这个环节也必须有橡树的参与。制革厂臭烘烘的浸泡池总在城市的最边缘。在亨利镇上，星期五大街早先就是这个镇与罗德菲尔德·格雷教区接壤的地方，穷人住不起别的地方，只好在里这住下，终日忍受皮革鞣制池里散发的熏天臭气。将发出恶臭的腐肉和鬃毛从兽皮上刮除后，再把这些兽皮在池中浸泡多日就是鞣制。池中的水是特别配制的，成分让人恶心，不但混有鸡屎狗粪，还要特意加进人尿什么的。只有浸泡在这样的液体中，兽皮才能发生化学反应，然后进行下一步处理。人们会将从橡树皮中浸出的液体浇在兽皮上，因为这种液体里含有单宁，必须借助单宁，鞣制才能成功，这样才能得到熟皮，而熟皮才可以用来制作东西。

得知鞣制过程是这样的，说真话，我的确大吃一惊。不过我在庞贝曾发现，1000 多年前人尿就会被收集储存起来用于皮革鞣制，那时亨利镇还没出现呢。这可是个能赚到大把钱的生意，所以鞣制皮革的人真是赚着臭钱，发着臭财。星期五大街上那些曾经的豪宅都是双面临街的，其中最好的几栋中有一栋就是制革厂老板的。我从斯托纳的文件里查到，用来浸出单宁液体的橡树皮都必须是从刚砍下的树上剥下的，剥去树皮的木材另有他用，而树皮则被马上破成小片。一般来说，制革厂每年要用 3 棵橡树的树皮，而用于鞣制皮革的最佳树皮长在有 20 年树龄的橡树上。在蓝姆布里奇林地里，我看不到生长期过长的橡树，但我敢说，旧日里每当一棵橡树被砍倒时，树皮决不会被白白扔掉或烂掉，而是会用于鞣制皮革。

我个人特别喜欢冬天里橡树枝干的形象。优雅的山毛榉树和白蜡树的枝干都中规中矩地横向伸展，而橡树的这些深色枝干七扭八拐地伸向天空，相形之下有些突兀乖张，别有一种富有张力的美感。山毛榉树的树皮摸起来感觉柔柔的，橡树的灰色树皮则很厚，摸起来觉得很粗糙，能分明感到那些竖棱。我们林地上的那几棵橡树属于欧洲白栎，也叫英国橡树，真是名副其实的橡树之心。其中长得最好看的那两棵约有 80 年的树龄了，有些老的山毛榉树也有这把年纪了。尽管周边全是山毛榉树，但橡树的树干仍笔直地往上长，根本没受到干扰。春天里，几乎所有的山毛榉树都长出叶子之后，橡树才长出叶了来。橡树的叶子虽然出来得晚，却长得很高，我只能仰仗偶尔飘落下的叶片，才能稍许了解橡树接下来又发生了什么。橡树的葇荑花序比雄蕊的细丝大不了多少。5 月里，这些花落到地上，就像磨掉了毛的老鼠尾巴，让人看了有些于心不忍。风吹过，橡树叶子就在空中翻滚着飘落。有的树叶下面还有小小的虫瘿[11]，那些粉红色的虫瘿就像一个个被钉在叶面上的小按扣。这是由一种小小的瘿蜂（又叫五倍子蜂）造成的，这种虫子虽小，却有个很长的拉丁学名——*Neuroterus quercusbaccinum*。瘿蜂在叶面上神不知鬼不觉地分泌一种化学物质，结果就形成这种东西了。在橡树上寄生的小虫子有 500 多种，保持了林地中树上寄生物的数量纪录。橡树的树冠上一定挤满了各种虫子，只可惜我没法爬到那么高的地方，也就看不真切。人们都认为橡树含有单宁，而这种物质使得树叶有苦味，所以照此推理，这种物质也就能保护橡树不遭啃食，但小虫子们自有办法，让单宁的作用也失效了。

林地大约每 5 年中就有一个大年，而今年是一个大年，也就是橡果丰收的年成，树下橡果已经落了一地。搁在好多年前的话，野猪会把这些落在地上的橡果吃个够，中世纪时养猪人也会让自己养的猪抓住这个机会长膘。但这都是老皇历了，现在有专门的猪饲料，就没林地什么事了。现在每逢大年，橡果都被白白浪费了，好多橡果仍然待在鳞状“碗盖”下的壳里，就像躲在一个蛋壳里 样安全。剥开一个橡果，喏，现在那个小壳就在我的手心，果实端坐在其中的腹柄上。也正是由于这个小腹柄，英国橡树才有那么个拉丁学名[12]。小时候，我总喜欢把捡到的这种稀奇玩意儿放到嘴里，假装我是在抽烟斗。现在看到它觉得好小哟，真的只有一丁点儿大。橡树见证了我的孩提时代，它们还会迎来很多大年。我煞有其事地把这个小家伙放进我假想的烟斗中，然后装模作样地吸了几口。

有的橡果还是绿的，但有些已经变成栗色了。这里还有种东西，大小不一，不过肯定不是橡果。这种东西也呈球状，油亮亮的棕色，这是橡树遭到另一种瘿蜂（即云石纹瘿蜂）伤害后结的虫瘿。这种虫瘿值得收藏。瘿蜂钻出去的那个小孔清晰可见，在钻出去之前，瘿蜂在里面可是好吃好喝了一阵子，而供给它饕餮大餐的就是大树。瘿蜂长什么样，我还从未见过，但这也不足为奇，因为这些瘿蜂个头很小，不过两毫米那么长。橡树上寄生的瘿蜂种类远远多于别的树上的，而且每种瘿蜂产生的虫瘿都各有其特别的形状和特色。真不知道橡树为何这么慷慨，也不明白为什么不同的瘿蜂汲取同一棵树的营养时会产生不同形状、大小各异的虫瘿。在希腊神话里，森林女神都犹如寄生在橡树上的瘿蜂幼虫，也许这些女神能解释我心中的疑问吧。

自中世纪以来，橡树便成为重要的经济作物。在格雷庄园的护林人眼里，每棵树就像一个人一样，护林人对其性情了如指掌。他能很好地把握分寸，知道在什么情况下不用打扰这些树，什么时候应该对其进行剪修。在时光流逝中，这个庄园也有多位主人经手，林地被卖掉，庄园大宅和土地则由国民信托组织管理用于接待游客。牛津郡“每日一善”组织的志愿者们非常尽心尽责，他们在林地上仔细巡逻。他们这样做不是为了把自己晒成健康的黝黑色，也不是为了捡橡果去卖，而是严防有大树倒下砸到游人。但这些橡树仍然要负责一些事务，因为国民信托组织的标志就是非写实版的橡树枝：四片树叶和一颗橡果，还有几根细梗。除此以外，橡树还能用来干啥？橡树还要代表国民性。还记得《橡树之心》那首歌是怎么唱的吗？国民信托组织为什么用橡树作为标志，因为橡树是值得信赖的品质象征，当然还表示与此相关的很多优良品德，如诚实、坚持、坚强，等等。橡树就是这样，竟能引发人们对美好品格的联想和追求。

松露

一棵山毛榉树的部分主根就趴在薄薄的土壤下。我蹲在这棵大树下，右手拿着一把从玩具商店买来的小耙子。我留意到这棵大树周围有很多被挖过的痕迹，于是就用手中的这把滑稽的小耙子轻轻地在地面上试着扒拉了几下，不料没多久就扒开了一些松软的落叶，然后就碰到了什么，感觉碰到的是泥土或什么腐烂的东西。土壤里有太多的石头，我只得先将燧石块剔出来，才能继续往下挖。很快，我就看到了粉红色的细根，鼓鼓胀胀的，这是那棵山毛榉树的一部分根。它的根部也像树枝一样发达，朝四处恣意生长。我知道紧挨着这些根外层的是一种菌。山毛榉树的坚果似乎打定主意把自己藏在地里，俨然像松露一样，后者形似豆粒，也是棕色，就埋在地下。挖着挖着，我渐渐失去了热情，因为此前我也挖过，都是徒劳。就在这时，小耙子触到什么很特别的东西了：圆圆的，像颗个儿大的酱红色豆粒，一眼看上去蛮像兔子拉的屎。终于挖到了！我用身边带的放大镜查看，这粒小东西的表面为典型的疣状。找了这么久，终于发现松露了，而且一下子就发现了 4 颗呀！

一说到松露，很多人都会忍不住咽口水，并想象自己系上餐巾坐在桌前的那副样子。这些人心里想到的多半是黑松露（全世界最昂贵的食材）或意大利的白松露。提到松露，人们还会联想到法国帕图斯酒庄的美食餐厅[13]，那里的松露可是按重量计价的，价格远远高于黄金呢。要是他们看到眼前这 4 粒兔子屎一样的东西，恐怕要失望得很。其实不管你愿不愿意，大多数松露就长成这样，一点儿都不中看。松露有很多种，由于它们生长在地下，就连经验丰富的博物学家往往也认不出来。只有深挖才能找到它们，这是英国松露专家卡洛琳·荷巴特亲口告诉我的。每当出马上阵去采蘑菇菌子时，她总是在一棵树冠伸展得远远的大树下先铺上一块毯子，然后就坐在上面，用一把小铲子耐心挖，身边还放着一个盒子，好放进她的收获。她哪里是在找菌子，简直像在考古。

我认出刚才挖到的松露是什么品种，它们叫大团囊菌，是最常见的一种松露。切开的松露像干奶酪一样，并有大理石般的纹路，不过颜色则不尽相同。刚挖出土的松露可能像马铃薯，也可能像鹅莓或白浆果，还可能像兔子屎。说真的，松露并不是什么可以单独分类的东西，不过是人们习惯这么认为罢了。君若不信，且听我道来。很多团块菌发现躲在地底下生长到老好处多多，十分受用，所以就不顶破土层，而它们的孢子也随它们一起，就在口袋一样的果囊里发育成长。这样的品种若要散播生长就得靠动物了，尤其要仰仗喜欢拱土的野猪。为了吸引这些动物，团块菌进化到能散发出特有的香气。但这种香气转瞬即逝，老松露根本不会有这种令人垂涎的肉香味，反倒散发出馊味。所以，一定要牢记：你从那些出售次品松露的商人那里买到的不过是一种似是而非的梦想罢了。通过动物的消化道，这些毫发未损的孢子便平平安安地播撒到林地的每一个角落了。

松露主要从两种菌团中长出，这点早为人所知。在和松露相关的菌团中，一种是被直截了当地叫作商品菌的担子菌，还有一种是很像羊肚菌的子囊菌。因此，说松露是从两种完全不同的菌团中生长出来的，一点儿也没错。但凡滋味鲜美的松露都是从后者中长出的，我挖到的这种属于囊孢子，算不上好的那种。在自然界中，相似则相近是普遍现象，这符合进化原理。而松露从菌团中生长也是同样的道理，这又叫聚合现象。我很高兴能在林地里再次证实这一点。一直到分子理论出现后，人们才充分意识到松露的生长是独立进行的，无论在哪种菌团内，它们都是各长各的。不同的菌子都想快点儿长大，结果就长成了松露。从各种松露里提取的 DNA 检测结果表明它们和好几种菌的关系密切，然而这几种菌本身几乎互不搭界。也就是说松露看起来很相似，甚至还和大不相同的蘑菇归为一类，但这恰恰只不过再次证明生物进化能蒙过人们的常识。所有的松露都和树根部的真菌菌根有关，通过菌根汲取大树光合作用产生的糖分，反过来也向大树提供营养作为回报。为了能在地下长至成熟，松露就得努力避免孢子和空气接触而散播开来，否则就是灾难性后果了，因为一旦接触到空气，子囊就会脱水。孢子的传播机制非常高效，即经动物的消化道得以散播。这种方式对菌类有利，也对参与菌类成长的树木有益：啪，一坨屎落到大树跟前，犹如投送到家的大礼包，高高兴兴地收下吧。树也好，菌也好，动物也好，都从中受益。这整个过程就是适应性产生的过程，而进化就乐于在这个过程中发生，松露也就这样周而复始地生长。

我真想把这番寻宝经历如实讲出来，其实真相是这样的：起先，发现了几只很小的日蝇围着一处嗡嗡乱飞，好像围着没埋得足够深的什么臭肉那样恋恋不舍；走过去一挖，就发现了那些长在菌根处的松露宝贝。的确，松露就有本事和昆虫过招，我真是服了它们。这里的松露多以本土的夏块菌为主，我一心还想在林地里能再有所发现，是不是靠苍蝇帮忙都无所谓。果然又发现了一些，虽然比先前的还要少，但是这次真没靠任何会飞的或会爬的虫子，全凭一连串明显深入到树叶和泥土里的抓痕指引。我起初以为这是獾觅食时留下的，可是再细细一看，那爪印的大小更像是松鼠的，一定是松鼠在这里扒拉过。任何有嗅觉器官的生物都无法抗拒松露香气的诱惑，哪怕付出再大的辛劳，哪怕挖到树底下，也不甘放弃。

小飞侠来了

起初我一心只想发现松露，根本没把苍蝇当回事。可是紧接着又飞来好多苍蝇，还真没法再视而不见，简直要告饶喊救命了。在自然历史博物馆中，我有幸和迪克·范-莱特[14]共事了几十年。确切地说，在那个迷宫一样的博物馆里，从我的办公室到他的工作室大约要走上800米，不过我俩都知道哪里有秘密通道，省时又省事。迪克对大蚊[15]有着不可遏制的热情，为了抓到这些蚊子，他还专门跑到我家林地里。苍蝇并没有两对翅膀，而只有一对翅膀，所以它们在昆虫里属于双翅目，英文中这个词是Diptera，来自希腊文，意思是两只翅膀。它们的第二对翅膀已经退化成一种平衡器官。研究苍蝇的专家学者在英语里被称为 dipterists，意思就是“研究双翅目昆虫的人”。

迪克真是货真价实的双翅目昆虫专家，他对这个目的各个属都了如指掌。论及这方面的专业知识，说他能以一当十都不夸张，而且每一个属里都有他特别中意喜欢的。他到过格里姆大堤林地，上了升降机，就是为了搜集自己中意的苍蝇标本。大蚊（有人称之为长腿老爹，即 daddy longlegs）最引人注意，因为它们的个头大，是林地里所有昆虫中数量最多的，也是最活泼的。它们长着长长的弯腿，还有细长的翅膀，这个季节到处都能见到它们，它们在草场上嗡嗡叫着到处乱撞，长长的腿到处乱爬。巧的是，迪克自己也长着大长腿。他的个子瘦高，蓄着胡子，花白头发乱蓬蓬的，活脱就像甘道夫[16]。迪克来的那天很暖和，有点儿闷，对苍蝇来说这可是绝好的天气。迪克拿着捕虫网，说真话，那网真不咋地，简直就像在棍子上马马虎虎地挂了条维多利亚时代的灯笼裤。为了诱惑大蚊到这里来，迪克在路边的草丛里上蹿下跳，还不忘使劲挥舞着那个捕虫网。碰巧有个人遛狗经过，看到眼前这个人挥着捕虫网跳来跳去，那狗比它的主人还吃惊，就那么呆呆地看着，都不敢叫出声了。捕到个头不算大的虫子后，得用昆虫虹吸瓶将捕获物从网底吸出来再放到一个瓶子里。不过对于个头大的大蚊，就可以直接取出放进毒瓶[17]里。这些被捕到的家伙要被送回去放在双目显微镜下仔细检查鉴别。

难道这还有什么问题？大蚊不就是大蚊吗，还有什么不能确定的？当然可以确定这就是大蚊。问题在于大蚊的品种繁多，比鸟的种类还要多。列出那份已经命名了 15391 种大蚊的名录时，已有 688 种被确认，而且那份名录出炉后的几年间又不断发现了新的品种。已知的 600 多种里就有 300 多种可在英国见到。的确，很有把握辨识出大蚊的人屈指可数。除了大多数鳞翅目昆虫（如蝴蝶和蛾），大蚊的种类也非常难以确认，所以至今格里姆大堤林地的昆虫名录还没能完成。蝇科有很多种，而大蚊是如假包换的蝇科成员，其蝇科身份毋庸置疑。

大多数大蚊的种类还得等专门研究这种家伙的专家来鉴定。不过，大蚊这次又占了个上风，那就是有幸碰到查尔斯·保罗·亚历山大[18]。这位先生虽然不如鸟类专家约翰·詹姆斯·奥杜邦[19]有名，更不用说和大名鼎鼎的博物学家查尔斯·达尔文相比了，但他在大蚊研究方面的地位无人可及。亚历山大为11278种大蚊科学命名并进行了准确描述，相当于他在自己的研究生涯中每天为一种大蚊进行界定和命名，现已获名的大蚊里三分之二以上都是由他命名的。他还发表了1054篇论文，仅凭这些数字就堪称世界纪录了，至今无人能破。我想他一生可能都没有什么社交生活吧。从热带雨林到海洋深处，全世界各个地方都有无数无脊椎动物有待发现，甚至就连我们的林地也是如此。究竟已发现的占了现存总数的多少，科学家们对此有不同意见，即使最保守的分类学家也认为已近过半了。要将这些尚不可知的物种全部收入名录，然后进行精确描述，有人固执地认为这简直是痴心妄想、白日做梦。那么就看看查尔斯·保罗·亚历山大的成就吧，那就是对这一说法最有力的反驳。

日复一日对昆虫进行鉴别分类，这几乎成为昆虫学家的第二天性。这些专家对虫子的关注点也因人而异，专家甲可能会专注于色彩花纹，专家乙则注意的是口器。不过，我相信几乎所有的权威人士都认为生殖器才是最值得关注的。事实上，我认识的人也都认为这个部位最有意思。像大蚊这种会飞的虫子，它们的翅膀由骨架支撑，又叫翅脉，翅脉又被细分为一个个叫“区”的部分。同一类属的昆虫翅脉的分布相同，而不同品种的则千差万别。这样的结构在昆虫学家眼里犹如奇珍异宝，怎么欣赏也欣赏不够。大蚊雌雄有别，以我们林地上的为例，相对于雌性大蚊，雄性大蚊的长触角很难看。还有一种大蚊翅膀上有色斑，腿又细又长。至于长在腹部的生殖器，除非读者是昆虫学家，否则绝不会对那团毛茸茸的东西有任何探究欲望。然而那个器官恰恰对昆虫来说至关重要，至少提供了它们交配的基本条件。当然，它对迪克·范-莱特来说也同样重要，值得也必须好好观察。

在林地里还发现了一种很常见的大蚊，即欧洲大蚊，1758 年由了不起的林奈命名，所以，我也能说这种大蚊和我们的山毛榉树是同时进入科学史的。如果根据之前的历史文献，甚至可以说这种大蚊是所有长腿老爹的老爹呢。这种大蚊的幼虫很难看，是棕色的蛆，英语中俗称“皮外套”。园艺家很讨厌这种蛆，因为它们会对植物的根部造成极大的伤害，只有饿得要死的鸟才会喜欢这种坏家伙。迪克向我出示了一份关于林地上另外 15 个品种大蚊的完整记录，非常详尽。在记录中，他用极富诗意的文字进行描述，比如“后部翼上的薄膜如空蒙薄雾”，又如“翼上花纹斑驳混沌”，还有“双栉形触角精致无比”，不胜枚举。博物学家对自己钟情研究的虫子会这么用心。

这块林地究竟能让多少种大蚊自在生存？这个问题一直困扰着我，现在我总算得到答案了。那些长腿蝇蛆有它们各自的偏好，分别在不同的月份里变成大蚊。锥大蚊喜欢路边潮湿的松木堆；斑纹扇形亮大蚊则偏爱开始腐烂的山毛榉树，经常跟在索大蚊后面一拥而上，至于在什么地方无关紧要。亮大蚊则不挑剔，或者如迪克简明扼要的描述：“非常典型的机会主义，只要有吃的，哪里都去。”侏儒须大蚊能在冬青树丛中轻易找到，艾大蚊以土壤为家。有一种叫 Ula mixta 的幼虫被人称为食菌蛆，也许这些蛆以腐烂的菌托为生，而 Ula mixta 这种大蝇直到 1983 年才被命名，并一直被认为是罕见品种，但很可能只不过因为很少被认出才被人误认为稀少。全大蚊是大蚊中的巨无霸，它们的翅膀上布满了斑纹，其幼虫生活在潮湿的土壤中，兴许就在路边从未干燥过的泥土里。然而，最引人注目的是偶栉大蚊，它们浑身布满黑黄环纹，简直就像个小个头的黄蜂。它们的触角为短丝状，非常像 20 世纪 50 年代的电影《蛇蝎美人》里女主角的假睫毛。这种大蚊非常罕见，迪克称其为"大蚊中的尤物"。这种大蚊最近一次在牛津郡被发现还是在 1993 年，地点是沃伯格自然保护区，而那个保护区就在我们北边约 3.2 千米处，结果引起不小轰动，被载入《英国昆虫和自然志学报》。发现者如此评论道："在古老的山毛榉林地中的一个物种。"

细节描写呢？细节呢？读者可能感到很不满意。我的回答是：那些细节美好，但也邪恶。对于个头不大的动物来说，尤其对于必须潜伏着进食生长的昆虫幼虫来说，我们的林地简直就是一个充满美好机遇的百宝箱，箱子里面有无数小隔间，进入每一个隔间都会别有洞天，能有一番美好的际遇。"生物多样性"听起来干巴巴的，也很抽象，但将林地与这个术语比对时，就会发现这块林地将生物多样性演绎得无比生动。进入这块林地就好比进入一个音乐大厅，里面正在演奏一部又一部交响乐，每一部各有其独特的风格，但所有的乐曲都荡气回肠而又不失婉转动听。每一根正在腐烂的木头就是一个小宇宙，而对一只青梅子蚜虫来说，一片树叶就是它的世界，山毛榉树皮上的一道裂纹就能提供宽敞舒适的藏身之处。这里所有的生物日复一日互动变化，让这块林地像一幅大拼图一样，每个月里都有新图案。大蚊一涌而上出现在林地中的日子并不是很多，它们要在这段短暂的时间里匆匆求偶交配、繁衍后代，而在其余的日子里，它们把自己幽禁起来，躲在秘密的地方打发时光。最后一道余晖射到空地上，引得所有的飞虫都像飞蛾那样逐光而舞。每一只虫子都很微小，却都向上飞得努力，似乎一心要把生命演绎得淋漓尽致。有的两只同步上下翻腾，我估计这是相互表白的双人舞；有的显然很笃定，自有主见要找什么，边闻边看，终于发现目标在什么地方，倏忽便从光影中退场消失。每个虫子就像一个乐符，交织组合成一部交响乐。可惜我不知道好多虫子确切的科学名称，否则我在这个笔记本上就会记下乐谱，而不是只对交响乐做个笼统介绍。对林地中的动植物进行分类观察才刚开始，每一种东西都有自己的生物特性和特殊需求，当然还有奇怪的嗜好和秘密。迪克说还没掌握我们林地中某些大蚊的早期形态和活动情况。这些像空中洒落的五彩纸屑的小飞侠还有多少秘密待人发现呢？谁又能说得清。

鸡油菌烧土豆

下面要与读者诸君分享鸡油菌的烹饪方法，一点儿也不费事，稍事调和就能将鸡油菌的鲜美几乎全部展现出来，因为土豆和蘑菇一起烧时能充分吸取后者的鲜美汤汁。林地上的野味很多，鸡油菌就是一种，前提是你能找得到。烧这道菜要把握一点：鸡油菌和土豆的比例为 1 ∶ 2。我先将切碎的洋葱或红葱放到橄榄油里慢慢翻炒至发软，然后放入切成小片的土豆，加调料炒到微微变色，再放入鸡油菌（如果鸡油菌较大，就稍微改刀切成大块），并盖上锅盖。这时我改用小火，让蘑菇慢慢渗出汁浸透土豆，天气潮湿的日子里渗出的汁尤其多。待土豆浸透汁后，我再打开锅盖略略收汁。我个人不喜欢土豆煮得太干，所以煮 8 分钟左右，汤汁浓一点儿就关火了。端上桌时就着上好的火腿薄片，就是最好的晚餐了！还等什么呢，赶快试一下！

注释：

[1] 希瑟（Circe），在古希腊文学作品中，她善于用药，并经常以此使她的敌人以及反对她的人变成怪物。

[2] 尤利西斯（Ulysses），希腊神话传说中的人物。这里的故事发生在特洛伊战争中尤利西斯取胜后返航途中。

[3] 巴黎（Paris）和希腊神话中的英雄帕里斯（Paris）同名。帕里斯因为和海伦私奔，引发了特洛伊战争。

[4] 普楼兰（ploughland），可耕地面积的英制计量单位，1 普楼兰等于 120 英亩，相当于 0.48 平方千米。

[5] 弗隆（furlong），英制长度单位，1 弗隆等于 220 码（约 201.2 米）。

[6] 《鲁特维尔诗篇》（*The Luttrell Psalter*），林肯郡的一个庄园主杰弗里·鲁特维尔（Geoffrey Luttrell，1276—1345）出资雇人将《圣经·旧约》中的《诗篇》完全用手抄录下来，并请人做了插图，抄写者和插图作者的名字现已无人知晓。这本书里的插图记录了世俗生活的大量场景，包括养鸡、游戏、男人间的打斗等。

[7] 托马斯·霍布斯（Thomas Hobbes，1588—1679），英国政治家、哲学家。下面那段话引自他的著作《利维坦》（*Leviathan*，1651）。

[8] 用原木盖房子之前要用火将其表面烧黑并刮平，再刷上桐油，这样

可以防火（木质碳化后可以防止火往下烧）、防腐（火烧面可抗氧化）、防虫（被烧过后没有有机物）。据说这个工艺本为日本人发明，但被欧洲人改良了。

[9] 《橡树之心》（*Heart of Oak*），在英文里用来比喻勇敢坚强的人，也用来为英国皇家海军的舰船命名。下文的歌曲也被英国、加拿大、新西兰等国海军用作检阅进行曲。原歌词写于 1759 年，1809 年由莱兰斯牧师重新填词。

[10] 杰弗雷·乔叟（Geoffrey Chaucer，1343—1400），英国小说家、诗人，主要作品有小说集《坎特伯雷故事集》（*The Canterbury Tales*）。《骑士的故事》（*The Knight's Tale*）就出自该书。

[11] 虫瘿，指昆虫在植物体上产卵寄生引起的异常发育部分。

[12] 英国橡树的拉丁学名为 *Quercus robur*，这类树的特点之一是果实为包含一粒种子的坚果，多少为鳞片状的木质总苞（即壳斗）所包围。

[13] 帕图斯酒庄（Chateau Petrus），位于法国波尔多的波美侯产区，是该产区最知名的酒庄。

[14] 迪克·范 - 莱特（Dick Vane-Wright），现为英国肯特大学教授，世界著名的斑蝶研究学者。

[15] 大蚊（crane fly），属双翅目大蚊科，已知有 1 万多种，看起来像巨型蚊子，实际上与吸血的蚊子是远亲，被称为世界上最大的苍蝇。

[16] 甘道夫（Gandalf），是英国作家约翰·罗纳德·鲁埃尔·托尔金（John Ronald Reuel Tolkien，1892—1973）创作的小说《霍比特人》（*The Hobbit*）和《魔戒》（*The Lord of the Rings*）中的人物。因曾经有人错误地认为他是精灵，所以赐予他甘道夫（意为“魔杖之精灵”）的称呼。

[17] 有时需要将采集到的昆虫及时放入毒瓶内致死，否则其附肢易因挣扎或互相攻击而损坏。毒瓶下面一般用蘸有毒剂的脱脂棉铺好，上

盖一层有孔硬纸板或塑料板。

[18] 查尔斯·保罗·亚历山大（Charles Paul Alexander，1889—1981），美国昆虫学家，毕生研究大蚊。

[19] 约翰·詹姆斯·奥杜邦（John James Audubon，1785—1851），美国著名画家、博物学家，他绘制的鸟类图谱被称作“美国国宝”。他先后出版了《美洲鸟类》和《美洲的四足动物》两本画谱，其中《美洲鸟类》曾被誉为19世纪最伟大和最具影响力的著作。

第 7 章

10 月

壳斗

壳斗（山毛榉树果实外边的木质化组织）像雨点一样往下落，落到地上时接连不断地发出噼噼啪啪声，听上去比暴风雨还可怕，因为这会儿砸下来的个个都像金属小球一样。地上几乎铺满了壳斗，走上去脚下咔咔作响。低些的枝头上仍挂着壳斗，这些果实长成三角状，一个个像小杯子，把果肉密密实实地藏在里面。壳斗本身不大，挨着树枝的部分开了口将其分成 4 份，每份外面都有硬硬的被毛，打开后就能看到里面油亮亮的棕色了。树上的壳斗全掉光了，但落在地上后还会逗留多日，然后随着行人的脚步或以别的方式游走到四面八方。山毛榉树的壳斗是三角状，这样就能将 4 粒果实紧紧地挤在一起，等待成熟。今年山毛榉树的果实结得尤其多，灰松鼠当然最受益了，谁能阻止这帮小坏蛋呢！不过，林地里还有老鼠和好多鸟，它们也能吃个饱了。到了冬天，林鸽[1]准会花不少时间在林地上扒拉来扒拉去，因为它们那时早忘记 10 月里把那么多果实藏到哪里了。

并非每个壳斗里都有果实，有的只是个空壳，那油亮光滑的外壳骗了你，你上当了。但让人失望的概率并不高，大多情况下捡起形态饱满的壳斗，用指甲轻刮表面几下，就会看到浅棕色的小果仁了。三角状果仁的滋味也着实好得很，只是捡拾和划开果壳太费工夫，想吃上一小把得花一个小时呢。正跪在地上捡拾壳斗，突然一样东西吸引了我，那是一片落下的山毛榉树叶，上面有两个黄黄的毛球，看上去像一双微缩版的绒毛小靴子。我现在对虫瘿的辨识本领已经大增，一看就知道这又是一种新玩意儿。这应该是树叶被一种很小的蚊虫刺激后才形成的，而这种小蚊虫叫瘿蚊。辨识虫瘿远比辨识出导致其产生的虫子容易得多。对于惯犯来说，正是其独特的犯罪模式才让它们露了马脚。

奇尔特恩协会来了好多人，他们要对穿过蓝姆布里奇林地的公共步道来一番正儿八经的打扫修整。多年来，人们在山毛榉林里信步走来走去，就这样走出了一些小路。协会想让大家不再在林地里乱走，便着手修复老的步道。负责此事的斯蒂芬·福克斯办事直截了当、雷厉风行，当然有时未免显得有点儿独断专行，不过搁谁在这个位置上也只能这样，要不就办不成事。志愿者多半有点上了年纪，但个个身子骨硬朗，热衷户外活动，还极具幽默感。他们满心欢喜地来做这件大好事，还自带各种工具上阵，比如锄头、镐和锯，还有园林剪刀，应有尽有。“我们必须使点儿蛮力，才能把这活干好。”一位白发女士挥舞着手中的砍刀说道。志愿者中有退休医生，还有曾为 BBC 工作过的人士。为了确保工作能顺利进行，牛津郡议会治安委员会的官员也来了。挡住了步道的小树被砍去，荆棘蔓藤则被连根挖除。砍下的冬青树枝堆在步道两边，因为带刺的冬青叶不仅能清楚标明步道，也能成为栅栏阻止人们走到步道外面去。对“非正式步道”的处理则很干脆，索性放上木头围栏封住。有只知更鸟一直跟在这支清路队伍的后面蹦蹦跳跳，一心想看清场时能不能得到点什么实惠。这批人干起活来还真雷厉风行呀，很快就把整个格里姆大堤林地里里外外整理干净了。“我们才不想错过去酒吧的时间呢。”那位曾在 BBC 工作过的人如此做了说明。

可我还是担心有些固执的行人就是要按老习惯走到步道外面去，所以总得有人扮演“爱管闲事的人”角色，来强行告诉他们正确的走法。就拿沿着格里姆大堤的一条小路来说吧，这条小路的一部分正好穿过我们的林地，其实这一部分本就不是正经步道，只是多年来被人们硬生生地走出来的。当然，冬天潮湿，而这里地面比较干爽，这也是人们愿意走这里的原因之一。不过，正式步道离这条小路不过几米远，奇尔特恩协会还竖起了漂亮醒目的新路牌来提示。的确，那条正式步道的路面常常潮湿渗水，是个问题，所以没多久，执着的步行者就将所有的冬青树枝从步道边挪开了。这样一来，本用于拦住人们走小路的树枝反而成为拦在大堤大道上的障碍物了。杰姬和我又把树枝搬回到步道边，搬动树枝的拉锯战至今还没有消停。我们甚至从砍倒的大树上弄了些粗大的枝条来做成更结实的栅栏，亦为徒劳。不到一个星期，这些粗大的树枝也被神秘的步行者给挪开了。接下来的一个月里，我们找到粗大得多的树干，踉踉跄跄地拖来放在步道边，这次总算多少有点儿效果了。由于树干太重，搬动起来很吃力，那个神秘的闯入者只能挪动着变了个方向，这就等于在步道上开了个出口。我现在终于理解军备竞赛背后的心理成因了。我甚至想过要用大型机器搬运木头来拦在步道边，因为这么一来总没人移得动了吧。瞧，这场看不见对手的竞争都快把我逼得丧失理智了。

好在我终于恢复了理智。公共步道是英格兰乡村一大宝贵的特色人文景观。人们沿着前辈几百年来走过的路行走，实在不为过错，无可指摘，应当受到保护。在威尔士的一些地方，人们对自家的牛穿过步道视若平常，也会任由自家篱笆院墙外的阶梯倒塌而疏于修缮。当这些主人遭到批评，或对这样的行为采取禁止措施时，我本人也曾站在牛主人和篱笆墙主人一边，为他们发声。为了捍卫他们的这份权利，我自己还受过伤，伤疤都还在呢。我家林地不大，但纵横穿过的步道就有三条。我已注意到，由于这些步道上常有遛狗的人经过，鹿也因此不敢在林地中恣意乱窜，可见有人在林地上走来走去未见得不是好事。另外，由于山毛榉林年代悠久，蓝姆布里奇林地被划为 SSSI（Site of Special Scientic Interest，具有特殊科学价值的地点），这就意味着连我也不能在林地上任意为之。比方说，如果没有得到英国自然与林业委员会的批准，我就不能砍伐林地上的大树，任何人进入我家林地采摘蓝铃花也为非法之举。我还有责任保护珍稀动植物，像荷兰人的烟斗这一类兰花如果长在格里姆大堤林地上了，我就必须看管好。格里姆大堤林地本身就是一座丰碑，没有理由不让它再屹立 1000 年。

在林地步道上骑自行车的那些人真让我们抓狂。自行车道和步道本来就不同，但那些骑行的人似乎压根不记得这一点。更甚者，有一次一辆小型吉普车竟然也开上了步道，那声音简直把路面给碾碎了。我忍无可忍，上前对其斥责，那驾驶员还算识好歹，悻悻地掉头驶离。我在兹念兹的不过是希望那些慢跑者和骑行者不要只顾自己脚下的快乐，经过这里时也能放慢脚步留意看看，莫辜负了这一片大好景色。当然，我更希望人们能在此驻足，哪怕片刻也好，欣赏这里的自然景观，感受到这里的生物多样性，并且能像我一样为感受到这一切而由衷地快乐。如能见到那个心生执念一再搬走木头的人，没准儿我会拉住他，把这里这么丰富的动植物向他一一介绍呢。

格雷庄园的贵人和逸事

一直以来，我们林地和格雷庄园的交集就很紧密。就算罗德菲尔德·格雷这样的地方也不能完全把世界关在门外，否则它的猎场就找不到雇工来打理了。中世纪早期，人口剧增，贸易扩大，而且连续多年里气候良好。如果就这么发展下去，这块地产边的林地很可能会被砍伐殆尽，林地会被改成庄稼地。可是到了 14 世纪，情况发生了巨大变化。1315 年到 1317 年，连年夏季多雨，冬季寒冷，结果直接导致发生了历史上有名的大饥荒。粮食大减产，人们饥饿难耐，只得把来年的种子都吃了。大饥荒的后果是瘟疫流行，许多人就这样被饿死、病死。据统计，当时英格兰人口硬生生地减少了 20%，人吃人在那个年代居然成为很普遍的犯罪行为。那次全球范围气候恶化的罪魁祸首就是位于新西兰的塔拉维拉火山，由于该火山的喷发，大量火山灰和气体进入大气层，导致了极端天气。世界另一端发生的事竟使我家这块林地也受到牵连。在这些大灾难的年头里，树木几乎停止生长。凭借年轮，树龄专家可以了解过去年份的气象信息，而年轮也显示在那些年里树木的生长微乎其微，可以想见那个年代的民生该有多么艰难困苦。

大饥荒后接踵而至的是黑死病。1348 年和 1349 年，鼠疫横扫欧洲大地，穷人富人、平民贵族全都不能幸免。根据历史学家西蒙·汤利的统计，由于和伦敦来往频繁，亨利镇深受其害，约有三分之二的人丧生。在这之后，许多实业家又迁回镇上，抓住机会发展自家产业，亨利镇也得以重振。据亨利镇的档案记载，威廉·伍德霍尔于 1350 年来到这里，两年后成为镇治安官。1358 年他去世时，他家的生意已经覆盖整个英格兰东南部了。亨利镇一直是商业中心，到了 15 世纪更是成了周边商业重镇的中心。站在我们林地的狭隘角度来看，灾难年代算是结束了。这时人口压力已不复存在，人们也就不会动砍伐林地的念头了，于是林地得以继续提供木材，林地的历史也因此才没有中断，得以继续。不过，得补充说明一点：一直以来，这块小小的林地虽然位于牛津郡，却始终和外面那个大世界里发生的一切联系紧密。这些联系至今仍在，比如这里的生物圈就深受气候环境的影响。从这个观点来看，这块地方早就高度全球化了。

格雷家族的好几代人住在采邑主人大庄园里，虽然挺过了艰难岁月，但他们名下的这座庄园也衰落了，早年的威风和神气不再。庄园的土地严格按规定进行耕种，才使得这么多年还一直有进项，可是经过大灾荒和疾病接连打击后，对土地的投入也远不及从前了。加上法令更注重保护领主和商人的利益，农工佃户原本少得可怜的权益还要被褫夺，谁还愿意像以往那样在农事方面费心出力呢？从 1399 年到 1439 年不过 40 年，格雷庄园人丁凋零，老宅日渐败落。到 15 世纪末，采邑封地主人的封号经联姻落入洛弗尔家族，以至于后来几十年里都由洛弗尔家族做这个庄园的主人。格雷庄园的领主权可以追溯到诺曼征服时期，就在弗朗西斯·洛弗尔大人手中生生断送掉。1485

年，他决定支持理查德三世，便投身参加博斯沃思战役[2]，结果因此而获叛国罪，封地财产被悉数没收。1514 年 3 月 2 日，在泰晤士河畔的亨利镇宣布了国王亨利三世的命令，其内容摘要为："弗朗西斯·洛弗尔被判有罪，并根据议会于 1485 年 11 月 7 日在西敏寺通过的法案，其封地由贝德福德公爵贾斯珀接管，接管时间至其去世之日结束，也就是 1495 年 12 月 21 日为止。"1503 年，亨利三世将罗德菲尔德·格雷封地赐给他的宫廷侍卫官诺利斯（见第 1 章注释 15）。1514 年，亨利三世要求身为封地主人的诺利斯及妻子每年于仲夏日进贡给他一枝红玫瑰。在都铎王朝顶峰时期，格雷庄园一直笃守这个规定，从未疏忽。

诺利斯的儿子弗朗西斯爵士（约 1512—1596）和都铎王室的关系密切，一直夹缠不清。弗朗西斯是坚定的英国国教教徒，到天主教徒玛丽·都铎[3]坐上女王宝座后，他当然不受待见，便逃往法兰克福避风头，好在玛丽没在王位上待多久（她在位时间为 1553—1558 年）就去世了。弗朗西斯和玛丽·博林[4]的女儿凯瑟琳·凯利于 1541 年结婚，这位凯瑟琳的来头也不小，是伊丽莎白一世的大表姐，也是后者从小到大的闺蜜。在玛丽当政期间，弗朗西斯和凯瑟琳流亡他乡，当时还只是公主的伊丽莎白给他们写信，鼓励他们要"将逃亡视为朝圣之旅，好好珍惜品味，而不要视为被迫从祖国逃离"。玛丽·博林在自己的妹妹安妮与亨利八世结婚前曾做过后者的情妇，凯瑟琳就出生在这一时期，近代的研究也支持凯瑟琳就是亨利八世的私生女这一说法。菲利帕·格列高里[5]2001 年出版的小说《博林家的另一个女儿》就是以她的身世为素材，后来还被拍成了同名电影。无论亲生父母是何人或有何来头，凯瑟琳倒是很能生育[6]，弗朗西斯·诺利斯曾在一本拉丁文词典里记录了她第十四次分娩的详情，这本词典最近也被人发现了。罗德菲尔德·格雷教区的教堂里有座精美的大理石材质的诺利斯纪念碑，在那上面他们被众多儿女簇拥着。

伊丽莎白一世登基后，诺利斯一家受宠发达，凯瑟琳成为女王的首席女侍官。弗朗西斯则成为女王的首席顾问、枢密院大臣、宫廷副司库，并在1572年到1596年期间任皇家财政大臣。1568年，他还奉命去苏格兰看守关在博尔顿城堡的玛丽女王，可见伊丽莎白一世对他多么信任和器重。在牛津郡，他也干得风风火火。1560年他就成为该郡的治安长官，1564年成为牛津市市政管理高官。上述所有的官职都是肥差，油水丰厚。在诸多肖像画上，这位重任在身的大人物的表情都略显刻板，但自信满满。弗朗西斯对格雷庄园进行了改造，使其成为伊丽莎白时代的一个建筑标杆。他去除了很多中世纪遗留下的城堡风貌，将前面的大宅改建成三联排的三角墙，今日国民信托组织的客人到来时迎面就会看到。用格雷庄园土地上挖的泥制成红砖，然后用这种砖将大宅往西翼方向进行扩建。为了能从白垩岩下汲取饮用水供应给庄园，还挖了一口井。主人官运亨通发达，好不得意，这时的格雷庄园里里外外都显摆出为皇家重用宠幸的威风。当然位于领地边缘的林地自然也平安无事，自在地享受着好光景。

儿大不由娘，弗朗西斯的长子亨利简直生下来就是要坑爹坑妈的人。1575年，这位亨利驾着自己的船“大象号”成为皇家海盗[7]，3年后还想带上弟弟小弗朗西斯跟着弗朗西斯·吉尔伯特爵士前去开发美洲殖民地，不料哥俩刚出发就被一群臭名昭著的真海盗抓住并洗劫得干干净净，结果爵士自顾自先去了美洲，把这哥俩撇下。1581年，尽管伊丽莎白女王明令禁止，亨利·诺利斯还是帮助葡萄牙流亡政府攻击了葡萄牙舰队[8]。这个爱惹是生非的儿子后来在荷兰潦倒死去。诺利斯的长女莱特斯于1543年11月8日在格雷庄园出生，17岁时嫁给瓦尔特·德福鲁，也就是赫尔福德的第二任子爵（后来为埃塞克斯伯爵），和他生养了5个子女。1576年，子爵因感染痢疾在都柏林去世。在那之前，他已在都柏林生活了3年。莱特斯容貌姣好，与莱斯特子爵罗伯特·达德利有染，这位子爵碰巧又是伊丽莎白的宠臣。1578年9月21日，莱特斯和罗伯特在埃塞克斯的旺斯特德私下结婚，这下可打翻了女王的醋坛子，惹得女王勃然大怒。此后的20年里，女王不许她迈入宫中一步，还恨恨地称她为“母狼”，举国上下无人不晓。

这些都不能奈何得了格雷庄园的这位任性的女儿。不知她怎么投的胎，反正她的命硬，结婚三次，而三任丈夫都先她去了另一个世界，她活到90多岁才离世，在都铎时代绝对算是人瑞了。她热衷于打猎，这也是众所周知的。想必自孩提时代起，这女子就经常在自家林地中追逐猎物，我们的林地就此也和她有了关联。我很愿意想象她在我家这片林地上猎寻鹿群，很可能正因为这样，她才练就了避祸消灾的本领，后来因此受用多多。她的弟弟威廉经常和她一起打猎，而威廉又很受父亲的青睐，16世纪末成为这个庄园的掌门人。这个威廉之所以有名是因为最终一事无成，人们公认莎士比亚的《第十二夜》(又名《皆大欢喜》)中的那个马伏里奥[9]就是以他为原型塑造的。经他授意，教区教堂建了座纪念碑，上面有他和他妻子的塑像。他那样子像是跪在一张桌子前，不知为什么，看到那尊塑像总会让心生恻隐，有所触动。

泰晤士河畔的亨利镇这时发展迅速，可谓欣欣向荣。1568年到

1573 年间，从这里码头运出的粮食有三分之一去了伦敦，其中大多为用来做面包的小麦。可是当地的生意人发现，如果用大麦做麦芽，附加值会更高，很快麦芽就成了亨利镇的主要贸易商品。从撒克逊时代起，奇尔特恩大丘的风光就有林地与良田交错的特色，这一来又焕发了新的生机。随着伦敦城市的发展，对燃料的需求也不断加大。到 16 世纪中期，木头的价钱已经涨了 70%。1559 年，伦敦市长和市议员获准，将绝不少于 6000 船的木头运入亨利镇和韦布里奇镇储存起来。那时的山毛榉树是非常受欢迎的燃料，奇尔特恩大丘上的每棵树也都得到了充分利用。很多林地中的树都是在生长 10 年到 15 年后才进行砍伐的，然后按当时林地的标准做法，将其或砍成一块块的劈柴，或做小捆引火柴。每块劈柴都约 1 米长，25 厘米粗，非常适合放到当时的炉膛里烧。顺便说一声，那个年代里，人们如果想吐痰就得往炉膛里吐，这样做才合乎礼仪。引火柴每捆约 1 米长，0.6 米粗，现在看来也不算小了。

到了 1543 年，人们开始为木柴是否还能得以持续供应而焦虑，这一来就促成了《林地规约》的出台，这也是第一部保护环境和资源的法规。根据该法规，任何林地砍伐时，必须留下树苗以利于林地恢复再生；如果毁林造田，则将被处以罚款。山毛榉树要比橡树生长得迅速，所以燃料林获利更多，这势必促使林地管理方面做出相应调整，也能解释为什么现在奇尔特恩林地中的树会以山毛榉树为主。在从斯托纳庄园延伸出的阿森登谷地里或者在内托贝的山顶上，载满木头的大车陆陆续续行进在凸凹不平的车辙上，直到驶上平坦笔直的一里好路，赶车人才能松口气。从一里好路再进发到亨利镇的码头，等着把货卸下装船。橡树属于长期种植的树，只能用来造船。除此以外，只怕在都铎时期，地上所有的树都等不到长大，和我们今天看到的山毛榉树相比，那时的树都只能算小树。蓝姆布里奇林地是否也如此，我还不知道，但既然离通往亨利镇的大路这么近，想必当年的情形也差不多。我们这个地区最早的地图是由克里斯托弗·塞科思顿于 1570 年绘制的，从那幅地图上可以看出，当年的土地规划得非常好，大庄园住宅周边的树木没有被砍伐的迹象。我们林地的历史这时很可能刚刚迈入新的篇章。

很快，伦敦失去了对亨利镇及其周边资源的垄断权。都铎时代，牛津郡一改中世纪的麻木迟钝，开始清醒振作。刚进入 16 世纪，这里的大学就增设了 6 所学院，其中最大的就是圣约翰学院。很多学院都在奇尔特恩大丘地区拥有自己的土地，包括林地。如果怀疑学院的学者是否有权享用自然资源带来的利益，就请查看那些行文措辞滴水不漏的文字记载吧，那可是无法推翻的证据。今日一些地名还能证实当年该处曾属于某所学院的地产，比如亨利镇地图上就有“学院林地”“女王学院林地”等标注，这不正说明它们与大学有过附属关系吗？就连河边那个最大的障碍物（就是那个让泰晤士河改变流向的南部大回环）也挡不住日益繁忙的水路交通了。尽管进入该城的最后那段河流仍不通航，但至少有些商船已经能从亨利镇驶到上游，甚至远抵牛津南部的卡勒姆。例如，有一位在 1573 年或 1574 年去世的商人叫托马斯·韦斯特，从他身后留下的一份货物清单上可以看出当时人们已经开始绕路上行了。曾经抓住商机蓬勃发展的亨利镇一度成为商业重镇，但终于失去商业中心的地位。诺利斯家族的外交和海上冒险为成就伊丽莎白一世征服世界的野心做出了贡献，因此也将格雷庄园推进到这一段辉煌历史中；同样，奇尔特恩乡村也伴随着亨利镇的兴旺而向外面那个更大的世界靠拢，并最终成为其中的一部分。火山爆发曾使得整个世界共同承受一样的命运，但现在又是另一回事了。

蘑菇

林地里有东西呈爆发式生长，一下子就长满了整个林地。所有的树桩上都长出了鹿角菌，有些地方看上去简直就像从地中突然冒出来一些乱糟糟的白胡须。仔细看就会发现这些白胡须更像什么东西的小触角，只不过触角末端是些浅灰色的孢子而已。10 月，对喜欢采蘑菇的人来说真是个黄金月份，雨水充沛，而雨后又放晴，阳光适宜，太适合蘑菇生长了。现在蘑菇在林地里到处冒出来，从腐烂的叶子下钻出来，从死了的树上窜出来，尤其是那些松木堆上几乎爬满了蘑菇菌子。我该从哪里开始采呢？这里有各种各样的蘑菇，有的矮墩墩很壮实，有的纤细苗条，有的优雅独处，有的抱团相偎。被细长菌柄撑起的一个个菌盖就像一把把设计精美的遮阳伞。这里就有一些通红的菌盖，别说，还真像掉在地上的红宝石呢。林地中光线幽暗，蘑菇可能执意要用这样鲜艳的颜色来表示对抗吧。蘑菇军团太庞大了，数也数不清，微风吹过，孢子也乘风而去，军团势力又得以扩张。

我们这个山毛榉林地上有一种蘑菇，在整个奇尔特恩都算得上独特，那就是杏黄小菇。它们 8 个一排长在一根倒下的树干上。我掰开一棵杏黄小菇的菌梗，橘黄色的黏液便流了出来，把我的手指都染成胡萝卜色了。吸引我注意力的蘑菇品种太多了，林地上有很多种花，可是从林地落叶中长出的蘑菇品种更多，只怕是花的品种的 10 倍还不止。很多蘑菇都是寻常的那种伞状菇，也有些长得就像一团团浅褐色的珊瑚。这是枝瑚菌，它们硬生生地把一截木桩装点得像个珊瑚礁。白色的网纹马勃菌长在地上，像晚会上那些吹足气了的小气球，不过这些小气球是从腐殖质里长出来的。一棵山毛榉树的枝头上挂了一串精巧的小钩架，还是毛茸茸的呢，就像小猫咪的耳朵一样。有截死了的荆棘枝上也缀满了白色的小蘑菇，那些菌盖一个个只比我的指甲盖大一丁点儿，它们的学名是枝生微皮伞。树枝原本不起眼，一旦身上出现了这些真菌，顿时姿色大增，摇曳动人，如同大师亲手制的迈森瓷器[10]一样精美可爱。

调色盘上有的颜色，这里的蘑菇都有，唯独蓝色除外，不过我在林地外面还真见过天蓝色的蘑菇。有的蘑菇就像动画片里的吸血鬼那样惨白，有的则红得像被狠狠扇过的脸蛋，还有的黄灿灿的，犹如蛋黄，可是还有一些偏偏色彩黯淡，如同凝结的奶油。这里甚至还有一种绿色蘑菇，俗称绿盖子，学名为变绿红菇。虽说是绿色的，却和光合作用产生的叶绿素没有半点儿关系，这种绿色完全由纯天然染料所致，我斗胆推测是什么开花植物的液汁作用的结果吧。说到棕色蘑菇，这里就太多了，有各种棕色，由浅到深，从淡茶色到黑棕色，只要你想得到就都能看到。这些各种棕色的小不点儿从落叶堆里刚刚冒出点儿头来，羞羞答答，像害怕被人发现一样。蘑菇生意人把这类蘑菇叫作 LBM（就是 little brown mushrooms 的缩写），并且对其的评价很高。很多采蘑菇的人对它们不屑一顾，但我又不傻，当然不会放过它们。这里还有黑色蘑菇，如多形炭角菌[11]，它的英文俗名是“死人的手指”，因为黑色可是死神的颜色呀。不过这些多形炭角菌并没生病，也没什么异常，它们和其他颜色的蘑菇一样生机勃勃，享受生命。在秋日阳光的照耀下，有的菌盖闪闪发亮，那是因为其质地光滑，而另一些的光泽有些奇特，那是因为上面覆盖了厚厚的一层稀泥。有些单片的叶子下长出了小小的毒蕈，就像一排大头针那样立着。10月的林地里各种蘑菇都成熟了，急切着要将孢子传遍四方，于是它们争奇斗艳，染得林地色彩缤纷。对于喜欢采蘑菇的人来说，这里简直就是天堂，虽然这样的好日子不长久，很快就要结束。

如果蘑菇能用自己的颜色说话该多好！对于喜欢食用蘑菇的人来说，但凡看到红色蘑菇就一定要小心了，因为一般来说，红色蘑菇有毒。话是这么说，不过别的颜色也不绝对安全，千万别被颜色蒙蔽了。有几十种蘑菇的菌盖都是白色，看上去很像人工种植的蘑菇，实际上其中的一部分就有剧毒。在所有蘑菇中，毒性最大的是一种帽状蘑菇，俗名为死亡帽（又称毒鹅膏菌），在这一带很常见，连我们的林地上都出现过。这种毒菌有种特殊的黄绿色，因为知道带这种颜色的蘑菇能毒死人，我觉得这种颜色邪恶得很。绿色的蘑菇我也吃过，还觉得味道无比鲜美。所以，吃蘑菇得先学会辨识，而要辨识就必须学会仔细观察。

热心采蘑菇的人很快就学会了这一点：要把菌盖翻过来看才对。大多蘑菇的菌盖下都有一道道的菌褶，但也有一些是海绵体——由很多细小的管子组成，牛肝菌就是这样。林地里有好几种蘑菇的菌盖下面都是海绵体，其中一种还有个特点：被人轻轻一碰，那些小管子一下子就变成了蓝绿色。如果要对蘑菇进行分类，那么菌盖下这些菌褶的颜色比菌盖的形态更值得观察。对于不同的蘑菇，菌褶的颜色会有所不同，或白，或粉红，或为深浅不同的褐色，有的品种的菌褶甚至会变色。由于孢子是由菌褶产生的，所以菌褶的颜色往往也决定了孢子的颜色。当然，例外也是常有的。有经验的采蘑菇人总会留心菌褶是如何挨着菌柄生长的，有的品种的菌褶会和菌柄分离，有的则挨着菌柄，有的会在菌盖下一直贴着菌柄生长，更有甚者会一直延伸到地面上把菌柄都包住，以至于整个蘑菇看起来就像个小漏斗。更离奇的是，有的还会将刚冒头的小蘑菇遮盖住，像为其戴上一层面纱一样。蘑菇继续生长，菌盖向四周伸展开，这层薄膜也就跟着伸展，最后撑破了，或在菌盖底部形成一个口袋，或一下子裂成很多鳞状碎片，溅到菌盖上。有种叫毒蝇伞的红色蘑菇的菌盖上有些白点，其实它们还真不是从菌盖上长出来的，而是这样的薄膜破碎后溅上去的，用手指轻轻摸一下就能拭去。更多的蘑菇刚长出的菌盖边缘还长有一种覆盖物，一直连到菌柄上。随着菌盖伸展，这种薄膜会被撑破，然后垂在那里像一个圆环挂在菌柄上，或干脆绕在菌柄上像个脚环。

到现在为止，好奇而乐于探索的采蘑菇人都还只用了一种感觉，即视觉。但识别鉴定蘑菇需用到几乎所有的感觉，唯有听觉除外。不过，如果要说大实话，我得承认有些蘑菇还真能对我说话。触觉很重要，但难以描述。有些蘑菇的菌盖表面摸上去就像婴儿的小手那样娇嫩，或者像天鹅绒那样柔软光滑。人的指尖非常敏感，犹如显微镜可以观察到菌盖细胞的组织那样，指尖可以感觉到细胞的质感。通过味觉来识别则有时会有致命的危险，因为不少蘑菇看似普通，实则有毒。所以，若硬要试味，不妨用这个法子：先切下一点点，在舌尖上放一下，能感受到其味道了就吐出来。在林地里发现的乳菇有近 10 种，这种肉质的蘑菇断裂后会释放一种牛奶状的液体。把这种液体放进嘴里，有的品种味淡如水，有的带种特别的辛辣味道，为数极少的品种甚至有大蒜、咖喱的味道。生长在榛树下的灰褐乳菇就属于最后说到的那种，我们林地里也有，其拉丁学名的意思就是着了火的牛奶，这意思你懂的。

必须坦白，我有时也会失控出格。带着大家在附近一带采蘑菇，这些人里总会有那么一两个让人头疼。这种人总自以为是，说话冒失唐突，有一个小个头男人尤其如此。每次我们发现一种蘑菇时，因为对其孢子、菌根、品种罕见度和适应演变性等非常感兴趣，我就会立即开始从这几方面进行仔细观察，而他总会大大咧咧地冲过来问："这个能吃吗？"碰巧我手上的蘑菇只有雏菊花那么一丁点儿大，想吃也得攒够十来棵才能塞满牙缝呀。他明明看见了还要问，听了好恼火。"我正好想找人来试试味道。"我对他说道，当时我手里恰好有一棵灰褐乳菇。"能吃吗？"这位让人心烦的先生又问道。"我不能吃，可是你能。"我回答道。将一小片这种蘑菇放到他的舌尖上后，总算让他在接下来的一个小时里不再聒噪了。

最难以运用得恰到好处的感觉是嗅觉。蘑菇大多有一种特别的气味，虽然几乎无人能说得出道得明。只有个别品种的气味很容易让大家达成共识，比如我们林地上的淡黄花口蘑。人人都认为那是一种沥青的气味，就像加热沥青时冒出的烟味一样。洁小菇的气味像小萝卜，大多数人经暗示后都闻得出来。还有一种类似切开的土豆的气味，那就是橙黄鹅膏菌发出的招牌性气味。说起来，蘑菇的气味有很多种，比如梨的气味、铅笔刀的气味、绘图墨水的气味等，而最让人讨厌的就是一种叫湿鸡毛的蘑菇发出的气味，瞧这名字就知道了。我不明白当初人们是怎么做出这个联想的，什么样的人才会整天拎着湿鸡毛到处转悠啊？

现在，在这块不大的林地上我已经鉴别出 300 多种蘑菇了。这份名录足以证明：这块林地即使算不上多种动物或多种植物的天堂，在某种程度上也算是精彩纷呈的小小蘑菇王国了。每一种蘑菇的名称都能使人认识到一个品种的独特性，从这点来说，名录比电话簿有趣多了，何况这些蘑菇还有各自独特的身世来历呢。前面几章里提到过的白鬼笔菌、松露、鸡油菌以及硫色多孔菌都收入在这个名录里了。在这300多种蘑菇上，我可真下了大功夫：花时间采集，花时间品尝，花时间细细闻味道，花时间在我家实验室的显微镜下研究孢子和菌褶。费这么多事，就是为了能正确鉴别。如果要我将它们的来历一一叙述清楚，估计这本书的篇幅全用来也不够。好在可以根据这些蘑菇的生存方式来分类，这下这个名录也可被看作一本工具书了。

很多蘑菇能对植物的各个部分进行分解，木质也好，梗叶也罢，它们都能把这些部分的纤维质破坏掉后当作营养成分，这就是腐生菌的特点。没有这些家伙，林地上就会很快堆满树枝树叶，林地土壤也得不到营养，人们更是无法在堵塞得密密实实的林地里穿行。10月里，从落叶中长出的很多蘑菇就是这种腐生菌的业绩，如金线菇、大杯蕈。这些蘑菇都抱团成簇生长，就像一个个小精灵围坐在一起。枝瑚菌则从埋在地下的木头上长出来。而荧光小菇则从倒在地上或坠落到地上的树干树枝间长出20多个不同品种，个个纤弱秀美、仪态万千，个头特小的甚至就被托在一片树叶上。

对研究蘑菇的人来说，蘑菇个头的大小并不重要，细如大头针的和大如汤盘的都一样引人入胜，耐人寻味。夏日暴风雨后，最先在小路边露出身影的是一些很不起眼的小蘑菇品种，若不留意，就会将其视为褐色的野草呢。这些蘑菇瞬间冒出来后又瞬间消身隐匿。在枯死的树桩和枝丫上长出的弧形真菌变色云芝[12]为数最多，但这种菌产生孢子的器官不是菌褶，而是菌盖底部的微细小孔。这种拉丁学名为 *Trametes versicolor* 的真菌有个非常贴切的英文俗名叫 turkey tail，意思是“火鸡之尾”，因为其菌盖如扇形，非常像火鸡绚烂的尾巴。还有种很小的腐生物专靠山毛榉树的壳斗提供营养，这是种丝状果生菌，夹杂其间的还有一簇簇白色的蜡质子囊菌，一个个长得像小圆片似的。另有一些小型蘑菇品种专挑草梗或伏在地上的荆棘叶子为栖息地。在林地上，什么样的腐烂东西都有，这可正是蘑菇理想的生长环境。难怪数以亿计的孢子在这里生长、飘散。不过，它们中只有极少数能在正确的时间落到正确的地方，唯有这样的幸运儿才有望生成可以滋养自己进入下一个生命循环的菌丝，所以这种孢子飘散开来后就只能靠运气了。蘑菇似乎对自己的生态地位感知准确，既不随便僭越也不任性扩张，因此一块普普通通的林地也能容得下并养得起好多蘑菇，品种之多竟达到几百种。长根滑丝伞的生命力顽强，却千万不可食用，这种菌只长在老鼠洞边。

作者和夫人在格里姆大堤林地中采蘑菇。

林地里的蘑菇几乎都是和树共生的，菌根与树根长在一起，相互滋养，可谓相濡以沫。如果条件不够好，树根下就怎么也长不出蘑菇来，所以不是年年都能在大树下找到蘑菇的。颜色最鲜艳也因此最显眼的蘑菇当属红菇，林地里这类蘑菇的品种有十来个，每一种都色彩艳丽，如梦如幻，有白色、黄色、绿色、紫色、粉色和红色，有的还是好几种颜色混在一起的呢。有一个红菇品种叫黑红菇，这个品种太神奇了，其颜色会在几个星期里发生变化，从最初的白色直到最后变成炭黑色，没经验的采蘑菇人会因此感到困惑甚至惊惶。所有的红菇都有种特别的质感，菌柄折断时会发出非常刺耳的响声，就是老式粉笔被折断时的那种声音。这种蘑菇的菌体特殊，别的蘑菇的菌体细胞都是线形的，而它是微球形的。乳菇虽也颜色多样，但都不是很跳眼的那种，林地里最常见的乳菇品种是长着黏糊糊的菌盖的粘乳菇，带着绿色，喜欢在山毛榉树下生长，难怪英文名字叫 beech milkcap，意思是山毛榉树下的乳菇。乳菇品种常有各自的偏好，有的喜欢挨着橡树生长，有的则偏爱榛树。别说，都还蛮挑剔的，个个不肯委屈将就。对毒蝇蕈（即鹅膏菌）来说，我们的林地不够好。这个种群包括人们很熟悉的那种红菌盖上有白点的毒蝇伞，在童话故事里，那些小仙子就在这种蘑菇下不停地活蹦乱跳。不过，有一次我在林地上发现了这种毒蕈。隐花青鹅膏菌和赭盖鹅膏菌在这片林地上随处可见，而被认为是稀有品种的灰质鹅膏菌也常常在这里露面。上述种种在数量上都比不过蒙着蛛网般薄膜的丝膜菌，这类蘑菇的菌柄非常粗壮，我们的林地中就有好几种，不过对它们的鉴别很困难也是众所周知的事实。

我也不能免俗，难免会偏心，总想挑出几样最珍奇的蘑菇来炫耀。发现很嫩的牛肝菌是最让人开心的事，它们刚露出来就会被蛞蝓啃掉，所以能发现一株完完整整的牛肝菌还真就等于中了个大奖，让人喜出望外。牛肝菌靠近基底的菌柄膨大肥厚，看上去像个大杵，难怪也叫大脚菇；掰开看，里面的白色肉质很松软，拿在手里稳稳当当的。牛肝菌的菌盖为半球形，至少大多如此，披着犹如刚从烤炉里出来一样的赤褐色，边缘还有若隐若现的白色细丝。菌孔（说的不是菌褶哟）为白色，有的采下后也会变成黄白色，但无论放在手里怎么搓揉都不会变色。一株完整的牛肝菌会让你觉得很瓷实，不像自然长出来的，倒像陶艺大师手下的一个作品。我仔细查看菌体，看会不会有蛆生成，因为食菌蝇和我们一样对这样的美味也喜爱有加。这些牛肝菌总聚在一起生长，一旦在某处发现了一株牛肝菌，就能马上在周边发现很多。有的可能已经老了，外表也不那么好看，肉质也不再那么鲜嫩多汁，但还能吃，千万别丢了。早点儿长出来的牛肝菌已经将孢子散播出去了，所以完全可以心安理得地把它们放进篮子里。我看到意大利的农夫曾持枪荷弹蹲守在他们的牛肝菌养殖场旁，每年那个国家都会有人因为蘑菇而送命，不过不是被枪击中，而是因为对蘑菇的喜爱太执着，为了采到山边又嫩又好的牛肝菌，不惜冒险，结果失足摔下山送了命。

老了的牛肝菌风干后可保存一年甚至更长的时间。吃的时候只要先加些热水，一下就泡发了。泡过的水也别泼了，还能用来做汤汁。往日，据说俄国人一到严冬就个个面色阴郁凝重，如果往他们的怀里塞上一个装着干牛肝菌的瓶子，哪怕只是闻闻那种香气，也会让他们顿时面露微笑，如沐春风。的确，那种香气会令你身心愉悦，立即联想到世界上一切美好的事物。储藏牛肝菌前，要先将老的菌管从菌盖下摘去，因为菌管容易受潮。用拇指那么轻轻一带就可以去掉了。菌柄下部最容易长虫子，也应该去除。究竟要去掉多少，则因人而异，主要取决于各人的神经质程度。如果仔细检查下你花大价钱买来的那包干牛肝菌，准会发现它们上面有些小洞，不知怎么来的吧？那就是蛆进去饱餐后留下的。这些不请自来的吃客在牛肝菌脱水的同时也会脱水，然后变成灰尘。我很讨厌这些东西，所以会在干燥前将牛肝菌切成几毫米厚的薄片（一株大点儿的牛肝菌可以切成好多片呢），然后摊放在报纸（海报也行，只要面积够大）上。我只消把摊放有牛肝菌切片的纸张放到加热器上面，打开加热器，热风从下往上吹，就能很好地进行干燥了。也可以用烘衣机进行干燥，不一会儿，摆在报纸上的那些牛肝菌就变成颜色暗暗的一小片一小片了。蘑菇含水量高，尤其在潮湿的日子里水分更多，一旦脱水后，缩得厉害。没几天，牛肝菌的水分脱尽，和脱水蔬菜水果完全一样。放进密封罐中之前，一定要确保这些菌片完全脱水了。器皿只要能密封就行，不用拘泥使用什么牌子的。如果脱水不完全，就容易发霉，整罐都会坏掉。我的做法是将完全干燥的菌片使劲塞进一个瓶里，装得满满的，尽量不留空隙。大约 12 株大个头的鲜牛肝菌干燥后能放进一个小瓶内。一个月后拿出一小把用水泡发，再普通不过的材料也能升华成人间美味。

真不明白为什么很多人都对蘑菇心怀畏惧，不敢放心食用，就因为它们“来历不明”吗？或许因为极少部分蘑菇有毒害得大家有点儿神经兮兮的吧？抑或因为这些蘑菇总和腐烂变质的东西长在一起，于是人们马上联想到不留神放在角落里多日的面包、长出灰绿色霉斑的苹果等一类让人不快的东西？可是，别忘了，没有这些蘑菇，很多植物都长不好；没有这样的腐生菌，各种木质和纤维就会充斥整个世界了；没有用霉菌制成的抗生素，无数人会因感染而死亡，就像当年诺利斯爵爷那样得了痢疾而不治身亡。不过，我在林地里也看到了一大片红棕色的墨汁鬼伞菌，湿漉漉的，大概被人无意间踩烂了。它们看上去很愤怒，像要寻仇家报复呢。在我的想象中，就算是它的愤怒报复也应该很唯美吧。

榆树的故事

林地上有一棵樱桃树生病了，树冠不像其他树的那样茂密，树叶也纷纷飘落，枝头留下一片空白。这棵树不远处，我还看到前些时从树上掉下来的一根粗枝。这根粗树枝的皮被撕开的地方露出一些黑色的粗线条，其粗细和鞋带或较细的电线差不多。我对这些黑线太熟悉了，这是蜜环菌的根状菌索[13]。这种菌索的出现意味着又有一棵树注定要死了。菌索从一棵树延伸到另一棵树，将死亡的阴影带给周边的树，那棵樱桃树就是它们的下一个受害者。一旦把树根都弄死了，蜜环菌就能在任何死树上快乐地生长，在秋日里一簇一簇密集着，一眼看去，那黄灿灿的颜色还真是应景呢。那棵生病的樱桃树必须被砍倒。蜜环菌就是这么一种温柔的杀手，它不分解腐朽的木头，而是专向活树发起进攻，杀死自己寄生的树。也许正因为这种恶毒的特性，它才让人觉得可怕，其实很多蘑菇都有这种特性。这种可怕的寄生特性发挥到极致就是寄生到别的蘑菇上。我在小路边就发现了一种很别致的小菇，它在一根树枝上把自己团成小毛球样，而它原本像尖尖帽子的小菌盖已被另一个毛球完全遮盖了。这个居于上方的毛球像非洲人的发型——伸出的菌丝硬硬的，这是伞霉菌，一种针状霉菌。

沿着小路继续前行，可以看到菌群造成的破坏越来越严重。有些死树的树干开始慢慢腐烂，只有那么一两棵还没倒下，其余的都横七歪八地倒在冬青树丛上，合着刚倒下来时碰巧就这么赖上冬青树丛了。导致这些光榆树死亡的罪魁祸首是另一种致病霉菌——荷兰榆树病霉菌。可不是因为荷兰人干了什么坏事才起了这个名称，而是因为1921年首先发现这种致病生物的人是荷兰科学家，所以如此命名以示向他们致敬。当时这种榆树病已经席卷整个欧洲了。这种霉菌通过一种很小的欧洲榆小蠹在树与树之间传播，而且它们专盯着老树，对小树则放过。这种霉菌的菌丝体堵塞住树木的输水系统，于是总是树冠先死，剩下的病树看上去就像架骷髅。《新森林志》的数据显示，自1967年后，英国已有2500万株树因此死亡，约翰·康斯泰波尔[14]画中的英国乡村风光已不再了。

其实，少了榆木，细木靠背椅就缺少制作椅座的原材料还不算多么严重，没有榆木做水车轮或大水桶也不那么要紧，令人痛心的是那些美景都一去不返了。目前，我尚未在蓝姆布里奇林地发现英格兰榆树，因为这个品种的榆树正如伊夫林在《森林志》里说的那样，喜欢长在灌木篱墙和杂树林中。好在我们林地里的榆树没有绝种，不单单林地中央洼地周边的那些小榆树活了下来，还有棵相当大的也活了下来。这些树都很会隐藏自己，一点儿也不张扬，就连我也是不久前才发现它们的。榆树的叶子为长卵披针形，边缘有许多小齿，基部还偏斜着，像两只小耳朵，为了保持平衡又各自朝一方略略斜着伸出去。我还注意到，榆树叶和林地里其他的树叶都不一样，不同株的榆树叶大小不同，而山毛榉树的叶子总是一样大。我身边这棵小榆树上的叶子就比大的那棵顶上落下的黄叶要小得多，差距相当于 1 ∶ 4 呢。光榆树似乎能根据得到的光线多少来自动调节光合作用。

面对荷兰榆树病霉菌的攻击，光榆树的抵抗力可比英格兰榆树要强得多。英格兰榆树几乎完全靠扦插繁殖，所以它们的后代和母本完全一样，全英国榆树的基因差异不大，以致抗病能力低下。而光榆树靠种子繁育，这样就有机会出现杂交，从而很自然地增加了基因的多样性，也对霉菌产生了先天得来的抵抗力。榆树的花很小，比粉色的雄蕊大不了多少，早春就蹲在枝头开放，那会儿榆树的新叶还没完全打开呢，所以这些花就像为榆树的枝条挂上了彩带一样，虽然没多久就谢了。稍后，纸质的翅果长满了小树枝，在叶片后面渐渐打开，每一个翅果里都有一粒小小的种子。当那些成年榆树受到荷兰榆树病霉菌侵袭而枯萎时，我们的林地上一定也发生了同样的惨剧。但新的榆树将从种子里长出，我诚心希望那棵劫后余生的大树能成功逃过霉菌的截杀，而那些小的榆树则是林地上第一批有强大基因的新生代。

对了，得提醒一声，死了的榆树仍能带来意想不到的礼物：一种奇特的粉色蘑菇，即网盖红褶伞。这些腐生物倒是无毒无害，简直可以当成从那些死了的大树树干上收获的战利品。大自然里，万事万物总有得也有失，可一些树只有遭这些腐生物侵害的份儿。就拿白蜡树来说，它们会受到白蜡枯梢病的威胁，这是由一种叫白膜盘菌的霉菌引起的，这种植物病害直到 2006 年才得到确认。我生怕林地遭此霉菌侵害荼毒，便对那里的白蜡树一一进行了细致观察，不过目前尚未发现此霉菌入侵的迹象。这种病害已在国外发生，令人担忧。难不成那些从外面进来的人穿着靴子践踏这些蘑菇的同时也把霉菌带了进来？可是总不能把这笔账算到蘑菇头上。

蜜蜂和蜘蛛

劳伦斯·比最近一次来到格里姆大堤林地，还是为了找他最喜欢的蜘蛛。身为一个昆虫学家，他一定早习惯听到人们拿他的姓氏来开玩笑了（Bee 在英文里是蜜蜂的意思）。与其边跑边挥动捕虫网，还不如敲打树枝，将住在树丛或灌木丛里的蜘蛛赶出来，这一来它们就会落入早就安放在那里的网状伞里，不过这把“伞”是倒放着的，口朝上。这个网里可看的东西多着呢，常常会有些果子从树上落进来，也算意外收获吧。蜘蛛是蛛形纲动物，和一般的昆虫不一样，它们就算能迅速逃走，却飞不了。在柴堆下和原木下都潜伏着各种蜘蛛，还有一些会跑到荆棘丛里织网。所有的蜘蛛都是猎食者，4 亿年来它们一直和虫子们玩着节肢动物版的猫抓老鼠游戏，就没有停下过，而它们捕猎的准确性也随着进化而不断得以提升。

这些悬挂在荆棘间的蜘蛛网简直堪称人工有意为之，一个个都那么整齐有序，好像是几何学家设计织成的。单独来看，又觉得每一个都是艺术家精心钩织而成的。坐在网下一动不动的是常见的母十字圆蛛，现在它的肚子圆鼓鼓的，里面装满了蛛卵。它的腹部有一个显著的白点，这正是这个品种的特点。这张网是它头天晚上织就的，在秋天的幽暗光线下，可以看到上面有细小的珠子，就是靠这些小珠子的黏性，才能捕捉住那些鲁莽的飞虫。可以看到，在丝网的一些角落有之前投网送死的虫子，其中很可能就有蜜蜂。开吃猎物之前，蜘蛛会先向猎物体内注射毒液，这不仅能杀死受害者，还能使其更易被消化。今年早些时候，我看到一只瘦小的雄蜘蛛轻松地弹拨着网线，向它中意的母蜘蛛示意安抚，这一场求爱真是跌宕起伏、触目惊心。雄蜘蛛将精液吸进触须，再将其全部射入雌蜘蛛体内，确保一定让那些卵子受精，而它自己很可能就被雌蜘蛛吃掉了。在节肢动物的行事规则里，没有仁慈二字，蛋白质一点儿也不能浪费。5 月里，有一些小蜘蛛从过冬后的卵袋里孵出来了，我用一个金色的小球逗弄这些小蜘蛛玩。它们都挂在这个小金球上，我一碰，它们就马上沿着一条看不见的线向四周逃离，就像一颗星星兀地一下子爆炸了那样。只有一两个小家伙很镇定，留了下来，渐渐长大，和我眼前的这只一样也变成圆鼓鼓的了。

诱捕的也罢，自愿入网的也好，在格里姆大堤林地上发现的蜘蛛品种超过 30 个。有几种床单织工蜘蛛，它们吐出白丝织成的网结实得可以当吊床，这种蜘蛛多见于草丛中或树上。它们不如圆蛛那样仪态大方，但抓起小虫子来一点儿也不逊色。露珠在它们身上凝结时，非常容易看到它们。在有阳光的日子里，它们反而销声匿迹。长脚蜘蛛能织出立体的网，粗看乱糟糟的，毫无逻辑可言，就像被漫不经心扔来扔去的棉花糖，但细看就会发现其实构造蛮复杂的，比蓟花的冠毛还精美。林地中还有一种大肚圆蛛，英国人称之为慈母蛛，它会一直守在自己的卵旁边，等幼蛛孵出来后，把自己抓到的猎物都喂给宝宝吃，直到最后又累又饿地死去，自己的尸体还能为宝宝提供一顿大餐。红斑寇蛛则会在蛛洞前设下陷阱，方法就是不断吐丝，这些丝并不怎么黏，但足以挑逗那些好奇的小虫子了。它们一旦伸出腿来就会被红斑寇蛛拖进洞里吃掉。囊蛛略花工夫便能为自己在卷起的树叶里或树干下织出个安逸的匿身之所，白天藏身其中，晚上才会冲出来扑杀送上门的猎物。囊蛛有 8 只眼，足以将一切尽收眼底，实在不需要织张网来黏住虫子当饭吃。林地上还有管巢蛛属的 3 个品种，它们也像囊蛛用这么个法子讨营生，不过每个品种选的栖息地有点儿不同，或在树上，或在地上。在冬青树叶里潜身的是一种个头小得罕见的蟹蛛，它们像守株待兔似的在这里出手擒拿猎物。这个科的家伙前部都是绿色，前腿也很长，腿脚伸出时就像一只只严阵以待的海滩螃蟹。它们很可能因为性急要抓小虫子，反而会落入四只眼的跳蛛的血口之中，后者的下颚可有劲儿呢，三下五除二就能将其干掉。跳蛛很有本事，真可以做到静若处子动若脱兔。这份杀手名单还不能漏掉海盗蛛，这种蜘蛛专门盯着圆蛛，是圆蛛杀手。在格里姆大堤林地这个江湖里混，如果个头不够大，那就只有被吃掉的份儿。

有一次，我像往常那样走在林地上，看到地上的烂树叶上躺着一个很奇怪的东西。原来是一片木头，很可能是山毛榉树的木头，但被吹了气，像个网球大小的猪尿泡。我以为是被什么虫子弄下来的果瘿，或者是什么感染导致的病变。不管怎么说，这会儿这东西的外皮很硬，里面是空心的，有几分像铁器时代的人收藏囤积的打火石。我捡起来才发现这个小球里藏了只蜘蛛。小球底部有个圆溜溜的小孔，被很细的蛛丝交错封住了。这是花边织娘蛛白天的藏身之处。这样一来，它就可以躲开敌方的攻击了，晚上再出来狩猎觅食。这样一个隐秘的掩体一定要捡回家作为藏品。再说了，我还从来没有看到过这么一个可以如影随形的掩体呢。

林地里一只球珠正在编织一张精致的网。

很多蜘蛛都会死在第一场霜冻里。10 月将要过完，秋意越来越浓。从一里好路那边往林地看过来，金黄色和褐红色交织成一片。樱桃树的叶子全红了，而英格兰枫树和光榆树的叶子还是浅黄色。一年里最好的光景结束了，英格兰橡树的叶子到了这时全变成深棕色。山毛榉树的叶子渐次由金黄色变成橙黄色，最后变成棕色。它们的颜色占了上风，在整个林地里唱主角。虽然没有什么大红的颜色，但整个奇尔特恩林地拥有的色彩仍丰富多彩，能为 1000 个巧克力盒子做装饰了。这般瑰丽的景色着实令人心动，虽然对艺术家来说只怕太直白了，难以激发出他们的激情，也无法就此画出杰作。康斯泰波尔、波罗 · 纳什[15]甚至大卫 · 霍克尼[16]这些人大概都不愿意将此入画。林地外秋色浓浓，林地内仍是一片绿色。树叶颜色的变化先从树冠顶部开始，下面的枝头尤其是靠近地面的那些树枝上的叶子还是嫩绿色，生意盎然。树冠被阳光晒成了金顶，这等灿烂又被反射到林地中久不见天日的地面上。轻轻咿呀一声，有几片树叶从树冠高处缓缓飘下。山毛榉树的壳斗和橡果还躺在地上，走在上面时会发出咔嚓声，令我想起 6 月初松鼠对我发起的袭击。现在这些落叶再也不会惊扰正在结网的蜘蛛了。

注释：

[1] 林鸽（wood pigeon），又叫斑尾木鸽或斑鸠，比一般鸽子的体形大，是英国林地和花园中常见的飞禽。

[2] 博斯沃思战役发生在 1485 年，是兰开斯特王朝和约克王朝之间的战争中最重要的一场战役，导致了约克王朝最后一任国王理查三世死亡。史学家称其是英国历史上重定乾坤的重要战役，因为此战意味着金雀花王朝的结束和都铎王朝的建立。

[3] 玛丽·都铎（Mary Tudor，1516—1558），都铎王朝的第四任君主，其父亲为亨利八世。玛丽一世是极其虔诚的天主教徒，即位后在英格兰复兴天主教，取代她父亲亨利八世提倡的英国国教。为此，她下令烧死约 300 名反对人士，于是玛丽一世也被称为“血腥玛丽”。

[4] 玛丽·博林（Mary Boleyn，1499—1543），一些历史学家宣称她是英格兰王后安妮·博林的妹妹，但是她的孩子以及安妮王后的女儿伊丽莎白一世相信玛丽是姐姐，今天多数历史学家亦持同样的看法。玛丽也是英格兰国王亨利八世的情妇之一，其女凯瑟琳·凯利（Catharin Carey，1524—1569）也是宫廷女官。

[5] 菲利帕·格列高里（Philippa Gregory，1954—），英国作家，善写以女性为主角的历史作品。

[6] 凯瑟琳和弗朗西斯共生育了 15 个孩子，其中一个夭折。

[7] “皇家海盗”亦称“绅士海盗”。16 世纪始，欧洲各国利益争夺和

对殖民地的野心让残忍的海盗行为非常容易合法化。当时，英国的私掠船可以随意攻击和抢劫西班牙的货船而不受惩罚。当时各国政府将“私掠许可证”作为国家工具来加强海军，可以使本国在不增加预算的情况下，凭空多出一支能攻击敌国商船的海上力量。这些有政府和国家在背后支持的海盗被称为“皇家海盗”。

[8] 1580年随着葡萄牙本土被西班牙征服，支持唐·安东尼奥的葡萄牙残余势力继续反抗西班牙国王腓力二世。1581年初，唐·安东尼奥流亡到巴黎，通过贿赂给太后一大批王室珠宝并许诺把巴西转让给法国，唐·安东尼奥获得了太后表侄、法国步兵上将斯特罗齐的加盟。葡萄牙流亡政府同时还积极与英国接触，但和法国一样，伊丽莎白女王不愿公开参战，只允许个人志愿参加。就这样，一支包含60艘战舰，以法国人为主，由尼德兰、英格兰和葡萄牙等多国志愿者组成的联合舰队集结起来，和葡萄牙舰队开战。

[9] 马伏里奥（Malvolio）是剧中的一个角色，他遵循着清教徒式的生活法则，但内心远不如外表表现出来的那般循规蹈矩，扭曲的性格使他成为了众人戏弄的对象，也成为了这部剧中无法遂逐自己心愿的可怜人。

[10] 欧洲第一名瓷迈森（Meissen）是欧洲最早成立的陶瓷厂，始建于1710年。迈森瓷以精美著称，至今仍坚持手工制作，价格高昂，被称为白色的黄金。

[11] 多形炭角菌生于林间倒腐木、树桩的树皮或裂缝间，中医将其药用。

[12] 它的中文名称又称杂色云芝或彩绒栓菌。

[13] 根状菌索是指由菌丝组织构成的丝状或带状结构，其外层是一种称为皮层的异型密丝组织，内里是纤维菌丝组织。构成菌索的各菌丝已失去各自原有的性质，而是全体作为一个统一单位，遇有不适宜的环境时立即停止生长，但切除后仍可重新生长。

[14] 约翰·康斯泰波尔（John Constable，1776—1837），19世纪英国最伟大的风景画家。

[15] 保罗·纳什（Paul Nashi，1889—1946），英国超现实主义画家，也是英国20世纪上半叶现代艺术发展过程中最重要的风景画家之一。

[16] 大卫·霍克尼（David Hockney，1937—），英国画家兼摄影家。

第8章

11月

幸运的野鸡

风霜交逼，山毛榉树的叶子已经基本落光了，只有小点儿的树上还吊着几片，似乎还要和冬天较个劲。林地的地面上一片金黄，脱尽树叶的大树直直地杵在那里，别有一种威严悲壮。自上个星期起，林地的亮度就有了堪称戏剧性的变化，一下子变得敞快亮堂了，今天则显得更加敞亮，甚至令人觉得空廓清冷。我这才意识到已经许久没能在林地中看到天空了。在此之前，树冠太稠密，黑压压地罩在林地上，把林地生生变成了一个与世隔绝的地方。现在，林地又向周围的乡村敞开怀抱了。朝南看去，远处奇尔特恩大丘平缓起伏，那里还有很多林地，想来也应都有着各自的故事，还有肥沃的农田混在其中，已经种下了冬小麦，这样的间作自撒克逊时代就开始了。所有山毛榉树的树干都是亮闪闪的，像刚被打磨过一样。一架从白沃尔瑟姆机场起飞的双翼飞机从我的头顶上掠过，朝北飞去，弗利庄园正在那个方向。不知为何，总觉得涡轮发动机的声音好像在哀怨呻吟，听着让人莫名地泄气沮丧，其他机器的声音都没这么凄凉。

两只红鸢在上空盘旋，在晴朗澄明的天空的辉映下，分叉的尾巴轮廓清晰分明。“喂－喂－喔，喂－喂－喔”，你呼我应的尖利啸声非常急切。它们在这里不停地盘旋就是为了寻找腐肉，而林地的热气流上升又正好能将它们托起，支持它们飞得更久。19 世纪，红鸢在奇尔特恩曾经绝迹，后来通过精心安排才得以成功引进，它们再次在这里现身已是 25 年前的事了。还记得当年我第一次看到红鸢时好不激动，当时只觉得这种猛禽简直大得不可思议，不愧是珍稀禽类。我那会儿还以为它们是从高加索或更远的地方飞来的呢，现在奇尔特恩到处可见这种大鸟。红鸢不喜欢林地，它们的王国是开阔的天空，在林地上常常能听到它们的啸声，却看不到它们矫健的身影。

还有两只秃鹰也以蓝姆布里奇林地为家，这种猛禽也曾在这一带绝迹，但自打红鸢回来后，它们就跟着回来了。秃鹰也是非常健硕的大型禽类，但行动敏捷。哪怕下面的草木再茂密，它们从林地上空俯冲下来，也从不会失手。我亲眼看到一只秃鹰站在一截断枝上一动不动，目光犀利，俯视着林地地面。一只老鼠蹑手蹑脚跑过来，瞬间就被它攫住当了点心。在林地上，能与秃鹰争夺猎物的只有灰林鸮。不过，我虽听过灰林鸮那让人头皮发麻的呜呜叫声，却从未见过其真容。既然灰林鸮为夜禽，想必也不至于和秃鹰有多少交集，可我还是掌握了这种家伙到格里姆大堤林地偷偷摸摸捕猎过的实证。我曾发现过一粒灰林鸮的粪球，灰色的，大约有豆粒那么大，里面还有没消化的食物。将其放到双筒显微镜下，可以清楚地看到里面的成分：有结团的碎毛、碎骨头和细小的牙齿，这大约是一只老鼠或野鼠的残骸碎片；还有角质的碎片，应该是什么小鸟的爪子了。

原木堆上有只雄雉，色彩艳丽。迄今为止，林地里见到的鸟中最漂亮的就非它莫属了。脖子下方那圈白色的羽毛令它看上去像一位乡村的教区牧师，而头和胸部是红色，脖子则是蓝色，令人不由得联想到那些穿着华丽盛装的大主教。似乎山毛榉树的落叶和果实也参与了它的造型——胖胖的身子上有很多暖色调的斑点和棕色的斑纹。看到这个神气的花花公子，我就明白为什么秃鹰和红鸢过去那么不受待见了。这一地区的林地过去是可以打猎的（现在仍然如此），而所有被猛禽追杀的鸟也都是狩猎者一心要射杀的目标。进入 21 世纪后，来蓝姆布里奇林地打猎的人不多，但如果细心的话，还偶尔能听到弗利庄园以远传来的啪啪枪声，很可能是从斯托纳那边传来的吧。在贾波利 · 马辛家肉店的橱窗里就常挂着一两只鸟，亨利镇口味讲究的食客都是那家肉店的常客。这只野鸡算有心机，晓得待在我家林地上可以免遭猎杀，很可能它也没想到自己的运气有多好呢。

我一直想射杀野鸡说到底还是利大于弊，这样想大概很残忍吧。如果没有人做这件于人于环境有益的事，只怕更多的山毛榉林地早就被夷为平地种上麦子了。人们不再重视木材，但对狩猎活动的热度仍然不减。1854 年，亨利镇的乔治 · 杰罗姆就“因于 10 月 24 日狩猎中私闯蓝姆布里奇林地而受罚”。倒霉的人哪，这家伙没准只想为家人的圣诞大餐加个菜呢。斯托纳的卡莫耶爵士罚了他 5 先令，另加 10 先令的损失赔偿，否则就服苦役 3 个星期。估计乔治 · 杰罗姆只好选了后者。

开仗了

刚进入1643年，蓝姆布里奇林地的鸽子突然一下子仓皇飞散了，原来亨利镇的公爵大街上有门大炮在开火，炸死了4名皇家士兵。“亨利血战”标志着自从亨利镇成为英国内战[1]的战场后，血腥暴力达到了顶点。在国王查理一世和议会的纷争和交手中，亨利镇一直夹在中间，遭到腹背夹击。为什么会这样呢？这还得从它的地理位置说起。亨利镇受益繁荣因其位置，遭毁衰败也因其位置。亨利镇位于牛津和伦敦之间，又是泰晤士河的重要港口和渡口，这样优越的地理位置使它能成为商业中心，也因此成为内战中备受冲击的中心。1642年，国王将牛津定为首都，而伦敦则是议会派的大本营，这就让亨利镇注定难逃厄运。那座亨利大桥在内战中被反复摧毁，又被多次重建。1642年10月23日，埃吉山[2]一战之后，亨利镇成为双方血战的战场，全镇被毁。一开始保皇军控制了雷丁，查理一世最得力的指挥官鲁珀特亲王[3]占领了亨利镇，并将自己的骑兵部队总部设在弗利庄园。这个庄园距马洛河下游不到1.6千米，就在一里好路的东南边，其地产还和格雷庄园（当然还有我们的林地）接壤。11月里，挑一个晴朗的日子，就能看到现在叫亨利公园的那一块地，其地势和蓝姆布里奇林地差不多高，那就是当年弗利庄园的一部分，不过只有正对着我们的那面山丘侧翼较高处现在才被树木覆盖。这也可算作我们林地历史的一部分了。

内战爆发时，弗利庄园领地的主人是鼎鼎有名的大律师布勒斯特罗德·怀特洛克[4]，他当时还担任牛津郡的副郡长。出于谨慎和理智，他不愿看到国王发生任何不测，但身为议会党人，他又必须站在国王的对立面。鲁珀特亲王及其亲信占领亨利镇后，怀特洛克就搬到伦敦去了，任亲王的一干人和军马把庄园豪宅和林苑糟蹋得不像样。“书房里的书被赶车人胡乱涂鸦，有的还被撕成碎片，或者用来点烟……栅栏也被拆了，大部分鹿都被宰杀了……庄园里能吃的和能喝的都被他们吃光喝尽……马车和 4 匹好马被掠走，连放牧用的马也没放过。这帮兵痞毫无道德，心中只有仇恨，野蛮无耻，恶毒至极，极尽破坏之能事，丧心病狂。”当年，这些暴徒的嘶喊声一定也从洼地那一边传到我们的林地，而那些鹿逃出后只怕就冲着格雷庄园跑去了。格雷庄园的诺利斯一家人都是坚定的清教徒，这是谁都知道的，所以可以想象得出，那些无法无天的保皇军还跑到附近的格雷庄园偷饲料喂战马。全副武装的保皇军还驻守在上游的格林兰庄园，这家庄园很大，就在弗利庄园往马洛方向 800 米处。

这种不堪的局面总算没持续太久。埃萨克斯伯爵率领的议会军骑兵和步兵于 1643 年 1 月 23 日攻下了亨利镇，当天晚上就爆发了亨利血战。这一仗打下来，十几个人丧生，保皇军撤回到雷丁。一度被保皇党人控制的亨利镇现在又进驻了圆颅党[5]军队，北面的菲利斯庄园则被埃萨克斯伯爵占据，征粮征兵，没完没了，镇上民众的日子依旧苦不堪言，百姓不堪重负。400 多年来，大桥边的圣玛丽教堂一直是崇拜上帝的地方，现在成了马厩，饲养军马。因为要修建土垒工事，全镇到处都被挖开。弗利庄园那边也好不到哪里，保皇军前脚刚逃走，圆颅党军的士兵后脚就进来了。他们还是一样的兵痞作为，对庄园的林地进一步横加摧残。布勒斯特罗德·怀特洛克对此也大倒了苦水。

沿河贸易是亨利镇的命脉，这时萧条没落，几乎停顿，尤其当保皇军控制了上下游的前哨渡口后，更是几近瘫痪。那段日子里，贫困和暴力叠加，劫灰零乱，民不聊生。牛津郡的许多人因病和营养不良而死去，以至于那时死去的人数是平常年代的两倍。最后，经过数次无效的进攻和反击后，下游的保皇军在格林兰庄园于 1644 年投降，只是提出了个条件，要求确保他们能携带自己的武器和马匹安全抵达内托贝。这些保皇军撤退时一定也从我家林地中穿过，沿着一里好路往北，到了山顶后再走上通往比克斯的古道。如果当时有人想趁此混乱来偷猎，那么当趴下潜伏在格里姆大堤林地等候猎物时，准会听到崎岖湿滑的山路上马蹄哒哒，车轮滚滚，嘈杂不断。这条路现在沦为成凹凸不平的小路，但在古代曾是大道，正是它把下面的阿森登和奇尔特恩连在一起。走在通往牛津的古道上，这支骑兵队伍的将士个个垂头丧气，伤心气馁。可是内战还远远没有结束呢。

如果这位偷猎者在 1646 年 4 月 7 日再次偷偷来到林地，就会看到一行装扮奇特的人从另一条路走过。那是查理国王和他的两位亲信，国王此时化装成亲信的仆人，就这样一起踏上了逃亡之路。这三人从内托贝穿过奇尔特恩大丘，再走上通向亨利镇和梅登的古道。然后要去何方，接下来又如何行动？他们一片茫然。国王忍痛抛下了坐骑，那可是光荣的皇家骑兵的一大标志。现在的国王陛下头戴圆猎帽，寒酸得让人不忍多看。凭借伪造的议会军颁发的通行证，加上小心应对，化装出逃的这一行人成功瞒天过海，来到亨利镇前的路障前，再塞给那里的哨兵 12 便士也就能平安无事了。世事无常，像查理国王这样死要面子的人竟会这般落拓，唉。诗人约翰・克莱弗兰德[6]一向将国王视为至高无上，在其诗作《国王微服行》中或许对此次经历做了过度渲染。诗人如此描写自己心中的那位真命天子："无比高贵的鹰，此时竟甘愿委屈自己，扮成蝙蝠。"他甚至还说："珍珠包裹在满身污泥的蚌壳里。"

可是，这次"如此卑贱的装扮"似乎也是一种预言，逃亡的国王后来被判死刑，并于1649年1月30日执行。昔日尊贵无比的国王到头来竟成了刽子手斧下的死鬼，无论如何都令人于心不忍。那之前的1646年初夏时分，时任亨利镇总督的布勒斯特罗德·怀特洛克动员当地百姓和军队拆除了镇内的军事设施，横跨泰晤士河的大桥也得以重新开放。对于商人和手艺人来说这无疑是天大的好事，多日紧缩的眉头总算可以舒展开了，横征暴敛的日子结束了，不用再忍声吞气地被呵斥着缴纳各种苛捐杂税，也没有兵痞四处横行鱼肉百姓了。联邦政府恢复掌权期间，亨利镇的生活和贸易都逐步恢复正常。

我们的林地默默见证了下面谷地经历的一切，现在传统的管理又回到林地上了。因为能被用作燃料，山毛榉树的价格一路飙升。日记作家萨缪尔·佩皮斯[7]曾特别记录了亨利镇1688年前后的贸易，他写道："据说山毛榉木极易点燃，又不会溅出火星，做引火柴非常好，而且比橡木经烧。虽说橡木更经烧（原文如此），但这两种木柴的价格一直相当，差别不大。"身为海军部长，佩皮斯深刻地意识到木材是重要的资源，对各方面来说都举足轻重。罗伯特·普洛特博士已经观察到："在奇尔特恩乡村，矮林的砍伐工作常常针对长了八九年的树进行，但对高林的砍伐则没有一定之规，高林的木料通常用来做大船、房子等。用他们的话说是将树拔出来，砍伐几乎每年都进行，但不会同时对两种树进行砍伐。"山毛榉树苗长到一定高度时就得砍下来，运到伦敦去卖，或者应内托贝或雷丁的砖厂需要而绑成一把把的引火柴；榛树的树干被本地人用于建房或做围篱。动手砍大点儿的树之前，人们势必会斟酌一番，看是马上砍还是再留一留，等市面景气点儿再说。1665 年，大瘟疫再次袭击了伦敦[8]，亨利镇的船只一度被禁止从伦敦载入任何货物，但木材的交易并没有受到什么影响。林地再生的循环和野生动物彼此消长互生，和谐与共。树木砍伐后出现的空地上，一到夏天就成为蝴蝶的天堂，经常性砍伐还使野花得到机会盛开。虽然林地面积已经大为萎缩，但这里生物的品种依旧丰富，充满生机。

17 世纪和 18 世纪的林地算得上滚滚财源。1637 年至 1638 年间，布勒斯特罗德・怀特洛克爵士买进了亨利公园，这块地产就在我们林地邻一里好路的那侧东边，那时公园里几乎全是大树和矮林，还延续着以往的经营管理方式。这一来爵士名下的地产扩大，实力也增强。17 世纪 30 年代，布勒斯特罗德爵士从他的林地上向伦敦的一家木材加工商出售了一万船的再生木，获得净利 3000 英镑，这在当时真是一笔巨款。1672 年，布勒斯特罗德将亨利公园分给儿子威廉。他的这个儿子接手后渐渐将林地改成了耕地，后又将公园以 2000 英镑的价格出租给亨利教区长约翰・考利和约翰・泰勒，允许他们有权处置林地，可以将其平掉。他的这个儿子还索性将 40 公顷林地谈了个好价钱，卖出了事。到了 1820 年，亨利公园的面积为 160 公顷，除了坡度大的地方还剩下零星几块林地，其他地方已成为开阔地带，和今日人们所见几乎完全一样。

差不多在同一时期，蓝姆布里奇林地也被分出了一大块，我们林地上今天矮林生长的那一处就和分出来的这一块相互交错。格里姆大堤林地北边的谷仓和“凶杀小屋”以远，有一块狭长土地，上面分布着一块块农田，一直延伸到亨利镇插入山那侧的地方。这块土地的面积估计有 17.6 公顷，以前全被林地覆盖，景色和我们的林地一样。1658 年，格雷庄园的主人威廉·诺利斯将这块林地出租给亨利镇的士绅托马斯·古丁格，租价为 22 英镑。1681 年，威廉·霍普金斯在遗嘱中表明要将 300 英镑投资到这块土地上，所得用来资助牛津圣玛丽·玛格代琳娜教区的穷人，“用于向所有贫者，以及每个星期六晚上来祈祷的信众分发面包”。这样一来，我们林地靠近亨利镇的那一处也就成了蓝姆布里奇的慈善救助基地。要使慈善救助工作良好运作，就必须有众位理事参与，于是也就催生了与我们林地有关的第一份用白纸黑字写的合同类文书。这一部分从此和我们林地的其他部分也就大不相同了，得到良好管理，其影响一直延续至今，令我受益匪浅。从 1797 年的一份更具法律效应的契约中，我们可以看出理事会的成员都是牛津的自由民[9]，其中就有布商约翰·帕森、药店老板托马斯·帕斯科、面包店老板托马斯·怀亚特、书籍装订师威廉·哈雅思、裁缝詹姆斯·科斯塔、皮鞋制造商爱德华·罗斯布里奇、杂货店店主托马斯·卢克，还有家具商威廉·温特，几乎囊括了这个镇上各行业的代表人物。

近 200 年里，这块 17.6 公顷的林地为贫苦人提供了面包和其他生活必需品，位于考利路的一座昔日的教堂现为牛津档案馆，馆里有一扎文件，详细记录了这块土地在那些年间的租赁变更和偶发的歉收甚至破产情况。其中一份已破残的文件上写着的日期为 1707 年 3 月，可以从中读到：“亨利镇的罗伯特·瓦特和伦敦的菲利普·希尔即威廉·布洛克斯公司之间就蓝姆布里奇林地的树根下物质的采挖达成协议。”所谓“树根下物质”就是炭，获得采挖权只需付 3 英镑。而砍伐出售山毛榉树仍主要由瓦特家经营，树木砍尽后，这块地就用作耕地了。到了1770年，理事会将这块地出租给亨利镇上的士绅詹姆斯·布洛克斯，（“三大块耕地，合称蓝姆布里奇”），租期为10年。这也说明当时这块地上的林地砍伐情况依旧，尚未终止。直到19世纪，还能在文件中见到用“曾经的林地”这样的词语来描述那17.6公顷土地，甚至有人在林地下方的山坡靠近山顶处修建了农舍，那就是蓝姆布里奇林地靠近我家林地东边的一处地方。

位于本森的圣海伦教堂中的慈善委员会石板，图片由杰姬·弗提提供。

林地的前世一直在人们的心头萦绕。在官方的地形测绘详图上，这块林地被称为蓝姆布里奇丘陵。一直以来，这块农田就是插入在一片绿色森林中的一块黄土地。1882年，慈善理事会宣告解散，将这块农田以1.4万英镑的价格出售给威廉·达奇尔麦肯齐上校，这位上校当时还是弗利庄园的主人。买下这块农田后，上校的地产离格雷庄园更近了一些。现在，那幢农舍被修整得很华丽，被一个从中东什么地方来的特使当成隐居之处，这位特使还将周边由私家鹿苑和林地改作耕地的地方都围了起来。看来我们家的林地这次又算逃过一劫了。要是 18 世纪那场大砍伐把我家这块林地上的树也连带砍光了，那就等于砍断了这一小块土地和悠悠千年历史的最后联系，而一旦砍断就怎么也不能复原了。

1666 年，伦敦大火[10]后，英国文化巨匠克里斯多弗·雷恩爵士[11]对圣保罗大教堂进行重新设计和重建。这一建筑史上的伟大作品于 1675 年开工，最后一块石头由雷恩的儿子于 1710 年亲手置于灯座上。这场大火促进了很多改进，其中最重要的成果之一就是对火炉的烟道进行了重新设计，提升了安全性。虽然大多数家庭仍用木柴作为燃料，但煤已经被作为有效的热源，并终将导致蓝姆布里奇林地在市场中的地位有所变化。林地偏东部位与白吉莫尔领地接壤的地方是开放的（后来银行家格罗特买下那块领地安家），所以也可以这么认为，这块林地与那场大火多少有些联系。雷恩重用的木工监理是理查德·詹宁斯，圣保罗大教堂竣工那年，詹宁斯买下了白吉莫尔庄园并进行了重建。根据 1869 年由艾米丽·克里门森著的《亨利镇一览》，圣保罗大教堂重建工地上剩余的砖和脚手架等都从下游运到这里得以利用。英格兰最宏大的建筑中居然也有只砖片瓦辗转来到我的邻居家了。圣保罗大教堂西墙外面的壮观设计后来又被詹宁斯用在希普莱斯教堂的建设中，但是他本人则葬于亨利镇的圣玛丽教堂。再回到 1712 年，还是和大教堂有关。圣保罗大教堂的主任牧师起诉说重建经费被滥用，詹宁斯和雷恩在这场诉讼中结成联盟，相互力证清白，最后他们也的确基本上没有被判要为此担责。

我本人也十分有幸，居然多少得以与克里斯多弗·雷恩爵士产生联系，这种幸运机会可不是人人都可得到的。皇家学会[12]是世界上历史最悠久的科学院，而雷恩就是皇家学会的创始人之一。1660年雷恩进行了一次讲课后，这个学会才得以创立[13]。被推选的会员必须用笔蘸着黑墨水在一个大本子上签名。雷恩的名字就在第一页上。1997年，我被推选为会员，也在这个本子上签下了名字。由于太紧张，我还滴了一滴墨水在纸上。正是通过这个签名，我和理查德·詹宁斯也有了特殊联系，他对在第一页上签下那个名字的人当然更熟悉。

向生而死

今年的11月算天气温和了，但前几天一直下着冷雨，所以林地中到处还是湿漉漉的。经年倒在地上的木头上长出了许多硫色多孔菌，英国俗名叫作林地小鸡崽，而这根木头比起春天里的模样更加腐烂不堪，现在烂得裂成两块了，而且几乎看不到任何像样的木质材料了。靠近地面那侧的木头腐烂程度不一，靠近较硬的芯材处露出了一串串灰色的突起，像个瘦得皮包骨头的人伸出的脖子一样，而其他地方的木头则几乎完全腐烂掉，轻轻一碰就会脱落，好多已经掉进泥里了。我用手指戳戳，想看看如何，结果一下子就将半根指头戳进了木头里。我又将这块木头轻轻挪动了一点儿，那下面原来是另一个不为人知的隐秘世界。一开始，好多小东西急急忙忙地动来动去。突然看到亮光，这些小家伙受到惊吓，只想逃跑。情势岌岌可危，随时会被什么抓住吃掉，这就是它们对光亮的直觉反应。和这些小家伙相比，躲在木头和地面空隙里的木虱最闲散，它们一如既往不紧不慢地往前爬，就像散落在地上的一些上发条的玩具那样优哉游哉。再说土壤里可以藏身的洞穴多的是，弯弯绕绕，迷宫一样，何必着急。两只油亮的褐色蜈蚣急忙移动那些短腿和触角，飞快地挪到山毛榉树的落叶下藏了起来。一只黑得油亮亮的土鳖虫也迅速跑掉了，而那条蚯蚓慢吞吞地挣扎着把自己蜷成软塌塌的一团。我冒失地稍稍动了动手，结果让原本隐蔽在林地中的一个阴暗地方暴露到光线下，于是这个不见天日的社区一下子乱了套。这块林地像一个小岛，有很多生态圈，这个小小世界就是其中的一个。我得好好观察这个地下世界，看看它深藏在黑暗中的那些秘密。

曾经隐藏在这根木头下面的世界现在完全暴露在我的眼前了，不过是两小块地方，面积都不及我的手掌大，颜色略略发白，就像朽木表面上被用劲贴上了两小片羊皮纸一样。其实这两块发白处是真菌团块的结晶，正是这些真菌才把木头给分解了。这类真菌躲藏在潮湿的木头下，那种地方湿度高，真菌靠构成木头细胞壁的物质提供营养。在整个腐殖质形成的过程中，这些真菌才是大英雄。年复一年，在它们的努力下，木头朝下的一面就这样一点点地烂掉了，逐渐化作泥土。从我的放大镜下可以看到其中的一小块“羊皮纸”上那凝脂般的膜实际上由无数微小的膜合成，它们排列复杂，犹如迷宫。像这样在缝隙中倒垂生长的平伏菌是最常见的真菌，只有真菌能玩这个把戏——分泌神秘的酶将木质纤维分解消化。尽管将木头上细点儿的枝条都分解殆尽，它们自己的个头到头来也没变大多少；而在这个过程中，它们也硬生生地将自己变成了鬼魅模样。所有心气高傲的鬼都是白色的，所以它们也变白，至少把木头变白了（当然实际上是分解后残留的木质纤维膜的颜色所致）。另一块“羊皮纸”是由线霉菌通过类似的花招形成的。回家后，我又把这两块“羊皮纸”放到显微镜下观察，一下子就看清其实它们的表面大部分都是脱落的孢子，而且这些孢子由四重细胞担子果产生，所以尽管没一点儿蘑菇范儿，还是被我一眼认出就是一些蘑菇。这些真菌为了能在木头下的阴暗世界栖身而宁愿长得不像蘑菇，被蘑菇销售业内人士称为“白色无赖”。不过这块木头有些特殊，上面的无赖们不是白色的，而是褐色的。这些无赖分解了细胞质，留下纤维素，结果被侵蚀的木头变成红褐色，脱水后又四处开裂。林地上的几处针叶树桩也有类似现象。就这样，这些真菌悄无声息地在林地中繁衍，在所有的林地上都上演着它们的生命大戏。

这些真菌处于食物链的最低端。用倍数更大的放大镜就能看到另一番天地了：真菌之上还有一层，那是些黑色的惊叹号，还是会移动的惊叹号，它们就在那层真菌表面游来游去。认出来了，这些惊叹号是小螨，蜘蛛的小型远亲[14]。螨虫虽小，种类却很多，有的甚至背上叉子就像《星际大战》里的那些魔幻怪兽。现在这些小螨正在狼吞虎咽地吞食那些真菌，当然也不会放过孢子。还有种和小螨一样的小个子生物也混迹其中，只不过颜色更暗淡一些，体形也稍长一点儿。这种小家伙有6条腿，和一般的虫子长得很像，只是飞不了。受到惊扰后，这些小家伙就会嗖地一下窜到看不见的地方去了，正因为具有这种躲闪机制，所以人们管这种小家伙叫跳跳虫。不过，科学家称其为弹尾虫，并对于是否应将其归入飞虫类依然有争议。过去学术界总将其视为一种停留在进化早期的种群，认为它们远远落在那些表亲后面，一直未能进化到获得飞行器官。无论如何，这些跳虫是地球上数量最多的动物，在1米见方的潮湿草木里，它们的数量就可达到10万只。难怪木头下方的这个天地对它们来说就够大了，足以提供所需的碎屑和细菌了。

这些家伙个头虽小，但在林地中凭肉眼还能轻易看到，不过要看清楚其构造就得用放大镜了。小螨和弹尾虫也逃不过被当作盘中餐的命运，但怎么看，它们也不会受到一种专吃真菌的甲虫的幼虫宝宝青睐，居然会被这些幼虫宝宝一下子抓住吃掉。这些幼虫宝宝“和别的比不见得有多大，长得像蛆，还一下一下蠕动着，就爱吃真菌”。看到放大镜下出现的另一个小家伙时，我在那一刻都吓得有点儿发抖了，它简直像一只红色的蝎子！理性马上告诉我，这东西不过才只有几毫米长，但刚看到的那一刹那，我的心跳的确加快了。再定睛看，发现这家伙的前部虽然有对精致的螯，但尾上无毒针。这家伙轻轻动一下就能制服小螨和弹尾虫，对此我毫不怀疑。这是伪蝎，它的个头虽小，凶猛却不输真蝎，而且那复杂的名字也暗示它与蝎子在个头上成反比例。以蓝姆布里奇林地为观察基地的科学家还发现另外两个品种的伪蝎——苔伪蝎和红伪蝎，并在对其进行研究后专门撰写论文，将其记录在案。*Chthonius*（拉丁文）这个词源于希腊文，意思是“在地底下生存的动物”，将它作为伪蝎学名的一部分也蛮恰当，只是这家伙在地底下仍然可以肆意捕食进食。H.P. 洛夫克拉夫特[15]显然受其启发，将自己内心深处的阴暗挖掘出来写成了《克鲁苏》，才得以解脱。

的确，这个对我们来说非常陌生的黑暗世界里充满恐怖，生存环境残酷。生活在其中的这些家伙凭借灵敏的嗅觉和触觉，不放过任何一点儿动静，把关死守，才能保住身家性命。这个王国没有一丝光亮，要生存就得使出浑身解数暗偷明抢。凶残的猎食者蜈蚣就生活在这里，它们的口器周边都长了特殊的附肢[16]，只消动动毒爪，就能降服猎物，然后将猎物四分五裂，吃进肚里。刚掀开木头时，我看到的那些背部呈褐红色、忙着逃离去找隐蔽场所的小东西都属于石蜈蚣科，林地里有这个科的 3 种蜈蚣。其中最大的是带状间脚石蜈蚣，它们的腿上有条形花纹，在早前的牛津林地里它们可是称王称霸的老大。它们的那些腿像维京海盗的船桨，不过一下一下伸出后不是推船前行，而是掠杀猎物。因为这家伙在靠近尾部的地方也长了一对小触角，并靠它们加固后方，所以这家伙的头部和尾部很相似，往往让人分不清。有一种孔腹地蜈蚣的体形要更加细长，颜色偏黄，长有 85 对脚。它们也藏在木头下，受到惊吓时就将身体弯曲着缓缓移动，像一截打了结的绳子，想蒙混逃离。棕色的地蜈蚣体形细长，动作敏捷。这个科的节肢多，至少有 15 对（如石蜈蚣），还有节肢更多的（如孔腹地蜈蚣）。不能忘记盲蜈蚣，这种蜈蚣体形小而优雅，是南美的一种大型毒蜈蚣的近亲。无论如何，这些蜈蚣都不像其俗名“centipede”（意为“百足”）说的那样有 100 对腿脚，这可有点儿名不副实了。它们的身子上有多少个环带，就意味着可以分成多少个节段。不同品种的蜈蚣多半有各自偏爱的猎物，也各有自己的一套捕猎路数，但不对这个黑暗世界进行仔细观察，我们就无法获悉它们的战略战术。

一切都在悄无声息地进行着，默默地进行着较量，让人难以觉察。真菌菌丝（有机物有生命的线体）穿行在死了的山毛榉树干间寻找养分，只是这样失去活力的山毛榉树并不能提供利于真菌生长的含氮化合物。腐烂的木头中还寄生了很多线虫，我常看到它们在显微镜下垂死挣扎时左右摆动的样子。这类微小的线虫就像两端系紧的小香肠，不过是通体透明的小香肠，必须通过现代分子技术才能对它们进行鉴别。这些小线虫含氮量高，而真菌已经进化到能用高超的技术获取这些氮元素。它们用菌丝制成陷阱下套，经过的线虫入套后，陷阱收紧，这些倒霉的小家伙就成了活体供氮源。从死亡的生物体上汲取营养成分后，真菌又振奋精神，再次出发去分解更多的木头，就像一个吸足氮的变体超人，成为黑暗世界里的超级杀手。

土鳖虫啃噬木头，就连普通人也能看出它们和一般昆虫不一样。事实上，它们属于甲壳动物，与虾和螃蟹有几分亲戚关系。它们还有个名字叫石板匠。土鳖虫的近亲都在海水里生活，有些稍大的外形看起来有几分像早已绝迹的三叶虫——那可是我最钟情的动物。与其他甲壳类动物格格不入，土鳖虫竟在陆地上扩展地盘，无所不在。不像臭虫，土鳖虫不那么惹人生厌，但也不招人喜欢。大口啃吃木头绝对形象不佳，难以让人怜爱，所以还没有哪本儿童畅销书叫《土鳖虫威利》或《石板匠虫苏西》。常见的土鳖虫品种有 5 个，都能在这片林地上找到。它们整日躲在烂木头下，移动那 14 对腿脚，鬼鬼祟祟地出没。在分解啃吃木头的过程中，它们还做了一件了不起的工作。它们的排泄物（即虫粪）为一堆堆小球，里面有很多细菌，而在这种虫粪的作用下，即使最坚硬的木头也能被分解化作泥土。我用放大镜观查时还看到一种很小的白色土鳖虫，那是土鳖虫的幼虫。土鳖虫妈妈将受精卵带在肚子下面孵化成幼虫后才放下。这家伙不过就是永不衰竭的降解机器而已。

马陆算是身材最苗条的素食者了，但常被人误认作蜈蚣，其实只要看看蜈蚣和马陆各自的步态就不易混淆了，马陆走路时每一节的两对腿都在动，而蜈蚣的每一节只有一对腿在动。另外，马陆也不像它的俗名那样有 1000 对腿脚[17]（马陆的英文俗名为 millipede，意为“千足”），所以一般来说它的腿绝不会比蜈蚣的多，尽管蜈蚣的俗名是百足。2012 年，蜈蚣的腿脚数世界纪录创了新高——加利福尼亚的一种竟有 750 对腿脚。马陆悠悠地爬走了，那个从容不迫呀，真是大家风范，让人钦敬。遍布于我们林地中的马陆品种是最常见的管状马陆，它们看上去和大多数为了到处走而长了许多脚的马陆差别不大，英文俗名叫 blunt-tailed snake millipede，意思是盾尾蛇马陆，但这个俗名也很难确切地体现其特性。格里姆大堤林地上另外 4 种马陆中有一种为球马陆，这种马陆一遇到危险就紧紧蜷成一团，各节紧缩相套，头尾相连，像个黑亮亮的小球（相当于一粒大点儿的豆子那么大）。我第一次看到这种黑色小球时还以为是什么没见过的种子呢，直到看见它展开身子慢慢爬走才恍然大悟。我钟爱的三叶虫也会玩这种变身小球的把戏，很可能也是出于同样的目的。这也是进化趋同性的一个极好例子，前面提到过的幽灵兰和荷兰人的烟斗这两种植物也一样。这 4 种马陆中还有一种是蓝身马陆，这个品种只出现在英格兰西部，东部非常罕见。扁马陆又叫山蛩虫，总是成群聚集，看上去就像专门组装出来的小型装甲车一样，一个挨一个，步调整齐划一,四处巡游。圆鼓鼓的黑色步甲虫总在木堆里窜来窜去，动作敏捷，没准儿会觉得这些扁马陆是味道不错的午餐。

光看一长串的动物和真菌名录难免让人觉得枯燥，但对实实在在存在于大自然中的财富了然于心的确很有必要。与其将这份名录看作一份清单，不如将它看作一份目录，每一个名字都会引出一段引人入胜的故事，而且每个故事还会导出另一些故事，前后相连，生动有趣。腐烂木头下的那个世界很小，但样样不缺，异常圆满，而那里充盈的活力全都源于阳光。多少年了，光合作用使树木能将阳光转化为能量；树一旦倒下，转化建设又在另一个地方进行，而此时此处的建设中真菌不可或缺。被约翰砍倒的一棵山毛榉树上已经长出了一团团棕色的红垫真菌，摸上去很硬实，人们又称它们为“山毛榉树疣”。它们长出后，别的真菌才会相继露脸。明年我就可以在这里采集蚝蘑了。降解和再生就在木头下这种又黑又潮的地方持续进行。

各种真菌在木头上寻找合适的地方，先不事张扬地占一小块地盘，然后就开始用菌丝将木头里积蓄的能量汲取出来。虫子们也不惜力，将各种有机物都搬运到泥土里。有吃木头的菌，有吃菌的虫，又有更厉害的来吃虫，形成黑暗中的食物链，和外面那个阳光与水滋润着的江湖里的套路别无二致：草木被植食动物吃下，植食动物被肉食动物猎食。在木头下面的这个世界里，腐烂滋生一切。所以，这份动物和真菌的名单就是一部系列肥皂剧的人物表，缓慢的分解过程就是剧情，上演的无非还是性爱和死亡、贪婪和阴谋，演出的地点就在它们各自栖息的地方，那里共生的所有动植物都本色参演。

把木头挪开后才看到一小堆啃过的果核，大约二十来粒，粒粒都不过比豌豆大一点点，微微有些发白。 我一开始还以为是兔子拉的屎，后来才看清是从临近的一棵野樱桃树上掉下来的，每粒果核上都豁着一个精细的小孔。我便捡了七八粒回家收藏。果核上的小孔不过几毫米大，边缘齐整，原来是木鼠费心费力找到营养丰富的果仁后藏在这个天然的木制储藏室里了。烂木头下面的一个土洞像个垃圾箱，这些乱七八糟的东西就藏在里面，看来这就是牛津郡的鼠城了。这个地洞紧挨着这根木头，顺着这根木头的形状在地下蔓延。沿着这个地洞穿行的话，很可能会抵达一个用树叶垫起的窝。有几次，我看到木鼠大白天里就在干落叶堆里扒拉来扒拉去。这些棕灰色的小家伙的警惕性非常高，对于任何一点儿异常动静都不放过。它们就这么扒拉着，有收获就运回窝，好几个小时过去了，来来回回没个消停，热情不减半点儿。但木鼠实属夜间活动的动物，到了晚上才会出来寻找油水大的蜈蚣，并将山毛榉果运回洞里，以备饥荒。木头下面越来越多的秘密被曝光了，还是将它还原好了，让那些原住民在下面平平安安地过自己的日子吧。

林地里还有些哺乳动物。比如鼩鼱，堪称吃虫大师，却是英国最小也是最原始的哺乳动物。这里就有鼩鼱，但我只看到过一次。那还是8月的一天，它就在那棵叫国王陛下的巨大橡树下，从乱叶堆里探出头来，就那么探了一下，一看到我，就立即躲了起来，不知躲到哪里去了。鼩鼱个头虽小，名气却大，就因为它每天吃掉的东西总重量超过了它的体重，而且即使再饿，它尖尖的鼻子也绝不会凑近土鳖虫，我估计它嫌弃后者，认为其味道太差。夏天查看林地时，我们还用布袋诱捕到一只黑田鼠。这家伙的好奇心太重，所以容易被诱捕到。和木鼠相比，黑田鼠的耳朵没那么长，鼻子也没那么尖，它的圆眼睛骨碌骨碌地转，一副天真无邪的可爱模样，好像还不知道自己身陷囹圄。我们看了实在不忍，便将它放了。

很多迹象表明，这里还有另一种动物生活在地下，那就是欧鼹鼠。刚发现这些迹象时，我着实吃了一惊，因为自从看过由E.H.谢泼德[18]作插图的《柳林风声》一书后，我再也无法客观地想象这种动物的样子了。从未想到鼹鼠丘会像这样一座接一座地冒到地面上，里面夹杂着很多燧石，因为在格里姆大堤林地上这种东西多得很。鼹鼠挖洞不辞辛苦，不过在好几个地方还真得到了回报，因为那里有不少虫子。在一些面积较大的开阔地上，鼹鼠丘可以大到比一般的石头堆还高。我想象中的鼹鼠舒舒服服地坐在地洞里的一张椅子上，边看报边吃着夹了果酱的面包。在这里我还没发现它们的宿敌黄鼠狼和白鼬，而且也不太相信它们会偷偷摸摸穿过林地来抓老鼠和野鼠。肯尼斯·格雷厄姆把这些猎食者通通称为“荒野林地中的居民”，而蓝姆布里奇林地几乎就是荒野林地，至少是英格兰现存的林地中最年长的。

11 月眼看快过完了，这天我照例来到林地上巡视，结果发现林地中不请自来的客人还蛮多。有只棕色的野兔轻快地在树间穿行，跑跑跳跳，当听到什么可疑的声音时便会仔细辨识，长长的耳朵上棕色的那一小块尖尖就会一下一下地抽动。只慢慢地走了几步，这只野兔就停下了，像一只正在比赛中的猎狗忍不住要在一个郊区公园停下来仔细嗅嗅。我曾经认为野兔生活在田野里，可这会儿竟在林地里看到它貌似在寻找什么，只是不知道它究竟要找什么。一般的兔子也罢，田园兔也罢，这之前还从来没有任何兔子到我们的林地中来过。现在看到这样一位优雅美丽的客人，它不但腿脚灵活、步伐飞快，还会不时认真倾听，我觉得好幸福，心头暖暖的。

地下传来更多的消息

1683 年夏季的一天，木鸽又一次惊恐地飞向四周，争相逃离。一位亲历者报道当时的情景时如此说道：“突然听到可怕的声音四处响起，过去从没听到过这样的声音，顿时天旋地转，大地剧烈颤抖，原本坚实不动的东西也都着了魔一般不停地摇晃。房屋瞬间成了翻过来又翻过去的大型摇篮，屋里的桌椅箱柜倾倒后在地上滚来滚去，早就移了位。人们见此无不惊恐，纷纷张皇失措，急急逃出家门，却发现无处可逃……这就是那场‘八月女巫劈地事件’。当时正值夏季，这场地震让泰晤士河畔和沃灵顿的人们一下子遭遇了噩梦般的经历……就在离沃灵顿两英里的一个小村庄里，一个可怜的农工正在打麦子，他也觉察到了大地在抖动，但并没有当回事。只听到身后的谷仓咔嚓一声裂开了，回头一看谷仓要坍塌了，这人才知道大事不妙。他惊慌失措，扔下连枷急忙跑开。人们眼睁睁地看着这一切就在跟前发生，不断发出惊恐的叫声。”[19]

蓝姆布里奇林地的树木是否全在这场地震中被摧毁了，我一直没有找到相关证明。但这场地震的破坏力巨大，不远处的沃灵顿也的确受到了重创，几乎被夷为一片废墟，这也是实实在在的。几乎就在一瞬间，林地上所有的古树都齐刷刷地倒下了。这场前所未有的地质灾难一直镌刻在人们的记忆深处，长久以来在人们心里沉淀并发酵，所以，经一代代人不断传述和渲染后难免会有所失真。实际上，在英格兰南部，这场“八月女巫劈地事件”几乎保留在所有人的潜意识里。岩石裂开，大地震动，早在恐龙出现和菊石形成之前就有，并不罕见。3 亿年前，地壳深处的岩石活动导致断层出现，奇尔特恩大丘的白垩岩山脊便被埋入海底。“八月”这个词能使我们联想到在造山运动活跃期间我们这一带的地貌，那些山石岩土一层层堆积，在阳光下闪闪发光。这样的地壳运动还会持续下去，只不过不可思议地放缓了而已，但绝不会就此打住。无论卑微的人类世世代代在这里建起多少林地，付出多少努力，这种运动仍将持续，毫无顾忌，毫不留情。

其实，早在那位农工扔下连枷仓皇而逃的 9 年前，奇尔特恩的特殊地质现象就催生了一个工业——玻璃制造业。乔治·雷文斯克罗夫特[20]受此地貌启发，在亨利镇办了一家试验性玻璃厂。他之所以选址在这里，原因和新石器时代的猎人一样，就是认为这里的燧石黏土质量好，含量高。在林地下方岩石裸露的地方，我捡了一块燧石。这块燧石和罗德菲尔德那里的非常相像，里面是纯净的二氧化硅，毫无杂质。罗伯特·普洛特博士当年曾专门来到牛津郡，考察燧石玻璃的造法，可见用燧石造玻璃已在这一带有传统了。乔治·雷文斯克罗夫特一定也觉得住在亨利镇蛮受用，他是一个坚定的天主教徒，当然会受到斯托纳庄园的欢迎，而在此之前，庄园主人卡莫伊斯男爵为了坚守自己的信仰而不惜交了大量罚金[21]。

在成功地制造出水晶玻璃的过程中，乔治·雷文斯克罗夫特并不那么顺利，困难挫折也是家常便饭。当时非常流行的是裂纹玻璃——玻璃上出现裂纹样的花纹，要造出这样的玻璃就要对原料配方进行调整，但又不太清楚具体如何调整才能恰到好处。他试着在熔化的燧石中加入各种成分，看看究竟如何才能使裂纹成功形成，终于发现用少量的氧化铅取代石灰就可以达到完美的效果。这个配方能不能算成雷文斯克罗夫特的发明，学术界至今还有争议，有人认为他只是借鉴了穆拉诺[22]工匠大师的方法。无论是不是由他发明的，铅玻璃（也就是水晶玻璃）成为了上流人家桌几上最可称道的摆设。乔治·雷文斯克罗夫特早期的作品上都印有一只渡鸦的头，以表明为他所制。如果认为得到这么一件精美的玻璃制品会大大提升我的林地藏品的层次，那么用古法制作的矮胖的双耳牛奶酒罐看起来就非常合适。可是我马上发现自己这么想太天真了，因为这类精美物件要想进入市场，只能看制作人的运气好不好。大多数收藏者看重的是伦敦的维多利亚和阿尔伯特博物馆陈列的那种，那种地方的参观者基本上只会眼光流连于陈列品，而忘了想想这些玻璃背后的来历和意义。还记得 8 月里来林地中挖泥土带回荷兰烧制瓷砖的隆尼·范·瑞斯维克吗？她不但用格里姆大堤林地的泥土烧制了瓷砖，有一次还试着将这些含硅丰富的燧石泥熔化后烧制了一只漂亮的玻璃杯，那只杯子微微带点儿绿色，似绿非绿。如果能有那么一件用我们林地中特有的燧石泥烧制的玻璃制品，不管是什么，我都会心满意足，为之高兴。

冬天终于来临了。天气晴朗，林地显得比往日空旷了许多。电视新闻里不断播报洪水的报道。人为因素造成气候变化，为此叫好或批评的专家们现在纷纷改口。曾有人认为如果天气继续变暖，奇尔特恩的山毛榉树会受到很大威胁；但今天毫无暖和的迹象，不过这只是今日天气，还算不上气候。树叶全都落了，刺骨的寒风从光秃秃的树间掠过，我不禁感到一阵冷意浸心透骨，不由得将外套裹紧了点儿。一架飞机飞过，尾烟在惨淡的蓝天上留下痕迹，犹如天国的拉链一下子被拉开了一般，而这情形在夏天就看不到。又有几根树枝被吹落到地上，每根上面都有被松鼠侵扰过留下的明显伤痕，但这些小恶棍今天没有露面，它们多半躲进它们暖暖和和的货车里了[23]，没准儿还会与鼹鼠先生分享果酱三明治呢。松鼠造成的破坏很可能远不止这一点，林地里有几棵树完全被风刮倒了，而留在地面的根部有明显的倾斜迹象了。不过我也不能断言这一定是松鼠干的，那些 80 后和 90 后的小痞子也干得出这种事。山毛榉树的根都不会扎得很深，所以人们经常以为一阵大风就能将其刮倒。实际上，这些树会在风中吱吱嘎嘎地发出响声，被吹得左右摇晃，高处的树枝会哗啦哗啦地乱摆，但树干能坚持得住，绝不会轻易倒下。有什么东西早已在林地里遛了一大圈？那一定是狍子，它们拉的屎就像一些黑色的橡果，还油亮亮的呢。我铲起一些放入一个塑料盒里，不过这可不是为了收藏，我只是想了解狍子在这里以什么为食。突然，“被毁灭于萌芽中”这句老话涌上我的心头[24]，我们特意种的榛树中有一棵已经连顶枝都被啃掉了，好在还不算很糟。很可能狍子正在啃树时，恰好走过来一个遛狗的人，狍子就被吓跑了。只有狍子才这么不怕冷，或傻得不开窍，在这样的天气里还出来遛。格里姆大堤林地现在一片萧条，只能等着天气转好。

今天我从林地上捡回家的是狍子粪便。和腐烂的木头一样，动物粪便也能揭示特定居住地上有哪些物种，正是这些不同的物种成就了林地生物的多样性。这袋粪便还有一特别之处，那就是非常利于喜氮物种的生存。动物粪便本身就是一个小型生态环境，其变化会按一定秩序进行，不同生物依次登场，有条不紊，简直像市长就职游行[25]时那些要人一样有序，绝不会在序列上有半点儿差错。在家里要比在野外现场观察更好，但又不能让粪便标本脱水（当然含水量也不能太高）。我发现将新鲜标本放入密封的透明罐（就是商店卖橄榄时用的透明密封罐）里，然后在标本上再放上些潮湿的苔藓，这样罐内的湿度能保持较高水平，效果会很好。过几天再将密封盖打开，用放大镜观察里面的变化。

不到一个星期，每粒粪球上像安上了一架架待发射的火箭。这些小火箭就是那些长出的白色梭形小颗粒，水汪汪的，很像发芽的种子，其实它们叫水玉霉菌，其早期就是这个样子。又过了几天，每粒水玉霉菌上像多了顶小帽子，原来长出了黑色的孢蒴，也就是孢子囊。很多这种“帽子”下都渗出水滴，这种水滴能产生一种特别的机制，使孢子囊被发射出去，于是密封罐的盖子底下全是这些黑色的小孢子，像被撒上了胡椒粉似的。在自然状况下，这些孢子囊会被喷射到附近的草木上，被经过的鸟兽吃掉后再随粪便排出，然后发芽。在自然界中，这种真菌通过甩出“帽子”来释放孢子，这样一来其繁殖速度远远超过任何其他物种。不过，这还不算什么，只是刚拉开序幕，好戏还在后头。现在整个粪球表面都冒出来些成团的白毛样东西，只需一两天，这些白毛就会长成菌柄，接下来就是常规的那一套了——变成蘑菇，虽然个头很小很小。有些被亮晶晶的白色细胞密密麻麻地遮盖住，就像盖上一层雪被，这是一种红色的鬼伞菌。另一些长得像日本女人撑的遮阳伞（微雕版），其实是另一种鬼伞菌。这些鬼伞菌实在太小太娇嫩，我们似乎吹口气都能将其化掉。它们的生命非常短暂，还不到一天呢。它们的菌帽马上就会变成一摊黑色泥水，因为它们是很小的墨汁鬼伞菌，和林地里常见的一种真菌——黑白鬼伞菌是近亲。还有的会落下像一根根小棍儿的粉色芽孢，这种怪怪的蘑菇属于束梗孢属。现在就等着盘菌出现了，这种盘菌像微小的黄色或橙色小圆盘，仿佛打过蜡一样。长毛盘菌四周都长着长长的毛，像长了眼睫毛一样。滴下的水珠中还有一些炸弹形状的真菌，不容易看到，但也长着毛。每次等到孵出新东西时，我都觉得与先前的有所不同。不错，如果给自己写传记，我很乐意在描述我的业余活动时加上“对狍子的粪便进行孵化”这条。真的，我很乐意这么说自己。

注释：

［1］ 英国内战是 1642 年至 1651 年在英国议会派与保皇派之间发生的一系列武装冲突及政治斗争。此事件对英国和整个欧洲都产生了巨大的影响，并由此将革命开始的 1640 年作为世界近代史的开端。

［2］ 1642 年 10 月 23 日，保皇军同议会军在埃吉山进行了首次大规模交战。议会军两翼的骑兵被保皇军骑兵的反击所打败，但中路步兵打退了

保皇军步兵的进攻，并将其击溃，战斗未分胜负。10 月 29 日，保皇军攻占牛津，11 月 12 日攻占距伦敦约 11 千米的布伦特福，首都告急。4000 多名由手工艺人、学徒和平民组成的民兵队伍火速开往前线，议会军力量大增，迫使保皇军放弃进攻伦敦的计划。

[3] 鲁珀特亲王（Prince Rupert，1619—1682），是选帝侯腓特烈五世与英王詹姆斯一世的长女伊丽莎白之子，故也是查理一世的侄子。他是英国内战时期最有才华的保皇派指挥官，胆略过人，在战争初期取得过多次胜利，但他的军队最终被纪律严明的议会军击败。

[4] 布勒斯特罗德・怀特洛克（Bulstrode Whitelocke，1605—1675），英国律师，曾任英格兰国玺大臣。

[5] 圆颅党（Roundheaded），英国内战期间的议会派分子，其头发都被剪短，以区别于长发的保皇党人。因为没有卷发，头颅相较之下显得很圆，因此以此名称呼。

[6] 约翰・克莱弗兰德（John Cleveland，1613—1658），英国诗人，内战时支持保皇党。

[7] 塞缪尔・佩皮斯（Samuel Pepys，1633—1703），英国作家和政治家，曾任英国皇家海军部长，是英国现代海军的缔造者，代表作为著名的《佩皮斯日记》。佩皮斯于 1659—1669 年间以日记的形式完整记录了自己生活和工作中的见闻琐事，大到 1665 年的大瘟疫和 1666 年的伦敦大火灾，小至家里的浴室和某位爵士制作小蛋糕的精确配方，成为 17 世纪最丰富的生活文献。佩皮斯在遗嘱中将藏书及日记留赠给剑桥大学，由莫狄连学院保存。日记清楚显示在藏书目录里，但无人问津，埋没了 100 多年。1818 年，由于与佩皮斯同期的历史人物约翰・伊夫林的日记出版后大获好评，当时莫狄连学院的院长才“发掘”出佩皮斯的日记来。

[8] 这里说的是史称伦敦大瘟疫的事件。伦敦大瘟疫是英国本土最后一

次大型鼠疫传播，此前在1636年及1625年发生过的两次则分别夺去了1万和3.5万人的性命。这一次在1665年至1666年间发生，超过8万人死于这次瘟疫，足足相当于当时伦敦人口的1/5。该次的疾病后来被确认为是淋巴腺鼠疫，一种由鼠疫杆菌造成并以跳蚤为载体的细菌感染。

[9] 英国历史上施行典型的欧陆封建制度，即国王将土地分封给贵族，贵族土地上居住的农民就成为贵族的依附民。这些人对贵族负有义务，并且人身自由受到很大程度的限制。但是有一些人（包括自耕农）的土地不属于贵族，除了对国王交税之外是有很大的人生自由权的。城镇居民、工商业者也不依附于贵族，这些人也都直接对国王负责，都是自由民。

[10] 伦敦大火发生于1666年9月2日至5日，是伦敦历史上最严重的一次火灾，烧掉了许多建筑物，包括圣保罗大教堂，但阻断了自1665年以来伦敦的鼠疫流行。

[11] 克里斯多弗·雷恩爵士（Sir Christopher Wren，1632—1723），英国天文学家、建筑师，也是伦敦大火后的主要重建者，著名的圣保罗大教堂就是在他的指导下于1675—1710年重建的。

[12] 皇家学会（Royal Society）是英国资助科学发展的组织，成立于1660年，并于1662年、1663年和1669年领到皇家的各种特许证。学会的宗旨是促进自然科学的发展。它是世界上历史最长而又从未中断过的科学学会，在英国相当于中央科学院。

[13] 1660年查理二世复辟以后，伦敦重新成为英国科学活动的中心，人们觉得应当在英国成立一个正式的科学机构。伦敦的科学家于1660年11月某日在格雷山姆学院克里斯托弗·雷恩的一次讲课后，召集了一次会议，正式提出成立一个促进物理–数学实验知识发展的学院。约翰·威尔金斯被推选为主席，并起草了一个“被认为愿意并

适合参加这个规划”的 41 人的名单。后来国王口谕同意成立“学院”，两年后查理二世又在许可证上盖了印，正式批准成立“以促进自然知识为宗旨的皇家学会”。

[14] 螨虫和蜘蛛同属蛛形纲。

[15] H.P. 洛夫克拉夫特（H.P. Lovecraft，1890—1937），美国恐怖、科幻与奇幻小说家，最著名的作品是后来被称为“克苏鲁神话”的一系列小说。

[16] 蜈蚣为唇足类动物，头部的腹面有口器，为蜈蚣的摄食器官。头部为感觉和摄食中心，头部的附肢包括一对触角、一对大颚和两对小颚。第一节的附肢称颚足，甚为发达，其末节成一利爪，爪内有毒腺，爪的末端有一毒腺开口，蜇人、畜时可注入毒液。同时，颚足的基部膨大，在中央相遇，形成了附加的下唇。

[17] 2005 年一种被科学家认为已经绝迹的物种——巨型马陆在美国加利福尼亚州被再度发现，而人们上次见到这一稀有物种已经是 80 年前的事了。一位叫保罗·马瑞克（Paul Marek）的博士生又发现了它并持续研究了几年。当时他只是数这只虫子腿的条数就用了 10 多分钟。这种虫子腿的数量不是固定的，一般雌性虫子的腿更多一些，个头也更大一些。但平均下来，一只虫子也有 600 条腿。

[18] E.H. 谢泼德（E.H. Shepard，1879—1976），英国画家，最著名的作品之一是为《小熊维尼》绘制的插图。《柳林风声》是英国作家肯尼斯·格雷厄姆（Kenneth Grahame，1859—1932）创作的童话，发表于 1908 年。该书以动物为主角，其中就有胆小怕事但又生性喜欢冒险的鼹鼠。

[19] 作者特意说明他亲自查阅了 1663 年出版的《皇家自然科学会刊》（*Philosophical Transactions*）。据该杂志的记载，此次地震持续了 6 秒钟。

[20] 乔治·雷文斯克罗夫特（George Ravenscroft，1632—1683），英国产业家、英国玻璃的发明者，于1662年以英国的燧石作为二氧化硅（玻璃的基本成分）的来源，在此基础上制造出英国早期的水晶玻璃（这个名称后来被用来指英国的铅玻璃，尽管铅玻璃中二氧化硅的来源不是燧石，而是沙子），由此结束了威尼斯在优质玻璃制造方面的垄断地位。

[21] 16世纪末，英国天主教徒与海外势力的联系让伊丽莎白一世深感不安，因此出现在英格兰本土的神学院传教士和耶稣会会士被处以叛国罪，并对收容传教士及天主教牧师的臣民进行罚款等处罚。天主教徒如不参加英国国教礼拜活动，每月需交20英镑罚款，而在当时一个人如年收入超过100英镑就可以进入上议院了。

[22] 慕拉诺（Murano）是威尼斯的玻璃工业中心，这里所生产的玻璃制品就称为“慕拉诺玻璃”。

[23] 松鼠住在货车里、和鼹鼠分食三明治等都是前面提到的《柳林风声》一书中的情节。

[24] 原文是“nipped in the bud”，意为“防患于未然”。

[25] 市长就职游行，每年11月的第二个星期六是新当选的“伦敦城”市长上任视事的日子，都要举行颇有声势的古装游行。“伦敦城”是大伦敦的老城，面积只有260公顷，常住人口近6000人，是英国著名的商业金融中心。“伦敦城”市长为荣誉职位，任期只有一年且不能连任。具有800年历史的“市长就职游行”最早是伦敦的民选市长就职后从伦敦城巡游到西敏寺的一项活动，后来演变成伦敦市民的年度狂欢盛会。“伦敦城”市长游行时乘坐的马车古色古香，是100多年前制造的，没有避震弹簧，坐在里面极不舒服，好在市长大人一生只乘坐一次。

第9章

12月

霜冻

在凛冽砭骨的天气里，林地上万物萧瑟，悄然无声。在这样的寂静里，任何人都会打起十二分精神，哪怕有半点儿细微的动静也会有所察觉。车道两边的小水坑不久前结了冰，冰面亮闪闪的，刀锋一般。我试着踩了一下，冰马上咔嚓一声裂开，就像脆脆的姜汁饼干那样，冰面下还是湿湿的泥土。雾升起来了，薄雾笼罩着树，我身边的倒不算浓，而远处则显得空蒙苍白，那里的树干也如同幽灵一般。光秃秃的树枝纵横交错成黑色的网架，随着雾气渐浓慢慢变得模糊。大雾还吞噬了天空，整个林地都如同凝固了被包裹在一片混沌中，与外面的世界完全隔离。这里就是林地，除了林地再无其他。万籁俱寂，哪怕鸽子怯生生的咕咕叫声也听不到，远处也没有传来红鸢的犀利长啸。悄然无声，我不由得认真倾听，试图捕捉到鸟虫的细细鸣嘤，连落叶丛中的丝毫响动也不肯放过。可是，除了我脚上长筒胶鞋踩在地面上发出的咔嚓声，什么也听不见，林地里依旧一片寂静，俨然一个被严寒密封的沉寂世界。

霜冻（枝头上都挂着雾凇）。

树枝全都挂上了雾凇。远远看去，每棵山毛榉树的树枝都像一串串白色的棉花糖，或伸展或弯曲，线条优美，图形精致。走近细看，就能看到成千上万粒冰晶成簇聚集在这些细枝上，乍看上去像这些细枝在春天里长出的雄蕊，其实不过是冰晶努力创造的作品而已。所有的树都披挂上这样精美却比游丝还脆弱的装束，稍稍碰一下，这些冻住的树挂就会碎成冰屑，纷纷落下。有的雾凇长度能达到约 5 厘米，它们由无数小冰晶颗粒聚集拼凑而成，所以任何雾凇表面都不光滑，结构也不简单。雾凇都形成于夜间，那时林地处于安静状态，所以过冷的水滴能在冰冷的树叶上迅速凝结，从无到有，从小到大。那位隐身的艺术大师当然不会对冬青树叶无动于衷，他在每片树叶的边缘都缀上了一圈窄窄的水晶花边，没有半点儿误差，让人看了只有惊叹。冬青树的枝梢都挂着一根根小小的冰柱，早已干枯的草叶上也悬挂着这样的钻石冰晶，那多半在几小时前就形成了。空气掠过时留下水汽，才能形成这样的钻石。蜘蛛吐出的丝现在都被林地女妖们拿去穿项链了。地上每一片山毛榉树的落叶也都沾上了这样亮晶晶的糖霜。

这番美不胜收的景致是只在这个清晨出现还是几乎每年只要大气条件具备了就会大放异彩，我还真想弄明白。700 多年前，一位护林人或林地农奴经过这里时，如果看到此景，他也会和我一样不禁驻足观看，面对同样被雾凇点缀的树木发出赞叹，在这一刻，生活的艰辛暂时被抛到了脑后。即使都铎朝廷的要人也会驻足，且将繁杂的宫廷事务搁置一边，偷闲饱览这一壮丽景色。雾凝结成冰，无数个小冰晶就这样构成了一派大好风光。雾气轻飘，便催生了这样千千万万的微型冰雕，只可叹好景不长，一旦阳光照进林地，不用两个小时，一切就了无痕迹了。如此景色，人生能有几回看，老夫可能再也看不到了！人世间的荣耀俱为烟云矣。

冬青树和常春藤

“……林地里的树都高高大大，但顶着王冠的只有冬青[1]。”圣诞节越来越近了，格里姆大堤林地上除了坚强的紫杉，只有冬青树还是绿油油的。常春藤算不算树，那就见仁见智了。是的，它也能成片成林生长，就算支撑它的树死了或被移走，它也能独自挺立一会儿，看来这首圣诞歌曲的词作者把常春藤当作树也是有番考量的。

这里的林地灌木以冬青树为主，只怕数量太多了点。40 年来，约翰·希尔就住在蓝姆布里奇林地最边缘的地方，他把自己林地上的冬青树全砍了。在他看来，林地中之所以到处都是冬青树，究其原因还是近几十年来对林地的管理松懈所致。冬青树的生存能力极强，即使在山毛榉树浓荫的遮盖下都能生长，要知道山毛榉树的树冠能把夏天的阳光都严严实实地遮挡住，人们常说山毛榉树下寸草不生。冬青树连片生长，枝叶密密实实，就像为林间布置出一个绝对隐秘的好空间，人藏在后面谁都看不到。拿着笔记本来到那棵被冬青树环绕的“国王陛下”人树下，可以安安静静地写作。就算将进入隆冬季节了，来到这大树下，权将倒下的木头当作凳子，坐在上面吃块三明治，整理下笔记，屏蔽掉一切打扰，也很惬意。天气常阴沉沉的，这时冬青树的老枝叶更显得黑压压的，用这种冷冷的方式提醒人们不要走近。它们的“锐刺尖如荆棘”，你硬着头皮也能闯过去，不过绕着它们走更为明智。木鼠为了躲开猫头鹰的袭击，常把冬青树当作最好的掩体。

冬青树不但生长速度远不及山毛榉树，个头也没那么高。我家林地上有那么一棵冬青树，它一定也曾努力往上长过，也梦想能有自己的一片天空，但到底还是只长到不足两米，就算长到头了。我猜想，林地最后那次大砍伐之后，它就在一块当时较大的空地上发芽了，与它同时发芽的还有山毛榉树。就这样，它和山毛榉树一起在相同的环境中竞争着长大。还有一棵冬青树，它和一棵山毛榉树紧挨在一起，与其说像双胞胎，倒不如说更像一对夫妻。其实，这两棵树当初还是小芽时相距半米多呢。山毛榉树的树干周长近 2.5 米，而冬青树不过 0.6 米，所以我估计冬青树的生长速率只有山毛榉树的 1/4。既然是四季常青之树，它的每一片树叶也就能长期进行光合作用，哪怕光线再暗淡也能点点滴滴都加以充分利用。冬青树叶表面呈蜡质，所以阳光灿烂时，这种树就像挂上了亮闪闪的银饰那样，晶莹发光。

人们总爱把冬青树形容成狗，意思是说它的生命力很顽强，不容易凋零死去。林地上的大多数冬青树的树干我用两只手就能握住，而这样的树已经有 20 ~ 25 年的树龄了。通常这些树总是三两棵长在一起，各自从根部发出根和芽。在地面下，那些吸根恣意生长。我拔出过一些冬青树的吸根，发现它们可以从母树那里伸出去好远，原来冬青树就是这样悄无声息地扩展着地盘的。林地中有一处我特别中意的地方，因为怕遭到这些冬青树的蚕食而最终被完全覆盖，我便将那里的冬青树连根拔除，清除得干干净净，一点儿吸根都不留，不给它们任何卷土重来的机会。冬青树的枝条一旦垂到地上，马上就会扎下根，又能长成一棵树。你瞧，这种死打烂缠的树自有一套策略，能骗过林地管理新手呢。冬青树的树皮——至少是那些还不够老的树——和林地里其他树的都不同，整个树干从上到下都有不规则的青色条纹，没准儿冬青树连这一部分也不肯白白浪费，要尽可能用来进行光合作用。

既然生长缓慢，这种树的木材当然也就如人们所料的那样很结实，能用来代替胡桃木做细木镶嵌，或做印刷底版。约翰·伊夫林概括地说：（冬青木）可以当作坚固的材料使用。坚持古法制作的工匠对这种木头也赞不绝口。一旦剥开树皮，就会发现树皮下的木头颜色很浅，近乎白色。很久以来，人们将冬青树修剪成篱笆，好震慑企图入室抢劫或盗窃的歹人。鸟儿对冬青树篱则毫无惧意，把这当成躲猫猫的好地方，欢快地跳进跳出。冬青树几乎从不生病，虽然我并不希望这些黑压压的冬青树在数量上超过别的树，可是事与愿违，偏偏好多不如冬青树坚强的树都死了。生活在冬青树上的虫子只有一种，俗称冬青叶蝇，学名为冬青圆盾蚧，它们的幼虫会钻进树叶背面吸取汁液。一旦看到冬青树叶上出现明显的黄色或红色斑块，就可以断定这些家伙还挂在树上继续干着坏事。

虽说冬青树老叶上的那些刺挺森严，但嫩叶柔软多汁，可以做饲料。趁嫩叶里的蛋白质还没硬化，我把这些叶子抓在手里捏挤，一点儿也感觉不到疼。过去人们曾经将冬青树的嫩枝砍下来当饲料喂牛，而且鹿只要发现有新长出的枝叶，也一定会毫不犹豫地啃食。伊拉斯莫斯·达尔文（见第1章注释20）在其著作《植物学》中曾指出：只有长在树干较低位置的冬青树叶才会长刺，因为这样可以保护树；而高处的叶子完全没有刺，结果常被误认为是别的树长出的叶子。

若要说适应性，冬青属的植物当属最好的例子。伊拉斯莫斯的孙子查尔斯·达尔文年轻时开始了进化论的研究，虽然这多少和这个家族的智力遗传有关，可我依然想，当初鼓励这位青年踏上这条科学之路的诸多因素里，会不会也有冬青树一份呢？冬青树也开花，5月初开，花为白色，很小，只有4个花瓣，深藏在树叶中，端庄秀气，雌雄异株。虽然雌花和雄花看起来几乎没有两样，但雄花会将大量黄色花粉撒在下面的树叶上，据此就可以识别了。冬青树之所以会被人们这么器重，使其成为圣诞节传统中不可或缺的一部分，是因为从雌树上长出的冬青果在一年将尽时会变得“血般鲜红”。冬青果还是绿色时，我就开始留意对其进行观察了，一直盼着它们能成熟变红。但在格里姆大堤林地的研究项目中，这个部分没有收到预期效果，说到这里真要捂脸几分钟，惭愧啊！

位于萨塞克斯的沃克哈斯特园算得上皇家植物园的“乡村别墅”，建在那里的千年种子银行[2]的外观堪称现代而又非常简单大方。千年种子银行落成后，我去那里参观，隔着玻璃墙，看到穿着白大褂的科学家在墙后边的各个实验室里进行无菌操作。和所有的银行一样，这里也提供资本财富保护服务，不过此处的资本财富乃是我们这个星球家园未来的货币：大量植物的种子。这些种子经精心干燥处理后，一排排存放于特别设计的“保险箱”内，箱内温度为零下 22 摄氏度。这个地方就是生物多样性的诺克斯堡[3]，所以这些珍贵的资本财富在这里能保存多年。这些冰柜里妥善储存了许多植物的基因蓝图，其中不少在野外已很罕见。说沃克哈斯特园是一艘挪亚方舟，还真不夸张。

我之所以去到那里，只因要为如何做另一个项目接受指导。为了充分了解英国林地的基因多样性，全英国的博物学者都将搜集到的种子送往这个种子银行进行数据分析。要对树木进行长期保护，这没错，但还应注意培养树木抵抗新的病虫害的能力，而要做到后一点就必须靠一个多样基因数据库提供帮助，因此今后几十年里，千年种子银行的档案资料就变得非常重要。本书中提及的大多数树木都靠风授粉，也就是说它们的基因组传播速度非常快。通过上述搜集和分析不仅能发现基因分布模式，还有助于预测气候变化会造成什么影响。

搜集种子有严格规定：必须采集自然成熟的种子并有效地进行低温保存。对于冬青树的种子来说，就意味着要让成熟的果子在母树上长出所谓的“离层”来，也就是明显露出要脱落的部位，这样一来果子就很容易自然脱落了。虽然每个果实里有 4 粒种子，但给我的指标是每一种冬青树的种子须采集数千粒，所以这份工作并不轻松。林地上的鸟早就盯上了，冬青果成熟到适合科学研究采集的时候，也正是味道最鲜美的时候，鸟当然不会放过。在这样的寒冬里，找冬青果成为好多鸟的热情追求。我们林地里那些土生土长的黑鸫已经够贪吃了，再加上从北欧飞过来的红翼鸫，冬青果颗粒无收也就顺理成章了。只是我意识到这点已为时太晚，便悻悻地安慰自己道：不妨往好里想，林地中该有多少地方已经播下冬青树种子了。鸫科的所有成员都在林地里聚会了，有黑鸫、画眉、红翼鸫、田鸫等，将冬青树种子散播到更多地方的就是这个家族成员饱餐后做出的回报。明年这些鸟又该盯上山毛榉果了。

至于常春藤的黑紫色浆果，似乎就算等到圣诞节也难成熟。这些果子不是长在叶子上，而是长在藤茎上，就像长在树上的胡椒籽那样。常春藤在 10 月开花，可是绿色的花还真不如后来结出的果那么显眼，不过就算这么不起眼，也能招引蜜蜂前来。林地的常春藤上，花和果都长在高处，曾听到栅墙上的常春藤叶丛后发出快乐的嗡嗡声，原来那是热情的蜜蜂在采集花粉。常春藤缠绕着树生长，树有多高，它们就可以长多高。藤的下侧发出的芽生长迅速，从这些嫩叶中长出略带灰褐色的根丝。就靠这些根丝，常春藤才能紧紧地缠绕在树上。箭镞形的新叶长出后就以互生方式随藤攀缘而上，嫩绿色的叶片，浅褐色的藤蔓，这种植物生生变成了一个个精致可爱的攀爬架。我认为只有这时这些嫩叶才算最漂亮，但叶子会变老，老叶呈五角星形，颜色也变成深绿色，叶梗却精细依旧。不过论及光合作用，这些老叶的效率可居高不减哟，堪与冬青树媲美。难怪在光线最暗的地上也会匍匐着常春藤，它们一心要找到可以攀缘的宿主，好爬到高处去。长在藤蔓高处的叶片形状也会变得像冬青树叶，而花枝上的叶子则呈椭圆状披针形。

在格里姆大堤林地中，有些地方的树几乎被常春藤完全缠绕了。这些树在常绿的藤蔓枝叶的死缠烂打下无法挣脱，看上去不堪重负。有两棵山毛榉树被常春藤遮得几乎看不出树干了，但我还是真心喜欢那些不屈不挠地缠绕其上的藤蔓，貌似柔若无骨，实则坚韧无比，更因为它们是这片林地上仅有的野生常春藤。鹪鹩愿意将自己的巢筑在常春藤里，因为一层层叶子能为它们提供安全的屏障。冬天里，寒风袭来，木鸽可以从常春藤的果实中吸取能量。本着实验主义精神，我也小口尝了尝这种果实，但实在咽不下去。太苦了！只怕鸟类的味觉和人类的有本质区别吧。

如果只想要根走路时拄一拄的拐杖，那么最好取材于冬青树或榛树的树干。有人送给我一本书，专门介绍做拐杖的技巧。书中列举的例子都很棒，甚至还教人如何在杖头雕刻出栩栩如生的狐狸头或者做包银装饰，只是我的木工手艺太差，根本不敢尝试。不过，就算手工再蹩脚，做自己用的普通拐杖还是能凑合的，问题是在林地上挑选什么树来做合适呢？女性用的拐杖比男性用的当然要精美秀气一些，但无论是男用还是女用，最起码都要直才行。这样一来，用榛树就要省事多了，因为合乎这个标准的冬青树很少，即使找到了，还往往长着很多细枝，得小心地将其一一削去。对了，我还发现林地中有个专门盗砍冬青树枝的人，这厮出没时神不知鬼不觉，幽灵一般。我能断定有人故意斫断冬青树枝，因为这些树枝的断口非常整齐，看得出是用专用的折叠式修枝手锯处理的。这人这么做只怕就是要占便宜，想不花本钱搞根冬青做个纯天然材料的把手什么的，没被我抓住算他运气好。冬青树枝常会自然弯曲，特别适合做把手。如果将榛树从靠近根部的地方砍下，也能得到适合做把手的材料。

我前几年就早早砍下了一些冬青树枝，好让它们彻底干燥。首先，我得把它们砍成长短合适的一段段，杰姬把这说成是对枝条进行截肢术，这种说法听起来是不是有些残忍？然后用刀将青色的树皮剥下来，不过长成天然把手的那部分得保留树皮。接下来将其打磨光滑，用一般的砂纸打磨时很吃力，时间也花得多，但结果会很棒。必要时还得用粗砂纸磨光节疤——那是树枝分杈的地方。把手周边也要用粗细砂纸轮番打磨。

打磨完毕后，一根直直的冬青木拐棍就算完工了，很适合盲人使用。如果使用者双目没有失明，那就建议不妨用浓度很高的速溶咖啡把棍体涂抹一遍。这样一来，木头的颜色就会带几分金光，好看不说，还更能凸显木头的纹理，使这根拐杖增色不少。最后装上从五金商店里买来的金属套圈（记住，可不是 DIY 用品超市卖的那种），这根拐棍就大功告成了。看上去也许做工有点儿粗糙，但用起来可称手呢。一定要在这样的拐棍头套上金属圈，花多大力气也得做，要不出门走不了几步，就磨坏了。

奴隶和响马

大河运动博物馆里有幅油画非常引人瞩目，因为尺寸大，挂在那里特别显眼。该画为 17 世纪荷兰画家扬·希勃瑞兹[4]所作，画面细致生动，展现了在奇尔特恩大丘环绕下（宣传册上常这么形容）的亨利镇，一旁就是运输忙碌的泰晤士河。前景中镇设的关卡清晰可见，而雄踞该镇的圣玛丽教堂至今依旧气势不减；地势低的地方全是收割后的农田，远山上覆盖着大片大片的森林。我敢说蓝姆布里奇林地就在画里。码头近处放着成捆成堆的木材，这些都会装上船运往伦敦。同一题材的其他油画上还有装上木料的方头驳船，上面盖着大帆布，即将驶离，河边也还有不少其他货物。不过，那些作品大概完成的时间晚些，距现在更近。

全景画是希勃瑞兹最擅长的，他的这些作品在技巧上无可挑剔。从这些画中，除了能感受到他来到这个与时俱进的镇子上时不禁产生了对荷兰老家的浓浓思念之情，也能觉察到他对亨利镇的繁荣多少刻意有些轻描淡写。西蒙·汤利[5]则提醒大家，一定要留意画家的一幅作品中那些冒烟的烟囱，他认为这足以证明当时家中装壁炉已很普遍，炉具不再是为了烧水煮饭或炫耀财富，而是为了使布尔乔亚们能过得更舒适；窗子装上玻璃也不再是有钱人的专享。此后几十年里，这一带就身后财产分配确立遗嘱并要求进行认证的案例不断增多。仗着林地产业成为各行之首，亨利镇才能久居商贸重镇的地位。1726年，丹尼尔·笛福[6]描写泰晤士河下游靠近白金汉郡一带的林地时如此说道："林地连绵不断，又出现了一大片山毛榉林……在英格兰的任何地方，你都看不到这么多的山毛榉树。这种树的木材用处极多，远远多于其他树。正是出于实用考量，人们才大批量种植这种树。对伦敦来说，英国缺什么都不用怕，就是不能缺这种树。缺了这种树，伦敦就会遭大殃了。"笛福还告诉人们，山毛榉木的主要用途是制造"那些大车的车轮外圈……伦敦街头就靠这样的大车运送商品"，这种木料还能"为国王的宫殿、陶瓷工厂和燧石玻璃作坊提供燃料"，"还有很多其他用途，尤其是可以用来做椅子，并能车成很多零件"。笛福还说："经这里运出的山毛榉木材量大得惊人，这一地区也因为山毛榉树而得以发展扩张。到这里购置地产实在不失为明智之举，而且绝对不会有后顾之忧。"当时，投资林地总被人看好，而且砍林造田也得以遏制，这样林地才能不断自我更新。笛福特别注意到亨利镇的贸易，"从这里运往伦敦的有麦芽、粮食和木材，货物不断被装上货船，运输船络绎不绝"。

这个镇子该好好做次美容了。说真的，美容这个词用在这里很贴切。老旧建筑临街的那面全被粉刷一新，中世纪风格的那些屋檐窗台都被重新油漆或者装修过，于是小镇焕发出昂首阔步走进18世纪的新气象。现在看来，那些18世纪建的双面临街的大房子不免有些张扬。和之前的房子相比，这些房子更大不说，窗户也更大，当然窗户玻璃也得更大，而只有提升玻璃制造技术才能适应这种变化。大门口往往有高高的柱子，上承大大的气窗。内托贝的传统砖块被镇上的建房人看好，用来砌临街一面的花墙。制革匠和酿酒师也争先恐后地要让自己的门户看上去与时俱进，一改中世纪的沉重和陈旧。今天镇上的哈特大街和公爵大街仍保持了意大利人说的那种“好看”模样，但建筑外观装饰一新了，只是屋子里面的支柱和板材仍然是用橡木做的，同样没有什么变化的还有镇上自古传下来的长条形土地分配格局。就算那些星巴克一类的连锁店开不下去，都摘下招牌了，我相信那些橡木和纵深修建的房屋格局仍然在那里。历史就是有这个能耐，不会任时间淹没销蚀。

格雷庄园的主人——也是林地的主人——此时又变更了。1724年，通过与威廉·斯泰普尔顿爵士联姻，诺利斯家族这个封地主人的身份也转给了斯泰普尔顿家的第四代从男爵。庄园的新主人是老威廉·斯泰普尔顿的后代，这位老威廉几乎完全靠自己打拼，白手起家，挣下身家，闯出一片天地。1671年，老威廉被任命为背风群岛[7]总督。靠着在西印度洋群岛上（圣基茨岛、尼维斯岛、安提瓜岛和蒙特赛拉特岛）拥有的甘蔗种植园，老威廉积累了更多财富。他的金钱和地位都是靠残酷压榨奴隶得到的，说他踩在奴隶身上拼命压榨才发家致富 点儿都不为过，英国在加勒比海地区殖民地的所谓发展也都是这样进行的。在那个时代里，老威廉这样的冷血做派符合当时的价值标准，反被人称道，他被视为工作勤奋，能力值得信赖，当属行政管理人员中的佼佼者。那些人靠这种手段发了财，但他们的后代几乎都迫不及待地想离开被他们长辈冷酷盘剥的殖民地，既能享受着以奴隶血汗为代价的舒适，又能摆脱那种丑陋生活。在那些人的眼里，奴隶根本就不算人。这位第四代从男爵小威廉在西印度洋也有奴隶，只是到了英国后，他装出另一番模样，一心想跻身于牛津郡的士绅群体。尼维斯的家族财产有他的一份，他便尽可能从自己名下的财产里套现。他的书信手稿现存于哈佛图书馆，从这些手稿中可以看出小威廉一直在向自己的经纪人提姆·泰瑞尔提出要求，一心要拿到种植园所得中他应得的那一份。他总认为管理种植园的成本没那么高，怀疑地产管理人在玩花招，把自己给耍了。那么他又为何不远渡大西洋，亲自去自己的种植园查看一番呢？因为他不愿吃那份旅途劳顿之苦呀！总之，他遥控着种植园的管理，认为奴隶可有可无，至于奴隶过着什么生活他才懒得理会。1725 年，泰瑞尔向小威廉的母亲报告说："很多黑奴因为营养不良和生病而死了……虫害猖狂，许多甘蔗苗被虫吃了。明年收成势必受影响。"

在英格兰，威廉爵士的口碑极差；在尼维斯，他又因通过代理人压榨奴隶，令人憎恶，总之没人看好他。可是，在 1727 年的大选中，他居然拿到了足够的选票，当选为议员。正如基督教堂学院[8]的斯特拉福德博士评论的那样："在我们这个郡里，爵士封号简直不值一文……据称基督教堂曾经有个威廉·斯泰普尔顿爵士，是个从西印度群岛那边来的人，一向品行不端，放纵荒淫，居然也被封爵了。"登上议员位置之初，他还信誓旦旦地说要竭尽全力为民众发声。但在

1733 年的一整年里，他只发言过一次，就连这一次也是为了他自己的利益——反对从北美进口朗姆酒[9]到爱尔兰，因为这会直接损害他在西印度的种植园的利益。他使劲鼓动，结果还真得到支持，居然心想事成了。

1727 年，小威廉的儿子托马斯在格雷庄园里出生。1739 年，小威廉去世，不久他的儿子也暂时离开，庄园则一时由当地的一位牧师照料。年满 24 岁后，托马斯才重返庄园。成年后的他放荡不羁，那做派简直就是他父亲的翻版。他的表亲弗朗西斯·达希伍德[10]住得不远，就在西威科姆，翻过山往北走几英里就到了。年轻的托马斯热情满怀地参加了梅德曼汉姆修士会，这个团体当时又叫“威科姆圣弗朗西斯行乞修士秩序会”，就是现在人们说的那个臭名昭著的地狱之火俱乐部。这拨儿人当初声称要在洞里进行自由思考，其实在里面尽做些出格的事。那些洞穴就在达希伍德住宅的对面，傍着怀河，现在倒成了名胜古迹，吸引了大批游客前往。这些所谓修士的聚会地点则在泰晤士河边的梅德曼汉姆修道院，这座修道院地处亨利镇和马洛镇之间。由于当时没有详细的记载，这拨儿人去世后，这个俱乐部竟被渐渐美化拔高，甚至有人认为这个社团其实是有政治目的的。然而毋庸置疑，所有的这些“修士”都强烈反对宗教束缚，非常崇尚个人自由。霍加斯为达希伍德画过一幅肖像，题记称他为“圣弗朗西斯”，画面中的达希伍德手拿的本应是《圣经》，画上却是一本言情小说。当然，这帮人在一起鬼混少不了滥饮狂酗，国民信托组织在格雷庄园的导游册里却不无骄傲地向读者介绍说：“在 1762 年的一次聚会上，仅托马斯·德·格雷（这是斯泰普尔顿的别称）和亨利镇的一个叫约翰的人就一起喝光了四瓶波特酒、两瓶干红和一瓶里斯本葡萄酒。”

格雷庄园是女主人的陪嫁[11]，但在庄园大宅里就分明刻着这样的一行拉丁文："单身的日子胜过天堂。"地狱之火俱乐部在其他聚会地点也都刻下了类似的反传统拉丁文口号。

具有讽刺意味的是，这位第五代从男爵一方面口口声声说要为个人的自由而奋斗，另一面却通过压榨奴隶的血汗获取钱财，以维持自己寄生虫般的生活。更让他打自己脸的是那个"德·格雷"的别称，因为正是这个名字让人联想到曾经把别人当成家奴佃户的封建制度。1765年，托马斯·斯泰普尔顿与玛丽·费恩小姐结婚，费恩家族的地产就在离奇尔特恩不远的沃姆斯利。新婚时，托马斯也的确承诺过要做一些改良。既然这两个大家族联姻了，可以说这两家的势力合起来能够覆盖牛津郡南部的乡野了。为了向新婚妻子表示热烈欢迎，托马斯在大宅客厅的天花板上增加了一幅亮丽的彩画，还对大宅东翼进行扩建，修建了很经典的乔治风格[12]的凸窗，就算今天原样搬到梅菲尔[13]也不会让人觉得掉价。他还建了一堵矮墙，这一来往草地那边看时景色更怡人。没多久，钱就被他折腾光了。这样一来，不仅没法对整幢大宅进行重建，就连原本要效法这一带采邑主人那样建一个大园子的计划也只能落空。我们的林地也算因此逃过一劫，又能继续保持古貌。不过比起德·格雷时代，今天这片林地面对的世界更广阔了。在早先的德·格雷时代里，整个庄园几乎都自给自足，俨然一个小小的封闭式经济体，与远在世界那一头的背风群岛上的经济活动相比，格里姆大堤林地只是个小不点儿，根本不算什么。

一里好路另一头的弗利庄园本在布勒斯特罗德·怀特洛克爵士名下，威廉·弗里曼买下后成了庄园的新主人。这个庄园到弗里曼手上时已破败不堪，于是他在1684年对庄园大宅进行了全面翻修。弗里曼也是所谓的西印度人，1645 年在圣基茨岛出生，靠在伦敦经营蔗糖生意赚下了殷实家底，并用这些收益在亨利镇购置了产业。在尼维斯他也有种植园，并一直对那里的经营进行遥控管理。从他口授的文件中就可以看出他对自己庄园中奴隶的生活和营养状况还是有所关照的，甚至为他们提供培训，让他们学习做桶一类的手艺。斯泰普尔顿和弗里曼两人不仅在英格兰比邻而居，在大西洋的另一边也是如此，这种情形确实是难得的巧合。如果退回到 17 世纪末，站在我们林地这里向四周望去，目光所及之处可以说都是由奴隶的血汗浇灌而成的。

进入 18 世纪后，弗里曼家族在经济和政治方面都兴旺亨通。既然庄园土地和亨利公园都在自家名下，这家阔佬就想把这里建成庄园的最佳景观才是。于是，在一里好路的这一侧，蓝姆布里奇林地又开始扮演新角色——成为弗利庄园的一处远景，与整片风景融合并相映。约翰·弗里曼还在亨利公园中修建了一座“墓”，其中埋的却是一些瓶瓶罐罐和家用品，实际上这就是一个“时间胶囊”，他的目的也很明确，就是想等几百年后的考古学家去发现和研究。约翰这么做也不难理解，因为他本人就是文物学会的早期成员。他的儿子山姆布鲁克·弗里曼的抱负更大，他要重建弗利庄园，将其完全改建为新古典主义风格的园林山庄。1764 年到 1766 年期间，山姆布鲁克聘用了以最具创意闻名的景观设计师兰斯洛特·布朗来设计并主管这个重建项目，此君当时还被称为“最棒的新古典主义景观设计师布朗”，简直被捧上了天。至今，亨利最有名的地标景观之一仍为山姆布鲁克的大作，那就是位于泰晤士河中心的庙岛上的那座“庙”，现在的帆船赛道以那里为起点。当初这样花大力气修建的“庙”不过是为了人们能去岛上钓鱼和野餐，这是不是也太铺张了点儿？到那里聚餐的上流人士说起那一带的山岗林地与河流风光时，无不交口称赞，而山姆布鲁克似乎打心底就认定整个亨利镇都是他的私家花园的一部分。为扩展重建的庄园，他后来又买下更多的地产，就连镇北的菲利斯庄园也没放过，山坡洼地，林场农田，悉数收入名下。

1820 年的亨利大桥，图片由希拉里·费舍尔授权使用。

1781 年年末，当地士绅商量着要在泰晤士河上建起一座美观的石桥，那座摇摇晃晃的木桥终于可以彻底退场了。说来说去，新桥不也正好能为这帮有钱有势的人长威风呀！

亨利·西摩·康韦将军时任武装部队总司令，也亲自参加了新桥规划会议，因为河对岸伯克郡那边的公园土地在他的名下，当然那里的大片明丽景致中也建有一幢豪宅。不得不说，这些先生还真的个个品位不俗，建好的新桥不仅好看，还有文艺气质，真不少为这里的风景增光添彩，成为这儿景观中的一大亮点。石头大桥上的泰晤士河女神和丰收女神的头像均由安娜·达摩设计，而这位女艺术家正是康韦将军的女公子。现在这两位女神仍在桥上不知疲倦地俯视着桥下奔流不息的河水。安娜，这位乔治时代的知识精英，当时可谓为启蒙世人身体力行，向大家证明女性也能成为艺术家。新桥建成之时，亨利镇的乡村也已自成规模，算得上田舍精致，物产富饶，山林茂密。这里的风光也因自有一派特色，吸引了众多富人前来买地建房，从此定居。

而在斯托纳对林地的榨取则从未中断，这是因为林地主人虽然在阿森登谷地也有封地，但几百年来都着实靠这两处林地的收入才能确保衣食无忧。文件和档案都表明这里的林业非常发达，堪称英格兰之最。18 世纪中叶，托马斯·斯托纳因故要离开，便向他的叔父就如何经营林地交代如下："什么时候该砍什么树，这事只能由林地管理人向工人发指示。林地管理人还应先通知管家，再自己或派人去找管家拿钱支付给伐木工人。"他还明确指出应做到以下几点："仲夏节后一个月内，必须举行林地宴会，招待林地木柴经纪人并给付他们应得款项。"他还告诉叔父应如何采取措施防止工人偷走大木料，但也要允许这些人拿一些小的木料回去做柴烧。灌木丛林必须适时修剪、砍伐和补种，还应阻止鹿群伤害树苗。1749 年的支出项目包括"支付威廉·大祸害补种及削砍费用 10.3 英镑"。你能相信吗？他竟然请了个姓大祸害的人来林地做工。[14]

那些账本还证明当时在木材市场上橡木比山毛榉木更值钱。成百上千的柴禾在亨利镇装上船，当然也要向码头管理者付费。面包店和镇上驻军买小枝作为引火柴生炉子，大段的木柴则供给砖窑，所有的木柴都得到利用。佃农获准能将零星木柴打捆或装车带回自己的家，这种在森林里获取木柴的权利自中世纪就有，一直持续下来。这些账本的内容经得住时间的考验，让人看了确信不疑。翻看这些账本，让人不禁感叹时光的不断轮回。然而新的市场也打开了，正如丹尼尔·笛福在白金汉郡注意到的那样，那时用木头做家具已经产业化，山毛榉树也有了新用途。运河里尽是这些木材等着被运走，好填满已经产生重大变革的家具新产业的巨大胃口。斯托纳利用蓝姆布里奇林地做了多少事，现在谁也说不清，但可以肯定的是：我们这块林地当年也在斯泰普尔顿家人手里成为滚滚财源。一到合适季节，那些姓大祸害一类的男男女女就蜂拥到山毛榉林地干活讨生计。

和奇尔特恩大丘地区的其他庄园一样，通过将可耕地、面积相对小些的牧场和半人工种植的古代林地混合经营管理，斯托纳繁荣兴旺，得以持续发展。在整个 18 世纪，由于伦敦对谷物的需求量增长，这一带为了尽可能多种小麦而停种了很多别的作物。运用多种改良土壤的方法，加上实施轮种法，以及采用受到杰斯罗·图尔[15]那些具有改革意识之人支持的机器播种和收割作业方式，生产效率大大提高了，单位面积的产量也大大增加。这些变革带来的后果就是传统农业生产方式在英格兰的其他地方都消失了，只有牛津郡南部还沿用着古代的农业生产传统。被山岗环绕的农田很久以前就在这里，有成百上千年了。

然而，翻过奇尔特恩大丘，来到地势平坦的地方，乡村正经历着重大解构重组。过去艾尔斯伯里谷地和所有朝向牛津的低洼地的周边都是荆棘，从那时起开始被开垦成农田，时至今日竟被人视为英格兰低地乡村之典型。中世纪被条状分割的农田和公地，此时也都毫无例外地被开发为成块相连的农田。今天，站在沃灵顿山上，或乘飞机绕着伦敦周围往下看，那一块块农田煞是悦目。议会当时通过了《圈地法》，将利用肥沃的土地合法化。也正是这个法案为农村普通民众带来了巨大灾难，使他们陷入悲惨境地，因为他们失去了自古就有的权利[16]，得到的赔偿却微不足道。但是，奇尔特恩大丘地区的生活仍一如既往，波澜不惊。虽说农业技术已大为提高，干燥的洼地里那番林田交织的景色依旧古韵悠长，令山姆布鲁克·弗里曼及其友人心醉神迷。奇尔特恩林地得以保留，我们的这块林地也一样。这里的整个地区就是一个巨大的时间胶囊，被那位考古迷约翰·弗里曼放置于弗利庄园地下的还不如这地上的更真实，更可靠。

那条路是以往岁月里的唯一一条大路，它经过我们的林地，然后翻越奇尔特恩大丘，最后来到内托贝和牛津。如果说18世纪的乡村生活富裕祥和，那么连接这些乡村的道路则危机四伏，险象环生。1736年，罗伯特·菲利普斯如此描述道："夏天，一路尘土飞扬，令人窒息。冬天，路上则不是积水就是硬土，深深的车辙里满是积水，而突出地面的辙缘则坚硬如石，乘车步行都很艰难，翻车或摔跤乃寻常事。待到冬天，烂泥如沼，踩下去，积水和烂泥吱吱地冒着泡，还会埋住行人的脚或让车轮陷住，路两旁的沟里也全是稀泥，又脏又黏。"山路的情况则更糟，现在那条一里好路以外通往比克斯的上山古道还在，经由西塞尔·罗伯特的那栋朝圣小屋后通往下面的一条小路。这条小路不仅光线昏暗，而且被无数在白垩岩大坡上吃力前行的大车碾压得凹凸不平，赶车人只能让车子沿着车辙走，几百年里都是这样。由于道路无人修整打理，陈年形成的车辙经不断碾压后坑坑洼洼，益发崎岖，而路旁的树还要添乱，靠山那侧的树盘根错节，树根甚至裸露在土壤外面，道路两边的榛树也早就该在几年前砍掉，现在长得老高不说，还都朝路中间弯曲，几乎把路完全遮挡住了，使这条路成了隧道模样。常春藤气势汹汹，到处攀爬蔓延，并从所寄生的树枝上纷纷垂下，让这条路更显得狰狞。这条路的确承载了很多黑暗的记忆，往昔岁月里，走在这条路上的人随时会遭到伏击、抢劫。一句话，危机四伏。

行进在这条路上，陷进烂泥里，车轴断裂，让人担惊受怕的事还远不止这些。300 年前，在途中遭遇伏击抢劫可不是玩笑话，那可是真刀真枪进行的。这条路经过亨利镇才来到这片绵延的林地上，各路不法之徒也都认准这里的埋伏条件好，下手机会多。正如哈德威克庄园的丽贝·珀伊在其日记中写的那样："如果抽打路边的灌木丛，就会把一个贼吓得跳出来。"[17]要知道这位女士可就是住在这里的人。丽贝·珀伊有写日记的习惯，18 世纪前后亨利镇那些名门豪族间令人炫目、无休无止的社交活动（轮流举办盛大的聚会，成群寻欢作乐，日日珍馐美酒）都被她事无巨细地记录在册。1772 年，她也险些遭殃："我和普拉特小姐都自认为实在算运气好。"因为她们刚通过那段路，紧跟其后的一辆轻便马车就遭到抢劫。"这帮强盗专盯着钻石抢，要是就这么被莫名其妙地抢了钻石，该多倒霉呀！后边那人戴的钻石首饰一定比我戴的好得多。"1779 年 12 月 19 日，她写道："珀伊先生和汤姆去布莱琴顿公园打猎，在距亨利镇四英里的牛津路上居然遭到行劫，那时才不过下午 3 点钟呢。劫匪仓皇逃离时慌不择路，竟跳入深水而逃（两位先生当时坐在马车上）。一个星期后，我们才得知那个可怜的家伙溺水身亡。据说那劫匪的举止倒还彬彬有礼，自称时运不济才如此落拓，不得已而为之，而他看起来也的确很潦倒。"这场抢劫一定就发生在我们林地外那条通往内托贝的路上。

这种抢劫的悲剧并非个案，不少劫匪的言谈举止也还真不粗鲁野蛮，大约这些人也是迫不得已才走上这条路的。艾萨克·达金[18]就是这类虚张声势的响马中的一个代表人物，在老一套的好莱坞电影里，埃罗尔·弗林扮演的那些绿林好汉里有很多都是这样的。达金的软肋是好色，偏偏他还长得风度翩翩，讨女人喜欢。正如《新门监狱历书》[19]里写的那样："达金举止优雅，所到之处往往有许多女人因此被他打动，失去理智。"他胡作非为，连连惹祸，结果被充军到加勒比海的安提瓜。到了那里，他又实在受不了军旅劳苦，便使了各种歪招跑回英格兰，继续胡来，自以为从此无人可以降服他，十分张狂。直到有一天他"在内托贝不远处打劫了加蒙先生的怀表和现款"，从此便成为职业响马。达金最后一次要到达计划行劫的地点也必须穿过我们的这片林地，但这一次他没能逃脱，人们抓住他时，他正和一个"镇上的女子"在床上鬼混。面对死刑宣判，他若无其事，据《新门监狱历书》上的描述，"在执行死刑的那一天，他表现得相当勇敢，一把抓过绳子就套在自己脖子上"。那时他才 20 岁。

必须对这条路采取措施了，既要改善路况，还要打击那些响马劫匪。就在比克斯的山顶上（那里离蓝姆布里奇林地还不到 800 米），这条大路边出现了一座奇特的白色平房，它之所以奇特就在于房子的角度，建成这样的角度后，从房子前部的窗子便能看到大路两头。这样一来，坐在屋里就能眼观两个方向的来往情况。在大路关卡上设立的这个收费站意义深远重大，正是它影响了整个英国道路的通行状况，促成这个国家的交通运输业逐渐升级转型。为了分段改善路况，英国成立了公路信托基金会，而参加信托投资的个人则能获得收益。很快，许多主要大路上都建立了交通收费站，亨利地区就至少有 3 个。

为了防止车辆逃费，一度将带锐刺的路障放在路中央，虽然这种做法并没能得到长期执行，却为英文增加了个词 turnspike。现在美国人还在高速公路上使用它，不过在那个国家意思是“收费公路”。当年在亨利地区经内托贝到沃灵顿的路上，这个词不是这个意思，那可是一点儿也不掺假的路障呀！高峰期间，我可以在新泽西高速公路上驾车，不用停车，那感觉真是太棒了，终生难忘。

18 世纪末的比克斯通行收费站。

1736 年，我们林地下方的古道也设立了收费站，现在沿这条路还能走到比克斯，然后再下到谷地，通往内托贝。雨季里，这条路上的坑坑洼洼很快就积水了，这一带的农民开着汽车在路上颠簸前行。要说收费站建在这里后，这条路的路况真得到什么改善，我是不会相信的。人们都更愿走那些新修的路，正如塞西尔·罗伯茨描述的那样：“举国上下，抗议公路信托基金会勒索盘剥的集会和骚乱不断爆发。为了平息事件，出动了军队，在沃赛斯特对二人处以了绞刑，而在泰伯恩也对一人执行了绞刑，后面这位执行时没那么顺利，结果出了乱子——受刑者落入棺材时还把棺材盖掀翻了。”

旧日里，只有富人才有财力支持做长途旅行。18世纪末，以一里好路在比克斯的那一头为起点，新修了一条路直插过来（我们今天的这条大路就是在这条新路的基础上修的）。这下，古道被甩在山岗上，终日沉睡在旧日岁月里了。不久之后，又修了一条直接穿过林地通达内托贝的路。这条路的路面起初并不好，因为铺的全是易碎的白垩岩，后来便又改铺上坚实得多的碎石块，并对路面做了防积水处理。这样一来，过去经常发生的道路被冲毁的现象便得到了遏制。路上的治安加强了，路面视野也更好了，这就意味着响马强人想逃跑也没那么容易了，反倒更容易被抓获而绳之以法。之所以这么说是因为“当年奇尔特恩的百户长曾为追捕不法之徒而殚精竭虑、东奔西走，搁到现在，他们真会感到清闲多了[20]”。自中世纪就成立的高等法院刑事法庭到此时也清闲了许多，于是这类法庭大法官的职位就成为给即将退休的议员的一份肥差，用这个职务来使他们从为公众服务的位置上体面地退下（因为按照法律规定，议员不能担任公职[21]，这些人做了法官就不能再担任议员了）。英国下议院信息办公室的工作人员告诉我们，到17世纪时，“百户长行政设置早在那之前的100年就没有了”。所以，很可能正是地方治安加强和道路得到改善才使响马强盗这种人有所收敛。19世纪，我们林地上的盗猎情况仍一直存在，但那些在奇尔特恩大丘路上出没的凶残劫匪早已销声匿迹。邮车按时准点经过通向洼地的大路，马蹄声哒哒清脆，路边树枝在风中吱吱呻吟，惊得乌鸦噼啪拍打翅膀，从满地的地衣上一下子腾起。大路上平静了，安全了。

地衣

任何地方只要适合生命生长，就不会成为荒芜之地。昨晚，大风在林地上猛吹，很多长在顶部的树枝被吹落。所有这些树枝都涂上了别样色彩，既然大风已经把它们吹落并为其做了装点，我只消弯腰捡起来就可以好好观察了。有的树枝上缀着一块块鲜明的绿色，有的虽有绿色，却暗淡了许多，还零星断续不能成片，像是揉皱的废旧纸张。一根白蜡树枝上甚至还点缀着皱巴巴的金黄色纹路，像用黄色小圆片草草地做出一片片大小和形状不规则的贴花，每一片贴花中心部位都略带红色，又显得粗糙。一根樱桃枝上缀着的则像一束捞出水后有些脱水的海草。

这些彩色的缀片就是地衣，而湿冷漫长的冬天是它们的最爱。林地里有十多种地衣，它们干燥时很容易保存，可以作为我的林地收藏。格里姆大堤林地的大树高枝上也长有像叶子一样的地衣，不过我只在林地路旁的灌木丛中看见过，因为那里光线好得多。地衣似乎对接骨木的果实特别钟情，因为接骨木枝上的地衣特别多。树枝上没有土壤，地衣却偏偏要在树枝上栖身。地衣不从供它们容身的树枝那儿偷走任何滋养成分，所需的只不过是一点儿立足之地，这样看来地衣大概就靠空气活着了。食尘土，饮雨水，这就是地衣的活法。地衣是菌类和藻类（通常是一种藻或一种绿中带蓝的细菌，有时两者都是）混合作用的产物，所以地衣本身就是生物互利共生的模范样板。这种共生习性对树的生长如此重要，想想都觉得很神奇呀！地面下的树根被菌根缠绕，地面上方高高的树枝被地衣遮裹。原本光秃秃的树枝被地衣点缀得这里有一块斑纹，那里有一些花边，凭空就多了几分妩媚。地衣的藻类部分从阳光里吸取营养，而菌类部分则借助菌丝缠绕在植物细胞上，并向四周蔓延提供养分。地衣生长十分缓慢，这并不奇怪，因为它们不着急生长，从容得很呢，一心只想着等待合适时机的到来。在所有的生物里，地衣是最能抗得住干旱的。一旦遇到水，它们就能恢复生长，就算树叶掉光了也没有问题，这时的光线就好多了。难怪当别人都冬眠了，这东西却能趴在枝上欢快起劲地生长呢。

我用便携式放大镜仔细观察那片金黄色地衣，发现一簇簇很小的橙色东西从中心向四周生长，形态像小杯子，而这种石黄地衣的菌类孢子就藏在这些小杯子里。黄颜色是这种地衣的菌类为藻类提供的保护，以抵挡紫外线辐射的伤害。这真是对 *quid pro quo*[22] 的形象诠释。灰绿色地衣在一截树枝上形成一段线条精美的波纹图案，边缘融合在树皮里。在扁平的石黄地衣附近还可找到蜈蚣衣属的球状地衣，因为二者都能耐受高水平的含氮量。此外，还往往可以发现一种梅叶属的叶状扁平的高忍耐性地衣。这些品种的地衣通常也都能在城市环境中看到。

地衣是大自然里当之无愧的化学大师。无论身处多么恶劣的环境，它们都能生存，也就是说无论大气扔给它们什么恶劣物质，它们都能将其变废为宝。现代农业超量使用肥料，导致大气中氮浓度升高，城市受到污染，连许多地衣品种也难以生存了。英国西部现在还能见到对环境挑剔的这样一些品种，可以认定那里的海水和空气依旧纯净，只有这样它们才能安然生长。当年那些响马潜伏在林地中，那些挑剔的地衣也曾在奇尔特恩大丘上蓬勃生长。对于大气的细微变化，我们人类感觉不到，但糊弄不过地衣，哪怕只有万分之一的浓度它们都能感觉得到，哪怕只有一些细微的分子它们也嗅得出来。

林地中还有一些地衣品种能被视为环境近来得到改善的指针，所以看来一切还不见得都那么糟糕。那些乱糟糟的灰绿色叶状地衣叫槽梅衣，它们能再次在林地中现身还是因为大气中二氧化硫的浓度降低了。亚花松萝地衣垂下一束束精美的灰绿色丝须，这个品种也对二氧化硫非常敏感。看到这种地衣，不禁想起在佛罗里达大沼泽里看到的寄生藤（虽然这东西和地衣毫无关联），那里每棵树上都垂挂着这种藤。槽梅衣和亚花松萝地衣又出现在林地上，真实反映出近年来燃煤用量大大降低的结果。换句话说，空气洁净多了。

只有极少品种的地衣（如皱梅衣）在全世界都有分布，它们能在任何环境下生存，就连在大城市里也有它们顽强的身影存在。我们林地中的野樱桃树枝上长着俗名为橡苔的地衣，其学名为栎扁枝地衣。这种枝状地衣的孢子很小，枝体为棱柱状，呈灰绿色，能长成密集的一片。这个品种的地衣被采集起来作为制造香水的原料，并被草药治疗师说成有“杀菌、镇痛、化痰、滋补”诸多功能。一句话，万能药，包治百病。一旦通体光滑的山毛榉树枝上出现了隐隐约约的灰绿色斑块，就等于宣告地衣也占据了这里。用放大镜观察，还可以看到那些能长出孢子的小杯（这些小杯倒不见得全是橙色，往往带着点儿黑色）。长在山毛榉树上的地衣主要属于粉衣属、斑衣属和副茶渍属。简而言之，不管多么险恶的环境，哪怕别的生物都蔫了，地衣仍能生存。地衣还为自己建立了一个微型的生态系统。安德鲁·帕德莫尔诱捕到的 3 种灯蛾都用地衣来喂养幼虫。当然，它们也不可能和那个更广阔的世界脱离得了关系：大气中任何微妙的变化，农业耕作的任何方式，那些几乎从未到过林地的政客坐在办公室中就能源使用做出的任何决策，都和它们息息相关。乔治时代，贸易通道为我们林地当时的主人打开了大门，与外面的世界发生联系，后来修建的收费站则为这片林地拉近了与牛津和伦敦的距离。而彼时地衣已经安然长在山毛榉树和樱桃树高处了，·直密切关注着树下发生的一切，并对即将到来的未知动向十分警觉，就像一个忠诚的哨兵一直守护在那里。

注释：

[1] 出自一首歌曲，名为《冬青树、常春藤，还有红玫瑰》（*Holly, Ivy and Rose*），词作者为迈克·哈得利斯（Mike Hardreas）。后面提及的“锐刺尖如荆棘”和“血般鲜红”等俱出自该歌词。

[2] 千年种子银行（Millennium Seed Bank），分别设在皇家植物园的邱园和沃克哈斯特园（Wakehurst Place），后者专门保存野生植物种子。

[3] 诺克斯堡（Fort Knox），美国肯塔基州北部路易斯维尔西南军用地，自 1936 年以来为美国联邦政府的黄金储备处。那里戒备森严，固若金汤。

[4] 扬·希勃瑞兹（Jan Siberechts，1627—1703），弗兰德画家，在安德卫普声名鹊起后，移民英格兰，并将鸟瞰式全景描绘庄园地形的风景画带入英国。这里要说明一下，今日的弗兰德是比利时西部的一个地区，人口主要是弗拉芒人，说荷兰语（又称“弗拉芒语”）。而传统意义上的“弗兰德”亦包括法国北部和荷兰南部的一部分（今比利时的东弗兰德省和西弗兰德省、法国的加来海峡省和北方省、荷兰的泽兰省）。

[5] 西蒙·汤利（Simon Townley），牛津郡历史研究所负责人，《牛津历史》编辑。

[6] 丹尼尔·笛福（Daniel Defoe，1660—1731），英国作家，代表作为《鲁滨孙漂流记》。后面作者引用的文字俱出自笛福 1726 年出版的随笔文集《不列颠全岛游记》（*A Tour thro' the Whole Island of Great Britain*）。

[7] 背风群岛（Leeward Islands），加勒比海东缘西印度群岛中的小安的列斯群岛北部岛群，位于东北信风带内，比南部向风群岛受信风的影响稍小，故得此名。17 世纪中叶为英国兼并，现为英国属地。

[8] 基督教堂学院（Christ Church College），牛津大学最大的学院之一，1525 年由红衣主教沃西创建。该学院享有不称为 College 的特权，在牛津大学它通常被称为“The House”。该学院与英国政治的渊源很深，曾在内战时作为查理一世的临时办公地。英国十多位首相出自该学院。

[9] 朗姆酒是以蔗糖为原料生产的一种蒸馏酒，也称为糖酒。

[10] 弗朗西斯·达希伍德（Francis Dashwood，1708—1781），英格兰政治家，还被认为是威卡教的先驱。1750 年他建立了一个宗教团体，就是书中提到的“地狱之火俱乐部”，吸收了一些社会地位很高的成员。

[11] 根据第 2 章中所说的“1787 年，格雷庄园迎来第一任女主人——玛丽·斯泰普尔顿夫人，这座庄园大宅就是她的嫁妆”，译者认为这里有误。

[12] 乔治风格是指大约 1714—1811 年间流行在欧洲特别是英国的一种建筑风格。在此期间，英国处于乔治一世至乔治四世统治时期，乔治风格由此得名。这种风格有巴洛克的曲线形态，又有洛可可的装饰要素。现在欧洲的传统建筑风格基本上都以此为原型。

[13] 梅菲尔（Mayfair），位于伦敦西部繁华地段，是顶级社区所在地。

[14] 原文是 Strongharm（意为“严重危害”）。

[15] 杰斯罗·图尔（Jethro Tull，1674—1741），播种机的发明者，推动

了英国农业革命，为该国的农业现代化打下了基础。

[16] 英国中世纪实行“敞田制”，内容之一是将土地进行公平分配，若得一块肥田，则搭一块瘦田；得一块近田，搭一块远田；得一块干地，搭一块涝地。由于分配的田地被划成条状，又叫条田。“份田”在领主的领地内，不因领主分封而变更，领主也不得侵占。农民及庄园主开垦的领地内的荒地原则上是领主的领地，由于开垦者投入人力财力，开垦者自己享用垦地上出产的果实，时代久了，渐渐含有私田的性质，但又没有地契。佃农租赁地主的土地虽没产权，但有租赁权，可世世代代租赁下去。但根据《圈地法》，圈地废除租赁关系，圈地人还以有效利用土地为名侵占弱小地主的私田，所以失去土地权的多为曾享有土地租赁权的农民与小庄园主。

[17] 这段话引自丽贝·珀伊（Lybbe Powys，1818—1897）的散文集《哈德威克庄园的菲利普·丽贝·珀伊小姐日记摘抄》（*Passages from the Diaries of Mrs. Philip Lybbe Powys, of Hardwick House*）。

[18] 译者从网上查得此人资料如下：艾萨克·达金（Isaac Darkin）因在内托贝附近袭击抢劫亚当斯男爵，于1761年3月23日（星期五）在牛津由巡回法庭判处死刑并立即执行。下文提到的埃罗尔·弗林（Errol Flynn，1909—1959）是出生于澳大利亚的电影演员，以出演罗宾汉一类的硬汉人物著称。

[19] 《新门监狱历书》（*The Newgate Calendar*）在1759—1850年间曾是英国家庭必备图书，尤其小孩一定会被敦促阅读此书，因为该书内容除劝善外，亦指明如品行恶劣会受到何种惩罚，多以关押在新门监狱里的响马盗贼的真实案例进行说教。新门监狱位于伦敦市新门街和老贝利街的拐角处。该监狱建于12世纪初，后经过多次扩建和重修，最终在1902年关闭，并在1904年拆除，如今建在原址上的是英国中央刑事法庭。

[20] 此引言摘自《上泰晤士谷地》（*The Upper Thames Valley*），作者为洛德·威福德（Lord Wyfold），由 George Allen & Unwin 于 1923 年出版。

[21] 英国议员可以担任政府的政务官（内阁部长），但是根据文官中立原则，禁止政府的公务员（事务官员）有任何兼职。

[22] *quid pro quo* 是拉丁文，意为“经过互相交换得到各自想要的”。

第10章

1 月

第二次砍伐

今天还真有些反常，才早上 8 点钟就这么暖和。浓浓的雾在树间弥漫开来，林地外开阔的田野已经消失在雾中了。一只秃鹰发出凄厉的叫声，拍打着翅膀飞入浓雾之中。马丁·德鲁开着路虎越野车来了，准备将空地边的两棵野樱桃树砍下带走。我们已经从英格兰自然署[1]拿到了砍伐这两棵树的许可证，其中一棵正处于最适宜砍伐的阶段。为了和附近的那些山毛榉树争抢空间，这棵树拼命往高处长，结果现在和那些山毛榉树一般高了。另一棵则生了病，早些时候就发现这棵树上叶子稀疏，还掉得厉害，现在树干上也出现了霉菌感染的迹象。但马丁告诉我，这些都不会对芯材有任何影响。

对有经验的伐木工人来说，如何让两棵树以最佳方向和轨迹倒下至关重要。马丁这人很沉稳，言语不多，喜欢深思熟虑。他仔细打量着那两棵注定要被砍倒的树并盘算开来，最后决定先对那棵病树动手。他在车的后备厢里放了好几套大功率链锯，从根部进锯的部位能决定树倒下时的精确方向以及方式。一阵嗡嗡声响起，电锯开始工作，一开始似乎还有点儿吃力。今天本来就暖和得反常，很多鸟误以为春回大地提前了，也你一声我一声地争相啼叫，好不热闹。电锯发出嗡嗡声后，所有的鸟都安静了，不知是自认为压不过电锯声还是由于别的什么原因，反正就是不叫了。随着很响的咔嚓声，那棵樱桃树很快就倒了下来，横卧在公共步道上。我和杰姬则已早早分别站在步道两头，像执勤的卫兵一样，阻止行人进入。樱桃树倒下时还刮到了一棵山毛榉树的大枝并将其一下子带了下来，断口干净利落，就像给山毛榉树做了个截肢术。现在该着手砍那棵高大的樱桃树了，这棵树接近25米高，树干闪着油光，气质不凡，透着高贵。这棵树的材质一定非常好，可以提供足够多的优质木料。万一这棵树倒下时也剐擦到别的树，树枝纠缠在一起就很麻烦了，所以必须让它朝空地的开口方向倒下。马丁先在根部砍出斜口，电锯进入树干肌理时发出的磨削声嗡嗡不断，和牙医钻牙齿时一样，让你恨不得马上叫停。突然，树干抖了一下，发出咔嚓声，然后就按预定方向倒了下去，正好倒在设定的地方。只可惜那一瞬间太突然太快了，没法拍照。大树顶部光秃秃的树枝也哗啦啦地断了，落在地面上时发出一阵啪啦声，犹如无奈的幽怨叹息，然后一切归于沉寂。随着一声巨响和几声低怨，几十年光合作用的成果就这样一下子终结了。

马丁的同事开着一台拖拉机赶到了，拖拉机很大，后面还挂了个悬吊支架。这位同事也和马丁一样少言寡语，他带来的设备中还有一个功能强大的机械吊臂。树枝多半都有我的腿那么粗，先得被一一锯下，没几秒钟就又被锯成小段。在现场目睹这一切，分明像眼睁睁地看着一只动物被肢解那样，心里还真不好受。几分钟前，那些匍匐在地上或鲜绿或清灰的地衣还能仰望天空，这会儿已被锯落的小树枝完全覆盖住，又见不到天日了。接下来，这两根树干分别被锯成三大段，吊臂将这几大段木头吊起，然后转过去放进斗车里。我不禁想起以前玩的那个“抓娃娃”游戏—— 丢几枚硬币，就能用一只长长的小机械手在一堆玩具和金灿灿的手表里抓来抓去，我的孩子们总眼巴巴地盼望着能抓到个大奖，却不知那大奖从来就没人能抓到过手。借用设备，马丁的人三下五除二就把两棵树收拾干净了。他们离开时，车斗都没装满呢。

树桩就留在原地了。那些切口留在桩面上，结果看上去就像一只大海星搁浅在格里姆大堤林地上了。看得出，树干中心部位的木头呈粉红色，就是火腿煮熟后的那种颜色，而边材的颜色则为橘红。这两种颜色都很新鲜，这种反差不会消失。一两年后，还可以从上面砍下一些木头制作小玩意儿。届时我会在家用锤子和凿子对它们进行加工，经过几番削砍，就有望化腐朽为神奇。至于那些细小的枯枝，只有任其在林地里烂掉吧。

我和杰姬很神气地开着车跟在拖车后面，一路翻过奇尔特恩大丘，来到叫卡勒姆的那片平原上，马丁的锯木厂就在这里。想把这两棵砍下的树加工成小玩意儿，现在还为时过早。锯木厂隐蔽在那所欧洲学校后面，从那里可以一眼看到迪克电站的冷却塔，周边还有大块空地。那两棵树是在山上林地中长大变老的，而这个地方的景色和山上林地的大不一样。不过锯木厂的院子倒挺像那回事，那里高高堆放着不同规格的木材：靠着山毛榉木堆，还横七竖八地放着不少老橡树，那是有待精加工的；斗车里装满原木等着进行火烧处理；而已被锯好的板材则都在院里垛好了，客户可以直接运走做地板或家具。一根带锯划过来划过去，就像分割圆形切达奶酪那样，轻轻松松地将我们的樱桃树干尽最大长度处理成木板。我留意到，这个带锯上标明其品牌叫汤姆·索耶[2]。不像链锯发出的声音那般幽幽怨怨，带锯的切削声可真大，简直能把耳朵震聋，好在马丁戴着护耳。锯末都被吹到下风处的一个装置里堆起来，像沙丘一样。马丁坐在机器上，就像早年伦敦的老式双层巴士的售票员那样。质量最好的原木能劈成三块木板，每块厚度能达到三四厘米，但这一来宽度就要变小了。每次进行切削前，马丁都用一个仪器细心测量宽度和厚度。锯好的木板被一块块摞起来，像一摞扑克牌。那棵樱桃树生了病，但其芯材没受影响，只是靠近树皮部分的木头已经有细微凹陷和黏液了，如果不砍掉，它也活不到夏天了。不好，我的眼睛里进了锯末，还是赶紧离开这个地方吧。

锯好的板材必须进行干燥处理。樱桃木的水分大，新锯的板材要干燥，就得等上很长一段时间。院子里的很多木材也都在那里等待自然风干脱水，但我们希望能观察到这两棵樱桃树的木材脱水的全过程，所以就把这些木板运回了林地。在早期那种自给自足的年代里，只怕格雷庄园也和我们一样就这么等着木材在眼前风干呢。就这样，我们又跟在拖车后面开车回到格里姆大堤林地，不过这时拖车里装的已是加工好的木板了。

让木板自行干燥，并不意味着可以将木板扔下不管了。要将木板一块块重新摆放，为了保持空气流通，就不能让木板贴在一起，所以每块之间还要放入些木条。马丁还告诉我，这个时候的树水分特别多。白杨木最适宜用来做这种分开木板的木条（“除此以外，这种树也没什么别的用途了”）。最上层的木板相当于一把伞，要加盖上些树皮什么的，还要让边缘往下弯曲，好挡住雨水，以免渗到下面的木板里。这一切做好后，看上去着实有些滑稽。我们决定把这堆水分多的木板放到洼地去，那里的冬青树能遮挡住人们的视线，使这一堆木头不被人看到，这样也就不用担心有人会心血来潮拿走木头而使我们受到损失。最好的几块则直接送到菲利普·库曼位于奇尔特恩大丘腹地的工作室里，那里有大炉子，在用这些木板做我的林地收藏柜之前，他会将木板送进炉子里烤，达到百分之百脱水。

椅子拯救了林地

19 世纪上半叶，新的运河网在英格兰形成，大宗货物和大批量原材料运输空前便捷。借助现代水闸和更畅通的双向河道，泰晤士河的贸易也相应日益繁荣。然而，奇尔特恩的林地就像被施过魔法一样，与人们眼皮下的这番欣欣向荣的景象相反，林地平静，甚至呆滞。由于英格兰中部和北部地区的煤能充分满足伦敦家庭生活和工业生产的需要，对再生林的木材需求便逐日下降。林地的空气中含有硫黄，地面上出现大片的焦褐色，这是第一批因空气污染而窒息的地衣。几百年来，山毛榉树一直作为主要的燃料来源，现在没人再需要了。也唯有如此，许多山毛榉树才得以继续生长，能有后来的这般美丽壮观景色。1828 年，约翰·斯图亚特·穆勒在考察途中步行穿过我们的林地时，曾如此评述道："这里才能叫真正的林地，尽管称不上是前所未有的林地，但绝非什么杂木矮林。由于未曾被砍伐作为燃料，这里才能有大树长成。"

此后又过了近 50 年，出现了一本非常有趣的书，作者威廉·布莱克曾小有名气，却因塞西尔·罗伯茨横空出世而受到冷落。这本书名为《四轮马车上的奇异历险记》，其实是被包装成小说的游记。布莱克这人本事了得，多才多艺，能写善画，他在这本书中用生动的文笔描绘了乘坐四轮马车游历各地时所见的人物风情。他描述如何从亨利镇出发去牛津——“英格兰最美丽的地方之一”。四轮马车驶出亨利镇后走上一里好路，这条大路宽广，蜿蜒在蓝姆布里奇林地和无人山之间（无人山属于弗利庄园），大路两边全是绿草如茵的公地。显然，作者旅行时一手拿着地图，一手做着笔记。毫无疑问，他让我们看到的正是上世纪对比克斯路卡改良后的风光。快到内托贝时，四轮马车“一下子进入了山毛榉林的包围中”，这里恐怕就是指这条路的一段，而这一段路直到今天仍然可见。由于不能再带来什么经济效益，前景难测，林地在人们心里的地位也和从前大不一样了。就连在弗利庄园那样的大公园里，树的命运也受到影响。尽管当初对总体景观进行设计时就没将它们当成商品考量，而只视为风景的层次递进要素，但到头来它们仍没逃脱厄运，人们手持鹤嘴锄不停地开挖地面。这里的林地虽逃过了自诺曼人入侵后的种种劫难，却毁于此时，令人唏嘘。

最后还是木匠成为林地救星，使其免遭全面被毁的大难。从丹尼尔・笛福的游记和斯托纳的文件中，我们得知 18 世纪奇尔特恩的椅子制造和买卖已经很成气候了，到了 19 世纪更是蓬勃发展。椅子在工厂里以组装方式生产，产量得以大规模提升，白金汉郡的上威康姆（就在亨利镇东北方 14 千米处）竟然因此而迅速扩展，一下子变身成为该产业的中心。若论做椅腿和拉档，山毛榉木是最好的材料。虽然白蜡木、榆木和橡木也都是做椅子的好材料，但在大多数地区的椅子制造业中，尤其是公共场地的座椅或园椅中，仍由山毛榉木一统天下。山毛榉木材从几英里以外运到工坊，普通人家也买得起山毛榉木椅子了。至今，在乡村地区拍卖会的拍卖清单上还经常可以看到这些椅子名列其中，价格低得简直就像白送。1800 年，上威康姆的椅子工厂只有十来个，1860 年已增加到 150 个。到了 1875 年，每日生产的椅子就达到 4700 把。我不禁想这要有多少人才能坐满这些椅子呀！也许，那时的人一到傍晚时分就纷纷走出家门，坐到屋外放置的那些空椅子上吧。1873 年，美国传教士德怀特·莱曼·穆迪和艾拉·戴维·桑吉[3]也都证实对以下事实有深刻印象：他们从上威康姆订了 19200 把椅子，好让听宣教的人有地方放置臀部。想想会不会觉得很有意思，卫理公会的无数信徒坐在椅子上听布道，好让心灵得到安放，而不出 3 千米就是西威康姆，弗朗西斯·达希伍德爵士的那个魔鬼地洞就在那里。后来，那种设计更高端也更复杂的温莎椅风靡全球，也传到穆迪和桑吉的祖国，布尔乔亚之流都乐于享受这种坐具的舒适。现在每家古董店中都会摆上那么一把温莎椅，就凭这一点也足以证明其做工何其精美了。

随着木质家具业的兴隆，木材的出售方式也有所不同了。树还长在林地上就已经进行买卖了。这样的销售方式以在报纸上登广告和张贴印刷海报等形式进行，这类广告海报也被保存了下来。在这类广告和传单里，可看到“8000 根绞架木料”“巨无霸木桩”等字样。这样的词语出现在别的文体中会被视为非常不得体。林地附近的旅店经常成为举办这类拍卖会的场所，很多受雇管理林地财产的人和财大气粗的买主届时都会到场。

蓝姆布里奇林地较大的那一部分到了此时已在格雷庄园的两位斯泰普尔顿小姐名下了。几十年来，两姊妹就安安静静地住在庄园里。根据教区 1842 年什一税统计记录，她们已拥有近 65 万平方米的山毛榉林。韦斯特家族的几代人都为这个庄园管理林地，长期租下了庄园大宅附近的农庄，后来就住在离我们林地最近的那所农舍。1848年举行了一场拍卖会，这是受“格雷庄园的两位女士”和斯托纳领地的卡摩伊爵士共同委托而召开的，面向的潜在买主都是“木材商、轮轴制造匠人和其他人”[4]，承办方则为詹姆士·钱平父子公司，地点就在内托贝的公牛旅馆，时间为“2月15日（星期六）下午两点”，“届时还有热餐供应，每位收费6便士，稍后如拍下成交将全额返还”。之所以要预先收费再返还，这样拐弯抹角地大施慷慨，估计还是因为想将那些存心骗吃骗喝的人挡在门外。为了这次拍卖，格雷庄园拿出了“380船山毛榉树和白蜡树，平均每棵树的树干长度为15英尺”[5]。为了能吸引更多的买家，广告还声称，如果买了木头想从亨利镇走水路运走，无论去上游还是去下游，尽可以放心，“此地至亨利镇码头的一路上都没有收费站”。

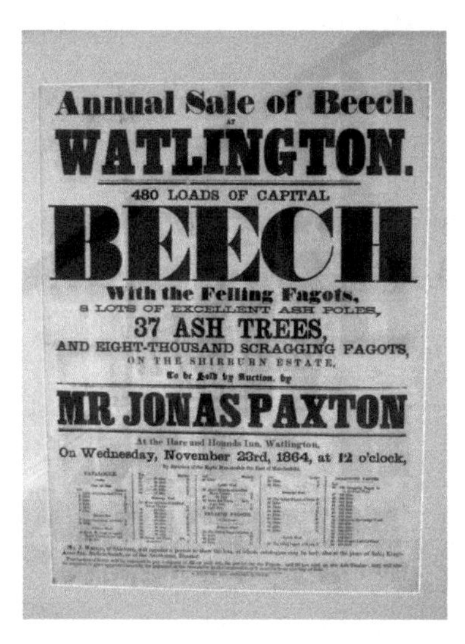

1864年出售木材的广告，图片由杰姬·弗提提供。

上述拍卖会举办前的9年，詹姆士·钱平父子公司曾在亨利镇的凯瑟琳·威尔旅馆为蓝姆布里奇林地售出了200车木料。这样看来，我们的林地当时也得到了很好的管理。整个奇尔特恩大丘和牛津附近地区共举办了类似的拍卖10余次。如果认真打理，林地就有稳定的收益回报，林地的主人看到这里也大受鼓舞。另一份由拍卖主持人琼纳斯·派克斯顿张贴的海报显示，马塞尔斯菲尔德伯爵仅在1864年就售出了480车“巨无霸山毛榉”，这些树都长在他祖传的舍伯恩领地里，就在离内托贝不远的奇尔特恩大坡上。撒克逊人当年留下了那片林地景色，1000多年后这些林地的主人竟然因其而得到了丰厚的收益。

加工山毛榉木的工匠

走在格里姆大堤林地的一块小些的空地上，我差点儿摔进一个坑里，坑里还长满了荆棘。我便戴上厚实的园丁手套，想把这些缠绕在一起且长满锐刺的东西连根拔除，再看看它们下面到底藏了些什么。只要有一点儿皮肉暴露在外，稍不留神，就会被荆棘这玩意儿划伤。想拨开这些东西一探究竟，当然免不了要流点儿血，不过这也值得。现在这个坑里的荆棘已经被清除干净了，可以看到坑壁就是那种混有燧石的黏土。从这个坑的大小来看，把一头牛（还是那种个头很大的牛）埋进去都不成问题。其实这是一个保存完好的锯木坑，当年树砍下后就在这里进行加工处理。人们买下林地中的树，砍伐后就地加工，用人力将其锯成板材。这个坑是特意挖的，好让木头架在这上面，两个工人拉锯时锯末就落在坑里。1745 年，植物学家彼特·卡姆对这种处理方法进行了描述：就地挖出一个“1 英寻深的坑”，然后对“刚砍下的青木”进行加工，“坑的四周都放上木板，防止泥土落入坑内”。这种作业方式一直贯穿整个 19 世纪，并沿袭到 20 世纪。我相信这种作业方式是在我们林地这儿坚持到最后的，因为这个坑依旧整齐完好，没有坍塌。蓝姆布里奇林地上还有很多这种昔日的锯木坑，我也见了不少，但废弃 100 多年后，这些坑几乎都被泥土填满了，而且边缘乱七八糟，早就没个形了。

双人横锯这种工具看上去很可怕，其长度超过一般人的身高，锯齿在大白鲨的锋利白牙前也不会拜下风。雷丁大学的英格兰乡村生活博物馆中还陈列着这种大锯，前面放的牌子上写着“禁止触碰”，这只怕是所有博物馆里有史以来最醒目的警示牌了。要将原木加工成板材，首先要将原木横放在坑上，一个拉锯人站在木头上，另一个人则待在坑里。大锯拉动后，锯末飘下，坑又只能那么大，站在坑里的工人没处躲，锯末都飘进了他的眼睛里。这个人在行业里叫“下面的狗”，当然站在上方的那位工人就叫“上面的狗”。

最初的椅子制造工序就是在林地里进行的，不过这些工序并没有留下这样突兀的大坑。刚砍下的山毛榉木还是青木时就被拿来加工。工匠们在林地里架起车床，就地将山毛榉木加工成椅子腿和拉档，这些工匠被称为椅子腿车工。工匠们在林中空地上搭起工棚，这种简易的栖身之所以被谑称为“狗窝”，许多人常常宁愿露宿也不进去住。只有极少数技艺高超的工匠能完全靠自己一人做出一把椅子来，大部分木匠都要靠专门车椅子腿的工人提供“配件”，所以这些车工接到的订单成千上万。在被放上车床之前，山毛榉木要先被砍成椅子腿长短的木枋。

20 世纪 30 年代初，塞西尔·罗伯茨专门造访了“最后一批椅子工匠”，其中有位老人家年过八旬，个子很小，但“目光依旧矍铄，表情像个老顽童”。这位老人家“把车床叫作疯狂的器械”，并且这样形容车床的工作：“先将一根嫩树枝弄弯塞进去，然后在这根要被加工成椅子腿的木枋上绑一根绳子，绳子的另一头连着一根叫踏板的木头。往下踩动踏板，那根小树枝上的绳子就被绷紧了，并将椅子腿朝工人跟前转动。尽管人们认为这种车床的效率不高，但一个熟练的工人还是可以用它在 1 小时内做出 4 根椅子腿。”车工们要塞嫩树枝，就是为了便于加工较老的木材。毫无疑问，他们也会用加工中刨下的木屑碎片来生火，烧煮放在马口铁罐里的水和食物。还有比这更符合生态原理的产业吗？用木枋做出来的细长纺锤形物件实在应该被视为（也的的确确就是）造型精美的工艺品，而且这样车出的椅子腿往往在上端还有一个环状装饰花纹。

车椅子腿的匠人干完活后就会去啤酒屋，辛苦赚来的钱就这样大把花在啤酒上了。弯木枋酒屋最初就是为了满足他们的这一需求而开的。30 多年前，我第一次来到奇尔特恩大丘，还在斯托克洛村[6]见到过这座酒屋。这个酒屋深藏在三级支路边，只卖啤酒，柜台后的小屋里堆满了啤酒桶，桶里面酿着酒呢。橡木的房梁，低矮的房顶，很多地方虽重新装修过，也只为了更突出这里的沧桑。一个叫比尔·桑德尔的椅子腿车工曾经接手这个酒屋做过老板。这里总是很安静，只有轻微的音乐声。现在这个酒馆成了一个美食餐厅。

车椅子腿的工匠在英文里是 bodger，这个词的词根 bodge 是小修小补、马虎敷衍的意思，为什么会这样呢？我百思不得其解。《牛津英语词典》解释说，这个词是由 botch 变异而来的（botch 意为"笨手笨脚地做事"），但这依然无法解释为什么要给技艺娴熟的工匠贴上这么个贬义的标签。我买过一把用山毛榉木做的椅子，不久就散架了，但我还有好几把旧椅子，亦为山毛榉木做的，至今牢固无比。当年坐着听布道的那 19200 名卫理会的信众中，有些人的信仰没准儿也像这把新椅子一样不怎么坚定吧。细想这门古老的乡间手艺时，人们很容易产生些浪漫的联想，但大量证据表明这个行业的工人收入微薄，生活艰辛。在两次世界大战之间，这个行业式微，工人也受尽盘剥：车一批椅子前腿（144 根）和拉档（108 根），每人日工资只有 6 先令，折合成今天的货币为 30 便士（自 1971 年起，1 英镑等于 100 便士）。像比尔·桑德尔那样的椅子腿车工都得干两份工作，晚上卖酒，白天就站在车床边加工运来的木枋。比尔的有些工友将林地作为掩护，干些违法勾当。还有的则因为先从家具店老板那里借了钱，结果为了连本带利还清，根本拿不到全薪，穷困终老。那些家具店老板肆无忌惮，对这些工匠盘剥有加，毫不手软。中世纪的格雷庄园里，情形也不会好到哪里去。在白金汉郡，农户的女人要靠织花边来补贴家用，由于长期在阴暗的茅舍中进行这项非常精细的劳作，好多人的视力早早就衰退了。1817 年，玛丽·谢利和丈夫帕西·拜什·谢利住在不远的奇尔特恩大丘边，她写道："马洛[7]住了很多穷苦人家。那里的女人都在家织花边，因为埋头编织而久坐不动，健康也受到很大影响，而所得的收入非常微薄。我希望这种情况现在有所改变。"现在这一情形的确改变了，那些花边女工住过的农舍已经住进了退役军官和伦敦的商人。

阿里斯泰尔·菲利普斯用现代车床车削木头。他的父亲在比克斯低地尽头的一处华堡保护地做管理员，他在那里长大，所以奇尔特恩的林地算是他的家了。他现在住的房子就是维拉·波尔过去住过的，这位维拉女士把一生都用在对幽灵兰的寻找和培育上，并致力于这个保护区的建设，使这个地方的动植物能得到很好的保护。阿里斯泰尔打算在他的工作室里将我们那两棵樱桃树的一部分木料车成木碗。木头的水分还很多，如何防止在干燥过程中出现裂纹就成了必须解决的首要问题。

第一步要做的是将芯材中央的髓心木挖出来，因为脱水后裂纹总是从这里开始出现。将两块弯曲的木板夹住，最后每一块木板里都会加工出一个碗。这两个将要成型的碗现在还在原木里，就像一对双胞胎个挨个躺在子宫里一样，碗底部分朝外，表面的弯曲度决定了做成后碗口直径的最大值。如同马丁·德鲁一样，阿里斯泰尔也话语不多，做事很专注。他在每块木板上分别做了两个记号，这表示碗的直径。然后，他用一把手锯锯出一个圆，并在中心部位打了个洞，这是为了能将其固定在车床的卡盘上。到了这一步，木材的所有特性似乎都消失了，现在这只是一块附着于车床上的木头而已。当车床快速旋转起来时，许多水也被甩了出来，都喷到我们身上了。在离心力的作用下，木质部毛细管里的水全被甩出来了。如果任其慢慢自然干燥，就不会有这样大量的水分被甩出了。阿里斯泰尔把木块打磨光滑，这一来转动得更加平稳，然后稳稳当当地凿出一个洞。现在那块木头就像一个旋转烟花，不断飞出的木花和木屑就像噼噼啪啪冒出的火焰和火花。被车削下的木花像脆脆的土豆片，发出若有若无的淡淡清香，果树的木头都会有这么一种香气。阿里斯泰尔又换上一个专用于加工木头的凹叶刀片，就这样不慌不忙地从外往里车，还能从里往外切削，每次转动都能干净利索地削去一圈木头，直到中间部分出现一个圈状花纹。现在这个碗的底部已经成型，略略凹进去，这样哪怕放置在不平整的地方也不会倾倒。到这个时候碗的外观已基本成型，一块木头就这样变身了。做出碗内壁的方法也和上述过程差不多。在整个加工过程中，阿里斯泰尔不时用卡钳仔细测量，这样才能避免穿透碗底。他一心想让碗壁尽可能薄，因为这样就能大大降低今后出现裂纹的可能性。木碗很快做好了，刚做出的碗因为美丽弯曲的木纹显得别有一番风韵，樱桃木那特有的红褐色分外夺目。阿里斯泰尔叮嘱我们，一定要将新碗放在阴凉处，待其自行彻底干燥。

眼前这会儿就放着这只碗，我忍不住不断打量它。一年多前，它出自阿里斯泰尔的车床。现在它已经完全干燥了，略略有点儿变形，碗的边缘呈小波浪形。这只碗简直就是一件工艺美术品，即使变了形也依旧可爱。由于当初做原料的木块是没有完全去掉边材的，这些边材部分现在呈现出深沉的金色；芯材部分的颜色虽相对较暗，但仍在褐色中透着浅浅的红晕，长年轮的那部分则像地图上标示的区域轮廓。的确，它们也是生命的符号，记录了度过的年年岁岁，无论好坏，一样没落下。这只樱桃木碗就是一粒时间胶囊，承载着格里姆大堤林地近几十年的历史，它用树的特殊语言向我们娓娓道来，无比生动。

火车也是亨利镇的救星

正如《四轮马车上的奇异历险记》一书的作者称道的那样，道路的改善，尤其是安全性的提升，使得偷钱劫财的艾萨克·达金之流大大减少，乡间旅行便不再让人提心吊胆，而带给人更多的愉悦。18世纪末和19世纪初，泰晤士河畔的亨利镇又修了一条大路，横贯整个奇尔特恩大丘。这样一来，亨利镇就成为前往牛津的旅人中途休息打尖的理想地方，就连想去更远的切尔滕纳姆和伯明翰的人也乐于停下，在此休整。小镇虽不大，却风情优雅，建筑都带着浓浓的乔治时代的风格，这时又有很多家马车旅馆开业。至今，只要看到主道两边有低而宽广的拱门出口，就能笃定地说这里当年曾经是一家马车旅馆。这种旅馆后面都有马厩，其中不少都是自中世纪就开业了，如泰晤士河大桥头的那家红狮旅馆就是这样的老字号。这时为了能招徕更多的客人，经营得更好，纷纷迎合新时期旅人的品位重新进行装修。

那可是这些大大小小的旅馆的辉煌时期。每天光为亨利镇干道上过往的人提供数餐饭菜就能赚得盆满钵满，数钱数到眼花手软。1824年2月14日这天出版的《杰克逊的牛津杂志》列出了牛津安吉尔旅馆为去伦敦方向的客人提供的三班车次，其中一班为："白马邮车每天上午9点从亨利镇的安吉尔旅馆出发，抵达地为白马菲特巷和圣克莱门茨的安吉尔。"1838年，从亨利镇出发的邮车可快速便捷地通往任何地方：前往阿宾登和牛津的灰马白车是"迪费昂思号"；红车厢的是"坦提威号"，前往伯明翰；去切尔滕纳姆时可搭乘蓝色的"马格涅号"。集市广场的石头路面只怕被几十匹马的铁掌整日里踏踩得没有缓过气。这些从米德兰载满乘客出发的马车也一定飞快地经过林地边的大路，前往白垩岩的山岗，然后上了一里好路。生意往来和休闲娱乐使得这些马车不停奔波，导致旅馆不断增开，邮件数量也飞速增加，当然有钱人也越来越多。

旧日，就是全仗着码头，亨利镇才成为交易重地。此时由于泰晤士河流域的运输条件大为改善，木材和大麦芽更易运出，这个镇也第一次得以全面繁荣。只是好景不长，1840 年，大西部铁路修到了雷丁，4 年后牛津火车站建成投用。过去，马车拉着乘客和货物要在路上走上大半天的距离，而蒸汽机车开一两个小时就到了。交通要道绕过了亨利镇，邮车业一下子就垮了，什么“坦提威号”也好，“迪费昂思号”也罢，再没人愿意搭乘了。马车旅馆自然也跟着客源短缺，门可罗雀所描绘的只怕就是这个场景，连那个红狮旅馆都只好在 1849 年一度关门歇业。

码头也跟着衰败了。现在大河运动博物馆中陈列的一幅题为《1889 年的韦伯码头》的油画，乃画家珍内特 · 库珀所作。这幅画展现出在这段没落的日子里贸易惨淡的情形：只有几艘旧船泊在那里，卸下寥寥可数的原木。1844 年出版的《皮克特公司皇家和国家商业目录及分布图》列出了该镇该年度的行业雇佣情况。那年，这里只有两名码头管理人员在编，分别是艾萨克 · 查尔斯和罗伯特 · 韦伯，制帽商也只有两人。另有 6 名制革工、9 名酒花及粮食经销商、10 位肉店老板和 20 位啤酒零售商。将码头管理人员的数量与上述其他从业人员的数量相比，就能很明显地感受到这个镇已今非昔比，繁华不再。坐马车颠簸 5 小时才能到伦敦的辛苦，银行家格罗特受够了，他早就搬离了白吉莫尔庄园。不过镇上的这些没落并未波及林地，因为家具业自有一套网络体系，亨利镇的家具业务还是一如既往。不过，此时的亨利镇着实再也没了当年四通八达的豪气风光，眼看着日渐冷清萎靡，几乎成了一潭死水，只有面对奇尔特恩山毛榉林地的那座雄伟大桥还时时提醒人们这里曾经的似锦繁华。

必须有所作为了。镇上的群众、生意人和那些有头有脸的人物都认为：这个镇坐落在泰晤士河边，占了个本身就能带来贸易的有利地理位置，但必须有所改变才能挽救颓势。大西部铁路在通往雷丁的途中要经过一个叫特怀福德的小镇，如果从那里绕泰晤士河谷那么弯一下，到亨利镇只有约 8 千米的距离，修一条这样的支线就能将游客带回来了。人们对亨利镇昔日的风头还没忘记，让那些刚跻身于中产阶级的有钱人来个亨利一日游不失为好主意。1857 年，随着圣玛丽教堂的悠扬钟声，支线开通了，至今这条线路仍很忙碌。照例，斯托纳庄园的卡摩伊爵士代表本地古老家族出面站台，向公众宣布“一个崭新的繁荣时代开始了”，从此“将能让越来越多的人能感受到这里及周边地区的美丽风光”。人们开始重新审视这片风光。千百年来，这里的林地和干燥的洼地不仅仅被视为风景的组成部分，还是生活生产资料源源不断的供应地，能提供木材和燃料，能收获庄稼和羊毛，至少斯托纳的人就这么认为。而泰晤士河不仅仅是水路，还能提供动力，更能为晚餐桌上提供渔获。现在，人们对这里风景的看法普遍更与弗利庄园主人的观点不谋而合。这里的整个乡村山野都见证了岁月变迁，记录了古今变化，每一寸美丽的风物景色都内涵丰富、意味深长，理应得到更多人的赏识。

今日，这片景色依然如故，宁静美丽。30 年来，我一直乘坐从亨利镇到帕丁顿的火车上下班。不过，现在花的时间比 19 世纪末还要多，回来时需要在特怀福德换乘到支线上，而换乘的小火车只挂有三节车厢和一节闹哄哄的守车。在主干线上乘车时，乘客们都不苟言笑，只盯着手中的《时报》看，一上了小火车就大变样，表情柔和生动了许多，个个面带笑容，相互打着招呼，不是谈论天气，就是做出苦脸抨击世道人心。小火车咔嚓咔嚓地穿行在泰晤士河谷地上，经过沃格雷夫和希普莱克时，我总是顿时感到轻松——终于把伦敦甩在身后，来到真正的乡村了。河畔草场依旧茂盛，绿草如茵。从沃格雷夫这边跨过泰晤士河时，在火车上就可以看到千条弱柳倒垂水面的好风景，还能看到浅水处总会有那么个灰色身影一动不动，那就是鸬鹚。火车沿着泰晤士河行进，随泰晤士河进入奇尔特恩时，远处突然出现覆盖着林地的高高山岗，那些乔治时代的白色房屋为这番景色更添几分优雅，好像就是专为吸引风景画家才刻意这么规划的。从车里往外看，有沼泽地上的柳林和红桦林，有养在马厩里和邮政铁路铁丝拦网后的骏马，还有偶尔从眼前掠过的仿都铎时代的小屋。窗外的一切都令人感到亲切，一天的辛劳顿时也被抛在脑后。放眼看去，没什么东西让人感到刺眼违和或惹人心烦，就连亨利镇郊区的商贸中心也被挡在这恬静的景色后面了。我一心想逃离城市的纷杂，深深为眼前这一派令人心旷神怡的风光吸引、陶醉。

当年为振兴亨利镇采用的办法的确很有效。头脑精明的生意人纷纷被吸引到这里，靠近白吉莫尔庄园的镇边建起来了一幢新歌德式大宅，共有 120 个房间，这就是修士公园。成就斐然的大律师弗兰克·克里斯普爵士（1843—1919）自 1889 年就住在这里，并亲自为这幢大宅做了很多富有特色的设计。克里斯普还善于用显微镜观察微生物（不过他把那些统称为“纤毛虫”），这些东西真的太细微了，我进行格里姆大堤林地收藏时都没将它们纳入考量范围。无论从什么方面来看，克里斯普的大宅都堪称名宅。对园林景观设计家来说，庭院中的假山可谓一绝，那可是仿照马特洪峰[8]设计的。不过，克里斯普本人并没有在那里住多久，现在大宅的一部分办了所小学，由圣约翰·博斯科慈幼会的嬷嬷们管理，杰姬还去参观过。杰姬说她印象最深的是那里的那些电灯开关，它们的造型非常像修士们的鼻子，每次揿动开关时，就像在按那些人的鼻子一样。大宅里到处可以看到些幽默图画，内容都是反对教权的，显然那些嬷嬷们毫不介怀，熟视无睹。大宅院里还有很多神秘的地下洞穴，甚至还有流向外面的地下暗河。但最为这幢大宅增添神奇色彩的还是披头士乐队的成员乔治·哈里森，此君于1970年买下这处房产并住了进来，对其进行了精心装修和布置。乔治去世后，其遗孀仍住在此。这幢房子实在太庞大了，简直像只巨兽，只有现代流行音乐的新贵才能有足够的财力对其进行维护。我还没有机会亲眼看到这幢房子，也算憾事一桩吧。

我家这块林地那时仍由格雷庄园的斯泰普尔顿家族管理，弗利庄园则有了变故。下面的话有些扯远了，但我还得说说，那就是休·埃德温·斯特里克兰[9]。这位赫赫有名的地质学家兼博物学家早年曾住亨利公园，和一里好路北边的那处蓝姆布里奇林地多少相对。他的房子就建在弗利庄园的地产上，至今还在。那幢房子原本是泰晤士河畔弗利庄园女主人的陪嫁。19世纪20年代，休从11岁到17岁都在这里度过，并正是在这段岁月里接触到了自然史，从此与其结下不解之缘。他真可谓从小就在名流学者圈子里长大，山姆布鲁克·弗里曼的侄儿斯特里克兰·弗里曼那时就住在弗利庄园，是这个庄园的主人。要知道这位庄园主人可不一般，他还是马匹解剖学家和植物学家，想来少年时期的休一定从他那里受到了不少激励和启发。还没有发现什么能证明休曾在格里姆大堤林地上转悠过，但对一个热爱博物学的少年郎来说，在自家周边方圆一两千米处探索冒险绝非不可能。休早年观察过亨利地区的蜗牛后还做了笔记，日后这又成为他公开出版的科学著作的主题之一。

我实在忍不住了，便将自己 11 岁到 17 岁的状况和这一时期的休进行了比较。一般人在那个年纪哪能像他那样有那么大的本事：认得所有的花，叫得出所有飞蛾的名字，能分辨出各种蘑菇，了解不同石头的性质，对微生物也能如数家珍。年轻的博物学家和音乐神童一样，是天生的，先天因素很重要，生来就具有从事这种研究所需要的素质。我认为这种人应该被称为“天生的科学怪人”，但最后能将这些潜质变为现实才华毕竟还要靠特殊的热情。简直难以想象一个人的脑袋能够想这么多不同的事，但休就做到了。他的著作涉及鸟类学、地质学以及自然史的很多方面，不仅范围之广令人咋舌，还促成了动物科学命名体系的形成，而这一体系沿用至今。我个人和他的另一小小联系也不得不在这里提到：一种腕足类动物[10]化石就以他的名字命名，叫斯特里克兰贝，而我研究的三叶虫恰恰就是这个属的。1853 年，休・埃德温・斯特里克兰死于非命，他在赫尔附近的铁路边观察一处岩石断面时，遭火车碾压身亡。他的表从此就停留在车祸发生的那个时刻：4 点 29 分。

1853 年，这位无与伦比的博物学家英年早逝。也是在这一年，弗利庄园易主，从弗里曼家族转到了苏格兰铁路企业家爱德华・麦肯齐的手上。这位爱德华・麦肯齐的兄弟就是天才土木工程师威廉・麦肯齐。庄园这次转手并不曲折复杂。火车在一段时间里很快就主宰了我们的生活，几年后弗利庄园的新主人还要将西部大铁路修到他的家门口。麦肯齐这一家人都是白手起家，新时代的暴发户都具有这样务实肯干的特质。1880 年，爱德华的儿子威廉・达奇尔・麦肯齐上校继承了这座庄园和地产。我曾经提到过，他一口气把挨着蓝姆布里奇林地的地方都买下了，然后将靠近一里好路的一块捐了出来，由文具商 W.H. 史密斯出资建了个传染病医院。这位史密斯在那时已是罕布尔登地产的主人（当然是个更富有的新土豪）。弗里曼家和麦肯齐家有什么不同，到弗利教区教堂墓地内的家族墓园去看看就能看出来。弗里曼家的墓都是用侏罗纪岩[11]砌的墓壁，上盖拱形墓顶。而麦肯齐家的墓造型朴素简洁，就是简简单单的长方形，材料则都是花岗岩。

皇家赛舟会是亨利镇在蒸汽机时代复兴的标志，也是今天亨利镇的招牌赛事。这里之所以能提供赛道，还是因为泰晤士河从大桥到庙岛之间的那一段河道非常直，简直可以说是水上的一里好路。1827年，牛津大学和剑桥大学的第一次划船比赛在这段水路上举行，就是因为人们相中了这段水路适合作为赛道，而且能满足两校各派 8 人划船的要求。虽然这一赛事后来挪至伦敦了，但亨利镇仍一年一度举行赛舟会，硬是将该赛事办成了镇上的传统活动。1839 年，这个赛事已包含几大赛项，并有许多娱乐活动，吸引了众多时尚人物前来。《牛津期刊》还对其做了忠实的跟进报道，也为这个赛事呐喊助威，更增添了热闹。一直以来，镇里的历任行政长官都要到镇外去宣传推广这个赛事（连卡摩伊爵士也不例外，他也得屈尊纡贵去吆喝），直到今天还得遵守这个惯例。1851 年，阿尔伯特亲王接受了请求，出席观看赛事，这个赛会从此便搭上王室，升格成了亨利皇家赛舟会。6 年后，铁路又将大量观众运到这里。1887 年，当时的王储和丹麦国王（即希腊国王）也来观看赛事。1895 年，赛事的观众人数更是多达 3.4 万人。赛会期间的那几天，说镇上人山人海还真不为过。《泰晤士河畔亨利镇导游手册》的作者艾米丽·克莱门森说这个赛事就是“全世界的超级水上聚餐会”。她还说：“赛事举办期间，这里布置得五颜六色，男女老幼花枝招展，各色各样人物蜂拥而至。其中很多人对划船根本没半点儿兴趣，来这里纯粹是为了看风景，凑热闹。”

今天还是这样。赛事举办期间，沿赛道的岸边到处支着帐篷，帐篷里好玩的东西应有尽有，有的专门提供可以好好观看比赛的座位，五颜六色的小船就在离赛道远远的水面上转悠。不断响起开香槟的砰砰声，年轻人也不时往水里跳，引起一阵阵惊叫欢呼。不再年轻的男人穿上条纹划船服，彼此打着招呼，庆幸居然还能活到又看了一届赛舟会。这还不算什么，1908 年和 1948 年的两届奥林匹克运动会还都是在亨利镇举办的呢。从那以后，亨利镇就更加名声斐然，好些国际大腕都来显过身手。大桥那一边就是里安德俱乐部[12]，这个俱乐部可是世界顶级划船组织，到处设有分部，英国顶级划船选手几乎都出自这里。在众多俱乐部中，唯有它最有底气亮出自己成员获得的奥运奖牌数。但它也遇上了难题：自从 19 世纪大萧条后，这里的旅馆数量大减，比赛期间无法接纳运动员和观赛民众。于是每年皇家赛舟会期间，亨利镇的居民便打开自家大门，向运动员和游客提供食宿。在比赛持续的那一个星期里，从剑桥大学来的肌肉型男在我家进进出出，那几天吃掉的通心粉就有平日的 4 倍之多，因为这种碳水化合物很抗饿。

亨利镇周边景色的内涵也不同了。一年一度的赛舟会能带来滚滚财源，林地虽然不会感受到半点儿喧哗热闹，却也因其宁静自有吸引人之处。铁路交通使往返伦敦更加便捷，于是便出现了一个新的通勤阶层，这些人白天去城市中上班，晚上回到镇南边享受舒适的乡间生活。弗兰克·克里普斯爵士也可以在家接待访客，应酬客户。中世纪之前，这里和伦敦的联系就很紧密，现在即使没有货物交易也依然如此，因为现在从这里送往伦敦的是人力资源和金钱。封建时代，亨利镇是罗德菲尔德·格雷家族的领地，按着古代的条田划分方式从山上一直延伸到河边，而今日这种格局已经不再。现在的亨利民政教区经重新规划，盖起了很多新房子。古镇的旧日风情多半也一去不返了，那些一度穿越林地山岗的大大小小的古道曾经是人们日常出入的必经之路，自此没过多久也被荒弃了。如果能重新对这些古道进行设计，使之方便人们开展休闲活动，倒也不失为一种重新利用资源的好举措。我们的林地也将要扮演新的角色，不过无论如何都不会让它再受到纷扰了。

雪降到林地上

头天晚上下了雪，林地上的积雪竟有好几寸深。雪花就那么平静地缓缓降落，每一片冬青树叶上都结了厚厚的一层冰。小紫杉树的枝叶颜色通常很深，一层层怯生生地掩盖起来，可现在突然变得很大胆了，为欢庆冬天的到来骄傲地排出了威风凛凛的阵容。山毛榉树上，所有横生的树枝——哪怕最细小的——也都在顶端披上了一层雪。这一来黑白对比鲜明，简直像个新树种。山毛榉树的树干都只有一侧被雪包裹住，形成一种别致的景观，好像这一侧有雪从上倾倒而下，又像被人晃动后留下的痕迹，还像贴上假胡子化了妆。很多树的树干像穿上了白裤子，不过由于雪从上往下渐渐抖落，这些白裤子都变成时髦的低腰裤了。

万籁俱寂。林地上像铺上了一张巨大的白色地毯，树上的雪团落下，就像用白色颜料涂在白色底板上，泰特现代艺术馆[13]展出的那些抽象派作品也不过如此。此前还没人来过林地，我们是第一批留下脚印的人，不过别的访客早就来过又离开了。一只野兔（会不会还是那一只）在林地里散了会儿步，两条长长的后腿在雪地上留下了如同一对雪橇板滑过的痕迹，而“滑板”一路经过时总会在前面留下个小凹坑。这里有一行整齐清晰的爪印，一定是狐狸先生追逐木鼠时留下的。自从买下这块林地后，我还从没看到这位狐狸先生的尊容，倒是它那些在城市中生活的亲戚要大胆冒失得多。在那棵被我们称作“国王陛下”的山毛榉树下，可以看到雪分明被扒去了，露出了树叶，是不是狐狸先生还来此搜寻过猎物呢？秋天时，我曾听到附近的冬青树从里传来木鼠窸窸窣窣觅食活动的声音。麂子的分蹄足迹一路向前，穿过了那块空地，它准是想努力寻找绿色的嫩芽。我不禁想，想和这些生性胆小的家伙碰个面打声招呼还真难，倒是看到它们留下的足迹容易得多。在大雪覆盖的林地上，包括我们在内的哺乳动物都用各自的方式留下了足迹：有的是用厚厚的脚垫，有的用爪子，有的用蹄子，还有的用橡胶高筒靴子。一看就知道是什么物种经过了。

“啊哈！”杰姬指着一处喊道，“快看，又是那些橙色的玩意儿！”

她指着的是一棵白蜡树。树干一侧像被上过油漆一样，呈鲜亮的橙色，和眼前那白皑皑的雪形成鲜明对比。林地上并不乏这样的树，尤以靠近蓝姆布里奇林地的那一处最多，约有好几米长，夹杂在山毛榉树中非常跳眼。“我不喜欢它们……总觉得就是不好，可让人担心了，”杰姬小声嘟囔道，“过去没这么多，现在多了起来，我能肯定。”这些地方可能有有机物生存，之所以一开始我也认为这橙色的玩意儿不过是一种什么地衣，现在还真不能不加以重视了。不过，不管究竟是些什么，反正看起来也没什么异常。每次和我的好太太在乡间散步时，几乎总要听她抱怨这种橙色玩意儿在蔓延，越来越多，几乎无处不在了。“喏，你看！这里也有了。”她大声说，仿佛它们的出现全是我造成的。通过用显微镜观察，我知道这是一种黄色的藻丝体，属于一种橘色藻类。虽然叫藻，却也像其他地衣里的藻一样很普通，只是偏偏喜欢离群独居。正如自然界中常见的一样，之所以会有那种黄色是因为它含有胡萝卜素，很可能借助这种颜色能保护藻体免受阳光的辐射伤害，所以才能一反常态，在开阔地带这样大面积存在。不妨把长了这种藻类的树皮也当成林地的一个藏品，带一块回家。我倒真没觉得它与绿色的藻类（比方说单细胞绿藻卵圆鼓球藻）相比就有多不好，或多有害。那种卵圆鼓球藻我也常在林地中看到，就长在山毛榉树干背阴的地方，如同树皮上长的一层壳，绿得鲜亮，又犹如被人将那种粉状颜料用水调过后洒上去的一样，我小时候上学时就用那种颜料画画。

橘黄色藻类更招人眼，容易被发现。我妻子并不是唯一认为橘黄色藻类不好的人，很多博物学家也在网上发布消息，说他们的林地中也出现了这类橘黄色的藻类。所见所闻在因特网上能如此之快地得以分享，真是太棒了。这些橘黄色会很快蔓延开来，就连我那些研究藻类的朋友也无法解释这一现象。也许随着空气中的硫黄含量下降，这种具有地衣特性的橘黄色藻类会越来越多；但也可能是因为氮浓度增加了（虽然我们还没觉察到），而氮浓度高则不利于地衣生长。万一我们林地上所有的山毛榉树都穿上了这种明晃晃的橙色“外衣”，该如何是好呢？简直不敢再往下想了。

离开林地时，看到路前有只啮齿类小动物，很可能是只堤岸田鼠吧。小家伙就在我们跟前翻来滚去，用尽浑身解数，终于钻进了雪堆里。我们今天一天里看到的唯一生灵就是这只田鼠，而我的好太太则将它这样仓皇逃命归咎于那些橙色东西，硬说是它们把可怜的小田鼠吓坏了。

林地冬景，图片由杰姬·弗提提供。

注释：

［1］ 英格兰自然署（Natural England），是英国负责保护本国自然环境的非政府组织，其保护范围包括土地、植物、动物、淡水、海洋环境和土壤。

［2］ 原文为 Tom Sawyer，是美国作家马克·吐温的同名小说，也是小说中主人公的名字。但 sawyer 这个词原是锯木匠，所以这个商标很有趣。

［3］ 德怀特·莱曼·穆迪（Dwight Lyman Moody，1837—1899），美国传教士，宗教书刊出版家，圣洁运动的发起人。艾拉·戴维·桑吉（Ira David Sankey，1840—1908），美国传教士，也是很多圣诗的作者。

二人在1872—1876年数次到英国传教。

［4］ 引自1848年2月12日出版的《杰克逊的牛津杂志》。

［5］ 引自J.莫里斯的《奇尔特恩林地文化遗产》（*The Cultural Heritage of Chiltern Woods*，2009）。

［6］ 斯托克洛村（Stoke Row）是奇尔特恩大丘的一个村庄兼教区，距亨利镇约8千米，在雷丁北14千米处。

［7］ 马洛（Marlow），位于白金汉郡南部的威康姆区，是一处领地，也是同名教区。

［8］ 马特洪峰（Matterhorn），位于瑞士瓦莱州的小镇采尔马特，海拔4478米，是阿尔卑斯山最美丽的山峰，也是瑞士引以为傲的象征。马特洪峰的名称来自德语Matt（解作山谷、草地）和horn（山峰呈锥状，像一只角），其特殊的三角锥造型为阿尔卑斯山的代表。

［9］ 休·埃德温·斯特里克兰（Hugh Edwin Strickland，1811—1853），英国地质学家、鸟类学家、博物学家。

［10］ 腕足动物是生活在海底的一大类有壳的无脊椎动物，它们的两瓣壳大小不一样，壳质是钙质或几丁磷灰质。腕足动物门是动物界的一个门，自寒武纪开始进化，现存不足300种，化石种类却有2100多个属，30000余种。

［11］ 侏罗纪岩（Jurassic stone）的名称源于瑞士、法国交界处的侏罗山（Jura），是法国古生物学家A.布朗尼亚尔于1829年提出的。侏罗山有很多大规模的海相石白垩岩。

［12］ 里安德俱乐部（Leander Club）是世界上有名的划船俱乐部，很多世界著名的划船运动员都是该俱乐部的成员。

［13］ 泰特现代艺术馆位于泰晤士河南岸，与圣保罗大教堂隔岸相望，连接它们的是横跨泰晤士河的千禧年大桥。泰特现代艺术馆是英国国家博物馆，以展出15世纪迄今的英国绘画和各国现代艺术著称。

第11章

2月

苔藓人来了[1]

山毛榉树和冬青树从里突然冒出来好多鸟儿。长尾巴山雀啦啦地吹起口哨相互打招呼，蓝冠山雀聊起天来热乎起劲，还不时吁吁喘着大气。在这些树中间，我还看到了燕雀呢。所有这些鸟都在树枝上不停地跳来跳去，飞上飞下。估计有些胆大的蠓虫看到天气暖和点儿就急不可待地出动了，结果被这群鸟盯上了。这么多鸟聚在一起，只怕更容易找到食物些，也未可知。阳光不错，虽然还看不到任何嫩芽萌发的迹象，但无声的信息在林间悄然传递：冬天不会长久了。白昼渐渐变长，那些休眠的花草被一点点唤醒，开始萌生躁动，就等着时机到来做出反应。成群的木鸽摇晃着胖胖的身子聚集在大树下，一心想从潮湿的落叶堆里寻找食物。总看到它们成群集结在我家菜园里，就纳闷为什么这家伙不叫菜园鸽呢？这会儿终于看到它们表现得名副其实一回了，真难得呀！这些木鸽总是洋洋自得，摆出一副天下舍我其谁的架势，看了就让人心里生恨，总想杀杀它们的威风。先声明一下，也不全是为了菜园里那些被糟蹋的西兰花，我才生了这种报复之心。我最见不得的就是它们脖子上的那圈白羽毛，像神父戴的白领圈一样，一副道貌岸然、虚情假意的样子。我一走近，它们便齐齐地飞了起来，快速拍打着翅膀，朝蓝姆布里奇林地飞去，到那边它们就不会受到打扰了。的确，它们不仅看上去机灵，还真的非常聪明。不知道它们究竟整日忙着找些什么，或许去年秋天匆匆忙忙在这里进食时漏掉了些山毛榉果，这会儿记起来了就要找出来。林地那一头的农田里，从北欧飞来过冬的灰色田鸫正在啄食遗留的麦粒，只为能度过一年里这段最艰难的日子。在这个季节里，还真没必要傻傻太辛苦，别指望有付出就有回报。

冬日的树枝，图片由杰姬·弗提提供。

林地几乎还处在冬眠中尚未醒来，但已有那么一些不安分的动静，恰好此时便分外活跃起来。格里姆大堤边的道路上，车辙两边的泥土高高隆起，许多大块的燧石都被挤了出来。裸露的地面上和树干高处冒出一块块绿色的东西，颜色深浅略有不同，色调却很丰富。白蜡树苗的枝干上也挂上了些绿中带黄的细细须条，宛若细羽。放了多年的松木堆上也新长出了些小小的绿苗，被光线镶上一层若有若无的银色。路边有一块深绿色的东西，圆圆的像个坐垫，让人看了就想往上坐。不过经验告诉我，如果真犯傻坐上去了，准会把裤子后面弄湿一大片。这些绿色的东西就是苔藓[2]，无处不在，由于没有山毛榉树的遮挡，冬日阳光可以无遮无拦，它们才得以茂盛生长。炎炎夏日中，苔藓往往不过是几片苍翠，不会引人注意；可现在就非常醒目了，而且显然各色苔藓还不尽相同。当初，我满怀热情投身于这个格里姆大堤林地的项目时，还以为把这些苔藓分门别类是小菜一碟，所以2月我过生日时，要求的生日礼物就是一本由英国植物学会出版的《英国苔藓手册》，那可是厚厚的一大本呢。现在看来，我那么想真是太不知天高地厚了。很快，我就陷入茫然之中。原来苔藓有这么多种，而在我看来几乎都长得一样呀！我必须请救兵，否则怎么也辨识不了！

彼特·格里德了解所有的苔藓和地钱，他这种性情温和的人来做这个专业领域的研究工作就对路了。只见他在林地上走来走去，一脸专注，那神情我很熟悉，正是许多博物学者都有的那份认真。我不禁暗自想，澳大利亚内陆的土著也曾如此全神贯注，才能发现两天前曾有一条巨蜥经过的痕迹吧。地钱也成片生长，略略高出地面，分支发展，并能进行光合作用。很多植物学家认为正是类似地钱的生物作用，地球才能在40亿年前首次从浩瀚无边的汪洋大海中露出第一块土地。[3]时常在别处的一些小水坑旁看到这些长有皱褶的东西，很吸引人眼球。不过，彼特在我家林地上指给我看的恰恰是我从没留意过的。有一小块绿油油的薄片贴在腐烂的松木堆上，用放大镜对其进行观察，可以看到这几毫米大小的扁平东西两侧都长出了小小叶片，彼特说这是异叶齿萼苔。

忽略过这些俏皮的小东西，我还不至于过多自责，但发现竟然没能及时看到山毛榉树干上的地钱，我就怎么也不能原谅自己了。在空地边的一棵山毛榉树干上，彼特发现紧紧贴在树皮上的一片浅绿色，用放大镜可以看到这些东西像海草一样，叶尖大多都分叉，这种扁平而分叉的浅绿色地钱叫叉苔。这棵树上还长有扁萼苔，它们比叉苔更扁，像鳞片一样一层叠着一层，好像一片片绿色的瓦。稍高处有一片蜘蛛网般的东西依稀可辨，这可是我见过的最小的植物，虽然只不过几毫米高，却在中脉两侧长出圆圆的叶子，每片直径约为 1/4 毫米，就像一粒小小的绿宝石。如果彼特不指出，我恐怕永远都不会留意到。“真像仙女的念珠一样呀！”他对我说道，“这属于纤鳞苔，通常出现在英国西部，因为那里潮湿得多。”就这么一会儿工夫，在一棵树上就发现了 3 种地钱！更令人吃惊的是，它们出现的地方没有其他任何苔藓生长。它们就像一帮拓荒者，来到这树干上，要打开一片新的天地吗？我曾经以为苔藓只会生长在潮湿的角落里，原来它们的适应能力已经远远超出我的想象了。

我们继续前行，观察那些老树桩，上面长了很多苔藓，多得都可以盖住这些树桩，把它们变成一张张铺了坐垫的凳子。树桩上最多的是那种羽苔，学名为卵叶青藓。与别的苔藓相比，这种苔藓的茎要高些也粗糙些，而那些突出的浅色小点就是它们的孢芽，所以整个看上去极像镶着银丝的高级坐垫。和这个品种的青苔夹杂在一起生长的是另一种林地中常见的苔藓，大名叫尖喙藓。多亏彼特这位热心“苔藓人”的指教，我才注意到这种常见的苔藓，它们遍布林地，甚至能附在靠近地面的小树枝上生长。蒙彼特指点，我还知道它们的孢芽形态极像蕨叶，当然要小得多，看上去也娇弱得多。彼特还教我如何通过放大镜观察这些苔藓的差异，那就是要注意它们各自长在茎干上的叶片和分支。在有些苔藓块上能看到小胶囊样的东西，那就是孢子。这些孢子在孢蒴一侧红色的蒴柄上探出头，线条优雅，仪态万方，犹如天鹅之颈。林地上多见的除了这两种，还有一种柏状灰藓，叶片形状像柏树叶，只是不规则地交集在一起，简直就像很细小的柏树嫩叶互相搭盖着，难怪会叫这个名字。

彼特继续在林地里轻轻走动，寻找苔藓，一旦认为某棵树可能长了特别的苔藓，他就会停下多瞅几眼，还不时捡起有可能覆盖有苔藓的燧石块，我则开始注意观察不同品种的差异。“其实，所有苔藓品种都亲酸性或中性土壤。”他告诉我道，这倒也和我结合地质学原理推想的不谋而合。沟边和堤岸上的那一大片深绿色苔藓真诱人，就像一大块褥子。这些苔藓长得直直的，也不分叉，一簇簇拥在一起，像一朵朵玫瑰，每根孢芽还都长出柳叶刀形的叶片，长度相对来说也算长，这就是河岸杜松苔，学名为拟金发藓。人们走在河岸上，只要看到它们，就忍不住要轻轻触摸。同一处堤岸上还有一种和杜松苔很相似但颜色略微暗淡些的苔藓，叶子也要宽一些，边缘还有美丽的波纹，这是波叶仙鹤藓，俗称普通滑边帽。它的孢蒴长成长长的鸟嘴形，像高尔夫球座那样，乍一看像是从绿地毯下伸出的眼镜蛇，小而灵动，魅惑力十足。一种曲尾藓属的叉苔挨着这些波叶仙鹤藓生长，不过叉苔的叶子细如发丝，还都朝一个方向卷曲。在林地里，不同品种的苔藓各有自己的专属地盘，有的喜欢透水性良好的环境，有的则宁愿盘踞在木头或石头上，各居其所，互不相扰。我想到了锯木头的大坑，那可是林地中最潮湿的地方了。到了那里后，彼特爬到坑下，还真有收获。他在坑里发现了 3 种我们先前还没找到的苔藓，分别为：水灵灵的丝苔，其学名是大叶匐灯藓；百里香苔，学名为钝叶匍灯藓；还有一种学名为拟鳞叶藓的丝苔。钝叶匍灯藓的叶子居然是圆形，而且还很大（苔藓里很少有这样的叶子，实属难得），更令人称奇的是这些叶子都还很薄，几近透明。靠近大堤的那些石头上则长满了拟鳞叶藓，那些石头只怕就是特招苔藓待见，因为有些石头从没有在地上滚过也没有长出青苔来[4]。拟鳞叶藓的羽状分支伸得特别长，就那么垂吊在芽叶上荡来荡去，自得其乐。

如果想搜集苔藓，那么收藏保存很容易。一两个小时后，它们就干燥了，然后放进小袋子里就行。林地里发现的苔藓种类已达到 15 种，根据彼特对本地苔藓的了解，这一带有的应该都发现了。但最后，在落到地上的野樱桃树枝和山毛榉树枝上，我们终于又发现了一种此前没料到的苔藓。这种苔藓个头很小，但在这些树枝上聚集后长成漂漂亮亮的小球状，真是出乎意料。在此之前，我们也在山毛榉树干上看到相似的苔藓，但颜色要绿得多，也没这么齐整。彼特说那就是俗称的木毛藓，学名为木灵藓。他还说该品种在这一带很常见。可眼下的这个和木毛藓略有些不同，上面伸出一些小小的孢蒴，顶尖为红色，就像一粒粒小鹅莓。我们带的放大镜功能非常强大，借助它我们看到这种小鹅莓状孢蒴的顶端长出一些长长的刚毛状物。“这是木灵湿原藓，”彼特很有把握地说道，“又叫草毛苔。我在书里没有提及，居然在这里找到了，真是神奇呀！”这种细小的苔藓在威尔士很常见，但在此处被发现的概率很小。彼特认为它们之所以能出现在这里，很可能还是因为这里的空气质量近来变得适合它们了。虽然蓝姆布里奇林地距伦敦市中心不过 48 千米，可是上个世纪城市不再用煤作为燃料以后，林地受益多多，而“苔藓人”受益最快也最多。格里姆大堤林地的空气能让人感受到这种利好的变化。

山毛榉树屹立不倒

1000 年来，林地始终在变化中，而林地也一直坦然接受。到 19 世纪末，因为人们的日常生活资料还全靠向林地索取，所以林地还得以存在。当时，林地上最大的变化就是从通往比克斯的大路上传来了各种嘈杂的声音。1888 年，公路收费关卡取消，蒸汽牵引机车取代了人力蓄力来拖拉原木，还接手了农庄大量的繁重工作。在新铺设的道路上，机车突突地冒着白烟，拉着巨大的金属车轮哐啷啷前行。这样的直接后果就是整个地区的农业色彩在繁忙的季节里竟然淡化，反倒更具工业化景象。自 1909 年起，为了适应机动车辆运输需要，这里开始用花岗岩铺设路面。山区本来就缺水，蒸汽机车又恰恰需要水的及时供应。于是，在比克斯山顶上那座收费站附近，人们建了一个很大的长方形蓄水池，现在还保留着。看到这个水池，就可以想见当年那些蒸汽机车在那里停下来补水的热闹景象。20 世纪的头 10 个年头或更长点儿的时间里，马车、牵引机车以及早期的内燃机车都在奇尔特恩大丘上交错穿行，直到现代的燃油拖拉机出现后才通通消失。至今，每年夏天，喜欢旧蒸汽机车的人们还会将自家收藏的老古董齐齐开到那个大王公水井附近的斯托克洛。那些机器可都是大块头，一字摆开很有震撼力。这些古董机器的零件个个被擦得铮亮，机身也焕然一新。有一台发动机还能用来驱动汽笛风琴，别说，那音效还真不错。当然，人们这样做也不过纯粹为了展示一下而已。至于马匹，至今看来如能用其将原木运出林地，仍不失为能最大限度地减少对林地破坏的好办法。问题是现在又能上哪儿找到这种牲口呢？

爱德华时代[5]的亨利镇堪称奢华舒适之地，上流人士云集。当时大英帝国的经济线几乎贯穿半个地球，才会让这里成为人们尽情享乐的天堂，不过那些观看皇家赛舟会的人不见得会想得这么多。我现在住的房子始建于维多利亚女王时期，完工于爱德华七世时期。那时的房子都舒适至极，很适合中产阶级居家。几乎每间屋都有按铃装置，便于呼唤佣人前来，只是早就没人使用了，成为摆设。家里的男主人在城里有要务，必须在伦敦和亨利镇之间经常往返，而这一家的妻小则尽可以安享有利于身心健康的乡村生活。周末时，一家人泛舟泰晤士河上，然后到岸上野餐。我的房子很适合地质学家安家，因为窗户周围用白垩岩装饰，而所有镶板都用了本地的燧石。

十来年后，这里又发生了翻天覆地的变化，但在此之前，这里的原住民还能充分享受他们习惯的传统生活。第一次世界大战中，英国从帝国的自负中清醒，观念有了很大改变，同时改变的还有山毛榉树的用途。那时的军需用品中有相当一部分为木制品，如枪把就是用山毛榉木做的。又如野战露营少不了帐篷，支帐篷就要用支柱，那数量可是成千上万呀，这样才能确保人们能在这些支柱撑起的帆布下生活。这些支柱不可或缺，但又不需费心打理，那用什么来做才好呢？当然还是得靠忠诚可靠的山毛榉树了。帐篷支柱有不同型号，要做出一根合格的支柱得花 24 道工序，而这些工序还都在一副锯木架上进行。可以说，做一根支柱和做一条椅子腿的工艺一样复杂，需求还更加迫切。和许多其他手艺精湛的工匠一样，专做支柱的工人也有自己的一套专门工具，出乎我意料的是这些工具的名称很富有诗意。刚从林地中砍下运出的山毛榉原木要锯成一定的长度，这就要用一种形状奇特的巨大木锤，工匠们称其为“莫莉”。这个“莫莉”下装了一片叫“福莱默”的铁质劈刀。工匠们先用4根棍子支起瓦楞铁板，再钻到铁板下，用粗麻袋将四周遮挡严实，确保密不透风，然后才进到里面加工。工匠的妻子和孩子帮着将加工好的支柱一根根码好。

发生变化的还有人。和平年代贵族家的仆人雇工开战后多半便穿上军装去了前线，或进了工厂生产军需用品，连女人也一样（我推想也就是从这时起那些按铃装置不再被使用了）。尽管时值战争期间，做帐篷支柱的工匠仍然会抱团行动，努力体现行业力量。1916年4月22日的《雷丁邮报》报道说：“在斯托克洛，受雇于道格拉斯·瓦德斯特根先生的约20名帐篷支柱工人于本周一上午举行罢工。起因是近日大型支柱加工费已上涨，他们要求每百根小型支柱的加工费也应提高3便士。”就算这一要求得到满足，工人所得也很微薄。对帐篷支柱的需求持续到第二次世界大战。1942年，斯托克洛的斯托伍德家就接到过一张需要200万根支柱的订单。记得我小时露营用的还是这类军用帐篷支柱，用的时候要先用木锤将其下部埋入地里固定。不过这几十年来再没有大规模生产这样的支柱了，这玩意儿的的确确已经退出历史舞台了。

离林地最近的锯木厂在中阿森登，就是通往斯托纳的那片谷地。爱德华时代，旅行者若想从亨利镇到弗洛德锯木厂，出镇后得先往右走，走到一里好路尽头，再转入一条小路，那个岔路口有家小旅馆，叫旅人驿站。这家旅馆在20世纪30年代中期被拆除，因为当时要再修一条通往内托贝和牛津的车道作为对主道的补充，这条后来修的路也就成为英格兰首条双车道的快车道。在阿森登，1866 年就开张的弗洛德锯木厂算是真正的百年老厂了。要说绿色经营，这家锯木厂才算是来真格的。木屑废料都用来给院子里的那座蒸汽发动机做燃料，发动机的烟囱就足足有 12 米高呢。发动机周边堆的全是锯好后等待干燥的木材，未加工的木材也堆在那里。马丁・德鲁对这里非常熟悉，到了这里就像到他自己的家里一样。无论从哪方面来看，弗洛德锯木厂都不是小作坊。两次世界大战之间的那段岁月是它的巅峰时段，雇佣的工人数量达到近百人，这些人都是周边的村民，他们就是走着那条古道来上班的，不过那条古道现在叫作公共步道了。这家锯木厂因生产毛刷的刷板而著称，这家工厂生产的封口塞和透气塞在全英国的酿酒商中也有着极佳的口碑（封口塞，透气塞，多么美妙的两个词）。封口塞就是木酒桶封口处用的塞子，用榛木做成，所以要保留混乔矮林，这就是意义所在。透气塞就是酒桶上的排气栓，通常用山毛榉木来做。塞西尔・罗伯茨搬到下阿森登的朝圣小屋时，正是弗洛德锯木厂生意兴隆之时，当然也嘈杂得很。在以这个地区为题材的一本短篇小说集中，有一篇描写到一辆经过他住处的“战车”，驭手是一位非常英俊的年轻男子，即“罗夫特农场主”，作者暗中称其为阿波罗。书中描写道：“……满头秀美的飘逸棕发长及脖子。每天太阳刚刚升起，他就犹如那位追赶黎明的俊美男神赶着车从我的门前经过，在他身后，林地中传来喇叭声，这是通知工人们该去干活了。”相对于托起太阳这种丰功伟绩，制造封口塞和透气塞的工作对一位男神来说未免太平庸，也太掉价。

我们林地上的山毛榉树注定要走到比弗洛德锯木厂更远的地方去。1922 年 7 月，格雷庄园最后一位姓斯泰普尔顿的掌门人将这块古老的林地卖掉了，这也意味着连接格雷庄园与蓝姆布里奇林地近900年的纽带被一下子剪断了。从此，林地进入快速获利时代。到了1938年，肖兰德又把可让他获利的部分林地卖给了斯塔制刷公司。他们联手后就成为斯托克洛本土的一个大雇主，当然，这一带周边林地的山毛榉树也成批量运到他们的公司来做刷板。我手头还有一份该公司1925年的产品目录（“专利机制质量上乘的各种毛刷”），上面列出了很多种毛刷：地板刷、洗衣刷、指甲刷、衣刷、帽刷、鞋刷、炉刷、马刷，等等。这家公司还在很多国际展销会上因为“优质和创新”而得了大奖，如1878年在巴黎、1879年在悉尼、1880年在墨尔本。更妙的是，我手头的这本产品目录中居然还掉出来一张手写的便条，上面用铅笔写道：“本公司不生产扫把。”这分明是给客户的一张便条。只怕你家里橱柜后面还挂着这家公司的一种产品：刷板较软，刷毛粗硬，刷柄很长。目录上特别注明这种刷子的刷毛是“墨西哥纤维”，实际上就是非常硬的龙舌兰，这种刷子很耐用。至于油漆刷，最好的刷毛当属猪毛，来自中国重庆。

蓝姆布里奇林地的山毛榉树哪怕长得再好，最终也不过做成无数刷板，装上刷毛，从事卑贱的洗洗刷刷工作，对于这点我心里当然有数。一直以来，在各种竞赛中，木勺都是垫底奖——给最末一名选手的“奖品”，而这类刷子甚至比木勺还上不了台面，不被人正眼看。多少棵树就这样被砍下了！用来做刷板的树一般都有70年树龄，而制刷生意最好的时候，每星期要用约283立方米的山毛榉木。近现代的一些照片记录下了那些巨大的机器是如何无情地吞食这些木料的。不管怎么说，斯塔制刷公司为那些结实耐用的产品感到自豪，才会底气十足地在每件产品背后贴上那个六角星的商标。也只有性情宽厚的山毛榉树才容忍得了残酷的加工暴力摧残。在伦敦北部的霍洛威，斯塔制刷公司也有工厂，零件就运到那里进行组装。公司的效益很好，就连战争期间举国经济很不景气时，收益也不错。1938—1939 年，净利润达 1860 英镑[6]，这也借了当时政策的光。由于第二次世界大战期间物资进口收紧，政府号召大家多用国货，所以到了 1944—1945 年度，公司净利润上升至 25842 英镑。1955 年，斯塔制刷公司并入汉密尔顿橡果公司，后者位于诺特福克，是一家历史更悠久的制刷公司。战后，英国要重振经济，必须重视机械化和经济体量的增加，这样的合并也是大势所趋。

但奇尔特恩的刷板制造业并未终结，直到 1982 年斯托克洛的经营场所关闭，才算彻底退出历史舞台。一方面廉价进口货充斥市场，另一方面发明了成本更低的塑料刷板并加以推广，就此结束了山毛榉树出演的最后角色。彼时，我们的这块林地转到查尔斯·达尔文的后裔托马斯·巴娄爵士名下已经有 13 个年头了。巴娄爵士并没有指望从这块林地上能有定期收获，没有进行营利性砍伐，所以林地上的树在这一时期得以自由生长，这才有了今天遛狗群众和健身跑者乐见的参天大树和灌木相映的景色。当然，正因为如此，博物学者们才不时要潜入林地进行探索。

在奇尔特恩山毛榉林地上工作过的老人中，在世的已寥寥无几，所以能听他们亲口讲述当年伐木工人的日常生活还真的不是什么容易的事情。戴维·罗斯就是这些为数甚少的老人中的一位。戴维已到耄耋之年，现在和夫人玛丽住在洼地中的那幢老房子里，那块洼地就位于属于斯托纳领地的匹西尔岗。玛丽曾担任卡摩伊夫人的私人秘书，而戴维则管理林地，可以说他们二人的生活早已和奇尔特恩的风光景致和人文历史融合在一起了。两位老人家都精神矍铄，能有机会向人谈谈陈年旧事也是他们的乐事。戴维告诉我，他的祖父是吉卜赛人，结婚后先是住在索尔兹伯里平原，后来才搬到阿森登谷地那边山上的梅登果园，就住在那里的谷仓小屋里。他的祖父母生了 12 个孩子，女儿们（也就是戴维的姑姑们）都没结婚，一生都穿着黑色长裙，但都对小侄儿戴维宠爱有加。戴维圆嘟嘟的脸上布满柔和的皱纹，总是乐呵呵的，但回忆起往事，也一时失去了笑容。“我的父亲很严厉，像块生铁。”戴维和毛里斯・麦克罗利是小学同学，后者后来在内托贝开了家锯木厂，这家锯木厂一直到 2015 年都是他的家族企业。话还是回到戴维身上来，他从 15 岁就开始工作了。几年后，也就是 1955 年，他和父亲一起“用斧头和砍刀”砍下了林地上 40 公顷的树，然后送到弗洛德锯木厂去加工。戴维一家人就住在亨利镇的市场广场，哪里需要他们干活，他们就去哪里。“甚至去过温莎大公园呢。”戴维回忆道。戴维一生都干着临时工，“救济金没我的份儿，”戴维说，“有时我一个星期都赚不到 10 英镑，但有的时候能接个大活，赚的也不少。1968 年，我为安多弗木材公司砍了 10 万立方米的木材。我干活的时候，身边就是马，后来有了林地专用拖拉机，才不用马了。”

林地的收获是可持续的，大树砍倒后，小树得到特别保护，就是为了能确保林地再生。只是事情并非全都如此。1934 年，面对林地遭大规模砍伐，塞西尔・罗伯茨叹道：“砍伐太可怕、太残酷，河边山坡上曾经傲然挺立着山毛榉树和白蜡树，现在那些山坡光秃秃的，荒坡直对蓝天，无遮无挡。”当年，托马斯・巴娄爵士听从穆尼先生的建议，对蓝姆布里奇林地进行了部分砍伐（我们这一处不在其中），砍伐工作就由戴维・罗斯监理。现在，即使这片林地已被宣布具有特别科学价值，但只要得到许可，仍能进行砍伐。他还记得1968年曾在蓝姆布里奇砍倒过一棵高大的白蜡树，“那可真是个大美人啊”！做砍伐这种工作时必须小心谨慎。“搞不好，树干裂开倒下，会砸死砍木工人。”他还说道，“有些到处流浪的小伙子，我们叫他们‘流浪汉’，他们也跑来帮工，但实在帮不上半点儿忙。夏天，这些家伙就住在猪圈里。”

戴维的一生可谓历尽艰难坎坷，见惯生死悲喜。他还记得在第二次世界大战中兰开斯特轰炸机[7]嗡嗡地飞过林地上空，“有时后面还带着黑烟”。1942年5月29日，一架“喷火”战斗机[8]坠落在一里好路附近的一处地方，机上的一名波兰籍飞行员丧生。当时坠机产生的声响巨大，在格里姆大堤林地中也一定能听得见。当整个欧洲陷入动荡时，奇尔特恩大丘也没能躲过。国王林地公地上有一个A字形机场，距我们林地西侧6.4千米，执行任务的飞机不断从那里起飞。“现在那里的树都很高了，但水泥跑道还留在那里，就在大树遮盖下”。我曾去这一旧时的空军基地考察过，现在更像一片考古现场，人们很难联想到这居然是20世纪的一个飞机场。弗利庄园曾被征用作为特别部队的培训地点，很多盟军的突击队员就是踏过河畔的这片绿茵茵的草场进入战火纷飞、危机四伏的法国的。战争结束后，怀特洛克、弗里曼和麦肯齐家族的这些大宅又被圣母司铎会一并买下，改造成学校，专为波兰流亡男童提供教育。这些孩子的祖国生灵涂炭，他们被迫来到这里。“你可听好了，”戴维·罗斯对我说道，“哪怕在战争中，我也没像在1973年到1974年的那场大旱灾中那样看到那么多触目惊心的事，感到那么害怕。那时，林地里到处是‘断鹿角’，也就是干枯了的树枝，大量的山毛榉树缺水干死，不断倒下。”戴维一边沉思一边微微笑了，老人家陷入对过往日子的回忆里。他这一辈子都和山毛榉树做伴，也是最后一代与山毛榉树为伴的人。

最后一单

有人在格里姆大堤林地砍伐过木头，并留下了证据，我就发现过一些。半埋在山毛榉树的枯枝败叶里的两个瓶子引起了我的好奇。看到它们，我的第一个想法是："又是那些混混儿扔下的！喝完了就扔在这里。"其中一个瓶子是棕色玻璃瓶，上面刻有花纹，厚重的螺旋口瓶盖还好好地盖在瓶口；另一个是绿色玻璃瓶，黑色的瓶盖边缘有磨损的痕迹，看得出下面还有过垫圈。其实，我最初的想法大错特错。这两个瓶子留在这里很有些年头了，玻璃很厚，比现在的玻璃瓶可重多了，很可能做成这样就是为了能反复使用。瓶口颈部的那些螺旋线和瓶盖里面的线条一致，看得出做工精良。棕瓶上的花纹图案非常复杂：椭圆形的涡状花纹周边有"布拉克士比亚父子有限公司，泰晤士河畔亨利镇"字样，花纹正中央还有一只很精美的蜜蜂，这个小精灵托起了一个卷轴，上面有"啤酒厂"几个字。那只绿瓶的瓶盖上也有布拉克比亚父子有限公司的标志。这么看来，这两个瓶里原本装的应该是亨利镇本地那家酒厂生产的啤酒了。实际上，那只蜜蜂至今还是该厂的商标。这两个啤酒瓶值得捡回去收藏，只是不知道究竟何时被何人丢在这里。这样的酒瓶早就不用了，现在全世界的啤酒瓶都采用金属安全抓钮盖，只有德国的一些高端啤酒还会在瓶盖上加些复杂装饰。我还记得很久以前喝过的汽水也是装在带螺旋瓶盖的瓶里的，颜色也很鲜艳。但当我的年纪到了可以开怀畅饮啤酒时，市面上已看不到这样的瓶子了。

为了调查彻底，我造访了亨利镇的古董店。这是一幢都铎时代的建筑。像所有这类店铺一样，店里摆满了各色小摆设和瓷器，从地板一直堆到天花板，千奇百怪，应有尽有。进了这种地方，我必须分外小心，时时提醒自己别挥动胳膊，生怕举手投足间动作大点儿就会把什么玩意儿碰倒了。（那里挂着牌子提醒人们："若有损坏，必须赔偿。"）一个角落里放了个架子，上面陈列着些旧瓶子，其中有几个就和我发现的很相似。戴维·波特是这家店的主人，我把自己的收获拿给他鉴别是靠得住的。他认为，布拉克士比亚啤酒厂一直到 20 世纪 50 年代中期还在用螺旋瓶盖的酒瓶。他还记得当时为了鼓励人们将瓶子送回去，厂商还往瓶子里放一两个便士。现在，这样一个瓶子可以卖 20 英镑。由此可见，这两个瓶子至少在 60 年前就扔在那里了。那时的蓝姆布里奇林地还属于斯塔制刷公司，林地也不像现在这样能随便进入。如果瓶子是在格里姆大堤林地中心部位发现的，这就说明当时有人受公司派遣才进到那里。当然，这些人就是伐木工人，他们解渴时喝光啤酒后扔下了瓶子。我在林地中老山毛榉树上数到的年轮也证明，很多树在那里已生长 80 年了。60 年前，这些树还不够大，正好可以接替刚被砍下的老树。这样的新旧交替安排也一定经过了戴维·罗斯的认可批准。应该说，这是格里姆大堤林地上最后一次大规模砍伐了。我的头脑里出现了这样的画面：两个脸色红扑扑的壮汉负责挖这个现在依旧保存完好的锯木坑，在休息时，年长的那位喝价格高点儿的棕瓶啤酒，而年轻点儿的则喝普通廉价的绿瓶啤酒。年轻的可能一直做"下面的狗"，不过也没什么可抱怨的。他俩只怕都想到这是他们这辈子最后一次在林地上干活了，所以仔仔细细地将瓶盖拧上后才放在地上，以此隆重纪念这个非常时刻。

发现我家林地居然和布拉克士比亚啤酒厂有这样的关联，我由衷地感到高兴。这家位于镇中心的啤酒厂有两百多年历史，和它隔壁的圣玛丽大教堂一样，早就成为亨利镇不可或缺的一部分了。它位于镇中心，这正是一家啤酒厂最好的位置，酒香阵阵，飘满全镇。和著名的亨利大桥一样，这个啤酒厂也是这个镇的标志，为这个镇增添了繁荣兴旺的气氛。至今，这一带的乡镇还有不少布拉克士比亚酒屋。不过，比起 20 年前，数量还是少多了。

这家啤酒厂建于乔治时代[9]，创办人是出生于 1750 年的罗伯特·布拉克士比亚。这位先生的所作所为还真符合他那个时代的精神，为了提升产品质量，他进行了多种严谨的实验。为了制定不同啤酒的标准，他利用温度表和比重仪，并一丝不苟地做好记录。和伦敦的那些啤酒厂相比，亨利镇的这家当然在规模上小得多，但 19 世纪初，这个厂每年的产量也有 6000 桶左右。很久以来，亨利镇就以盛产麦芽闻名，大麦发芽后很快脱水，就成为麦芽糖。制作麦芽的传统工艺很多，有好几种保留至今，只是改变了加工设备而已。这里的水质优良，水源充足，所以产品受到市场的欢迎，这家啤酒厂的生意当然也十分兴隆。我刚搬到亨利镇时，啤酒厂的大院里还有人工作。我曾专程去那里参观，一心要看看厂里那个名气很大的铜牌，还想努力弄明白发酵过程。由于房地产升值，啤酒厂漂亮的老式红砖建筑下面的地皮更值钱。2002 年，啤酒厂终于整体出售。那个蒸馏器被运到牛津中部的维特尼，布拉克士比亚啤酒也将从此由马斯顿公司执牌生产，而后者的规模要大得多。啤酒厂没了，让人觉得这个镇像被生生割去了一个什么器官一样。经过老啤酒厂的办公楼时总能看到那个大铜牌，而每次看到时，我都情不自禁地要耸耸肩，心里隐隐作痛。啤酒厂的厂房外部还是原样，里面已再无生产进行，部分厂房还被改建成一个酒店和一家餐厅。山岗间的那些酒屋也是这样，外观没什么改变，但里面多已改做私人住宅。就这样，一间接一间，老式酒屋旅店消失了。我说的是那种酒屋：天气清寒，酒屋里壁炉炉火熊熊，几个老男人可以坐在酒屋的一角敞怀大笑。眼睁睁地看着这样的酒屋旅店关门停业，怎么不叫人难过呢？听到酒保喊出“最后一单”时，心里就知道从此不能再来这里买酒了。那种酸楚是难以言表的。

印有亨利大桥的明信片，理查德·弗提收藏。

躲过了大风暴

大自然失控，造成巨大破坏，这类剧情也时有出演。1990 年，也是刚进入 2 月，但所有的林地，无论大小，仍乱糟糟一片。那年 1

月 25 日到 26 日发生了一场大风暴，后被称为“彭斯生日大风暴”[10]，导致的人员伤亡和财产损失尚待统计。更早些，1987 年一场大风暴将位于基尤的皇家植物园中的许多珍稀树木刮倒，大片大片的林地被夷为平地。这一次的彭斯生日大风暴给奇尔特恩大丘地区带来的重创更甚，因为这次风暴始于白天，造成多名人员伤亡。在风速高达每小时 160 千米的大风暴的突袭下，山毛榉树不堪一击。大丘高处的林地被摧残得尤其惨烈，因为这些地方不但没有任何遮挡物可以缓冲风力，那里薄薄的白垩土也完全起不到固根作用。山毛榉树的根本就扎得不深，只是在基底部周围的浅层地表下散开而已。在如此强劲的风暴的欺凌下，很多别的树都遭到毁坏，更不用说扎根本来就很浅的山毛榉树了。《时报》报道，大风暴让斯托纳公园的卡摩伊爵士惊恐不已。报道如此形容道：“他眼睁睁地看着身前的 15 棵白蜡树齐刷刷倒下，就像被人放在盘里的一根根芦笋。庄园房子的一端有一棵柏树整棵倒下，只差 1 英尺就会砸到那座建于 14 世纪的小教堂。另一端的一棵雪松又高又大，没料到也不能逃过厄运，这场风暴犹如肆无忌惮的暴徒，把这棵雪松刮得东倒西歪，最后大树轰然倒下，压向灌木丛。工厂大烟囱那么粗的山毛榉树一倒就是一大片，到处都是这些倒下的大树。”阿森登谷地四周的山坡上更是惨不忍睹，所有的山毛榉林地都变成秃岭了。大树倒下后引发了多米诺骨牌效应，于是从上到下，一棵树压倒另一棵。就这样，整个山坡上的树全折断了，全倒在地上。这一次被大风暴摧毁的树木数量庞大，超过历史上任何一次人工砍伐。风暴之后，遍地看不到人影，全是齐腰折断的树木，地上堆着厚厚的断枝，触目惊心，惨不忍睹。

在 1990 年大风暴的袭击下，很多林地遭受重创。20 多年过去了，至今这些山坡林地上还留有被洗劫过的痕迹。虽然又重新种上了树，但要等这些树长大，完全抚平彭斯生日大风暴所造成的创伤，至少还需要再等上 15 年。很容易看出山毛榉树曾在哪里被风连根拔起——树根被拔出时带出了白色的白垩土，留下的坑洞至今尚在，一看就知道这里曾有棵树。

然而，从另一个角度来看，也可以说正是这场大风暴才使林地得以复兴。很久以前埋到土里的种子终于得以发芽生长，微风和飞禽又为林地带来更多植物品种。斯托纳附近灾后重生的林地里出现了成片的蓟、黑莓和金丝桃，还有喜欢白垩土的紫草、甘松等。于金丝雀或白喉莺而言，没有了那些高大的山毛榉树，这样的地方反而更亲切、更宜居。蝴蝶和飞蛾有了更多的花草为食，更多的虫子也发现这里食源丰富，值得留下来。林地的短期毁坏荒废很可能有利于长期保护发展，虽然这种说法还有待探究，但看上去的确就是这么回事。万物各得其和而生，各得其养而成，大自然的安排自有秩序，需要不时有特大风暴来进行一番重新整理，风暴过后才能让生态系统再次自我修复，否则只会衰老消亡。老伐木工喜欢这么说："风暴也不绝对都是灾难。"[11]祸兮福所倚嘛。

从林地往南去约 3.2 千米是亨特家的林地，这片不大的林地自古就有了，1990 年也遭大风暴破坏。那里只有为数不多的巨大的山毛榉树幸免于难，至今仍巍然屹立在那里，好不冷清。昔日聚在周遭的同伴都被风暴折断，剩下的这些大树高耸入云，显得格外突兀。露西亚斯·凯利正在补种树木，树的品种还真不少，除了山毛榉树，还多了野樱桃树、白面子树和橡树。最终，林地一定还会再次茂盛苍郁，但能看到这一天的是露西亚斯·凯利的孙辈们了，他们将会看到林地新貌。在时光流逝中，斯托纳公园也日渐恢复。公共步道两旁的地上还有山毛榉树，虽然不算很多，也能成为丛林了。它们可以算是这里最老的树了，由于作为景观树，树枝都长得不高，整体看也比林地上的树要矮一些，壮一些，不像林地上的树那样挺拔高大。不过，这里的山毛榉树气势庄严，笃定泰然，抵抗得住飓风。1803 年，著名的园林景观设计师汉弗莱·瑞普顿就明确指出：奇尔特恩的山毛榉树"只有经济价值，而非景观要素"。如果他看到这些山毛榉树这样大片倒下，怕顶多也只会说声"早该如此"之类的话。

诚如摩尼先生给托马斯·巴娄爵士的报告所言，蓝姆布里奇林地（格里姆大堤林地也包括在内）侥幸躲过了上述两次特大风暴的摧残。蓝姆布里奇林地为什么如此幸运，至今也无人能说明白，不过我个人认为这都要归功于阿森登谷地的漏斗效应。这片谷地狭窄，风通过这里时变成具有摧毁力的超强气流并被输送到长满树的白垩岩山坡上，对那里造成特别大的影响。我们林地的地势相对平坦，而且黏土和燧石形成的土壤又有利于加固树根。在我们那一小块地方只有两棵山毛榉树被吹倒，即使这样，它们的根盘也没有被拔起来，还能清晰地看出那些树根如何在地面上蜿蜒交错。为什么这些残留的树根还没被清除，我猜想砍断树干并锯成条后容易挪走，但要想挖出这些根就太难了。不清楚这几棵山毛榉树是不是在 1987 年或 1990 年被刮断的，但可以断言它们并没有牵连周边的树，所以也没有引起更多的树倒下。其中一棵倒下后便腾出一大片空地来，这一来阳光就照得进这里了，现在又长出些小的山毛榉树和一棵光榆树。一棵大树的终结退场，却为今后小树的成长提供了机会。林地里总会有树倒下，但林地并不会因此消亡。

我常常来到林地中做短暂停留，在那里漫步并沉思，于我这胜过专业心理治疗。春寒料峭依旧，大雾铺天盖地。这样无边无际的雾气如叫透纳[12]撞上了，这位艺术家必然万分欣喜。远处阳光奋力穿透大雾，终于能多少挥洒些到林地上。地上有许多毛茸茸的深绿色的小叶子，都呈八字形打开，这就是要在新一年里长出的蓝铃草。还有好多别的花草树木也被冬日最后的阳光唤醒了。从厚厚的落叶枯枝下，斑叶疆南星冒出了叶尖，展开小小的三角形叶片，看得出有些上面还有黑色的小斑点。这些小东西可性急得很呢，只想尽可能多攫取些能量，好转化成淀粉储存在地下的白色根管里。到了盛夏，就看不到这些三角形叶片了，只有绿色的梗留在地上，笔直地站在那里，挂着有毒的果实。秋天，这些果实成熟，届时会变得通红，很难将其和我眼前的这些绿得诱人的叶片产生联想。我在地上堆积了好久的山毛榉落叶里扒来扒去，一只知更鸟从冬青树丛里嗖地一下子飞了出来，迅速扑向离我不过一步之遥的地方，原来它发现那里有美味——一只小虫子被我扒动叶子时的动静惊吓得钻了出来。这只鸟也很好奇，任何动物经过时引起的动静都会让它思考，一心要好生探究一番，也许它把我当成一头身手笨拙的野猪了。那天有只知更鸟一直跟在奇尔特恩协会的人后面，会不会就是它呢？显然在它的眼里我一点儿也不可怕，所以它飞回到冬青树丛中，躲进去后仍对我叫了几声，似乎在请求我能不能再为它发现点什么好吃的。

鸟名往往能令人困惑。记得在美国东部，人们向我展示一只知更鸟，我却发现那分明和欧洲的知更鸟完全不一样。一只飞到欧洲的美国知更鸟也因此遭到“另类待遇”。虽说当初它们可都属于鸫科，在不同的地方都被叫作知更鸟，但去了对方的地方后又被视为异类。现在，鸟类学家已经把我们这些小小的红胸知更鸟划入另一类属了（硬被说成属于旧世界的霸鹟科[13]），他们认为美国的知更鸟才属于鸫科。也许用拉丁学名有利于消除这些困惑，可 *Erithacusrubecula*[14] 也不能说明这本质上就是知更鸟。不管这些了，反正我还是坚持用老名字。

新烧炭翁

1922 年 4 月，《亨利旗帜报》的一位资深通讯记者报道说，直到 19 世纪末，蓝姆布里奇林地中还有人烧炭。别说，这事还真应该试着干一干。同等重量的炭的效能要比木柴高，价格也要高。曾经在好几个世纪里，木炭被从亨利镇运往伦敦。在使用煤之前，迪恩森林[15] 和威尔德[16] 的原始森林为冶铁业提供了熔化铁水必需的燃料。炭的制作并不复杂，不过就是将硬木中的杂质和挥发物去掉，得到黑色的纯炭。做到这几点，就要利用火来热解木头里的那些杂质和水分，同时还不能让木头完全燃烧。炭的大批量生产需要技能娴熟的工匠合理巧妙地堆砌木头原料，并用泥土或草皮覆盖其上，以确保不完全燃烧能持续进行。为了防止烧过头，烧炭人必须在木堆旁守好几个昼夜，不能有半点儿闪失，所以这个营生非常辛苦。不过，我很幸运，因为我要烧的炭很少，用一个旧油桶就能搞定。由安德鲁・霍金斯对我进行专业指导，教我如何自制少量家用木炭。

油桶的一端被切割下来，待会儿可当作盖子用；另一端上有个小点儿的开口，可以当作烟囱。来到林地上，先在地上摆些干的小树枝和粗枝干，然后把油桶罩在树枝上，以防火苗蹿出。最难的是下面这一步：要把这些枝条都锯成四五十厘米长的木段，然后从“烟囱口”扔进油桶里的火堆上。这之前已经收集了一些山毛榉树的细长枝干，其中不少被松鼠啃得满是伤口，这些枝干中最粗的也不过我的手腕那么粗，但锯断它们非常不容易，花了好多时间，还累出了一身臭汗。可以想象，当年工匠们要堆满一整炉木头该有多辛苦。油桶底端一处稍稍垫高，可以让空气进入一点点，以维持桶内的燃烧。油桶里的木头堆到一半时，就会看到白烟从“大焖锅”里冒出。若不想被烟呛到，就一定要在锯木头之前测好风向。看到白烟就知道里面被加工的木头正处于“转型”期。和宣布教皇选举有结果的白烟[17]不同，这个白烟不是表示结果，而是显示加工过程开始了。在这个阶段，可以把盖子轻轻压在烟囱口上，防止过热。接下来唯一要做的就是等待，等待一两个小时，直到逸出的白烟渐渐变淡，略带青色，这就意味着桶里已经完全没有空气了。这时再用泥土将桶底周边糊起来，并将烟囱口上的盖子盖上，然后再压上一块石头。盖子边缘还需用湿沙塞满（沙子完全干燥后就会坍塌，把任何空隙都填满）。现在我们可以走开，让被密封住的热油桶自己把活干完。

第二天，我们回到这里，搬开油桶。哇，眼前是一堆精致的木炭，每一根的体积都只有刚放进去时的1/3。带来了一只粗筛子，好把因烧过头而产生的灰筛去。安德鲁告诉我说，在完全掌握正确的烧炭方法之前，他自己也曾多次失败，结果很惨，除了灰什么也没剩下。现在，我们有两袋上好的木炭，聚会吃烧烤不愁没燃料了。市面上出售的炭都是用人工林中的木材作为原料，对热带森林资源和森林里的生态造成了很大破坏，也失去了海洋屏障，更不用说在海啸袭来时还能有多少防备，简直就无力抵抗。我们将落下的残枝断木烧成炭，把这些木炭带回家时，想到自己能为可持续发展多少有所作为时，由衷地感到欣慰。

注释：

[1] 苔藓人（Moss man）在西方文化里成为勇敢者的象征，其来历据说如下：西班牙卡斯提尔国王阿方索八世（Alfonso Ⅷ）统治期间（1155—1214），当地人用苔藓伪装自己，骗过敌方守卫，从敌方手中夺回了小镇。这里是指苔藓专家。

[2] 苔藓属于最低等的高等植物，无花，无种子，以孢子繁殖。在苔藓世界中，地钱是分布最为广泛的物种之一。

[3] 苔藓的配子体占优势，孢子体依附在配子体上，但配子体的构造简单，没有真正的根，没有输导组织，喜欢阴湿，在有性生殖时必须借助水，因而在陆地上难于进一步适应和发展。这都表明它是由水生到陆生的过渡类型。

[4] 这是针对英文谚语“A rolling stone gathers no moss”而言的。

[5] 这里指的是爱德华七世（Edward Ⅶ，1841—1910）在位期间（1901—1910），其母维多利亚女王留给他的是一个走上巅峰的大英帝国，所以他上任后国内繁荣，殖民地发展，英国经济平稳增长。

[6] 1938—1939 年，英国的 1 英镑相当于当时的 5 美元。第二次世界大战后英镑贬值，但以阿加莎·克里斯汀推理小说中女主角马普尔小姐在战后每月的生活费为 5 英镑来看，斯塔制刷公司的净利润仍很可观。

[7] 兰开斯特轰炸机是第二次世界大战期间英国研制的一种战斗机，轰炸的精确性较高。

[8] “喷火”战斗机是英国在第二次世界大战中最重要也最具代表性的战斗机，不仅担负英国掌握制空权的重大责任，而且转战欧洲、北非与亚洲等战区，提供给其他盟国使用，战后还到中东地区参与当地的冲突。

[9] 乔治时代指英国国王乔治一世至乔治四世在位时间（1714—1830），这段时间的英国经历了各种变化，为之后维多利亚时代的辉煌奠定了坚实的基础。除了政治上联合王国形成（英格兰和苏格兰议会合一，两国正式合并为大不列颠王国）外，科学技术上也有飞跃，铁路出现，工业和农业革命影响到了每个人的生活。这个时期的人们注重科学实验，注意技术细节。英国也在这时成为制造大国。

[10] 彭斯生日大风暴（The Burns' Day Storm），1990 年 1 月 25 ~ 26 日，有记录以来最大的一场大风暴席卷整个欧洲西北部。这场风暴在欧洲各国有不同的名称。由于这场风暴发生于 1 月 25 日，而那一天正好是苏格兰诗人罗伯特·彭斯（Robert Burns）的生日，故在英国其名称为彭斯生日大风暴。这场风暴在英国造成 97 人死亡。

[11] 原文是“It's an ill wind that blows nobody any good”。

[12] 透纳（Turner，1775—1851），英国艺术家，19 世纪上半叶英国学院派画家的代表，以善于描绘光与空气的微妙关系而著称，尤其对水汽弥漫的掌握有独到之处。

[13] 霸鹟科是地球上鸟纲中最大的科，主要分布于南美洲热带地区，其形态和习性与旧大陆的鹟类相似，食性多样。有的种类敢和比自己体形大很多的动物搏斗，有“必胜鸟”之称。而鸫科的鸟类主要是中小型鸣禽，体形和生活方式有一定差异，多在地面栖息，善于奔跑。书中提到的红胸知更鸟过去被认为属于鸫科，是英国的国鸟。作者对新的划分表示不认同。

[14] *Erithacusrubecula* 是知更鸟的学名，这一学名对应的中文名称是欧

亚鸲。

[15] 迪恩森林位于科茨沃尔德的格洛斯特郡附近，距伦敦两小时左右的车程。这一地区的森林面积为 110 平方千米，1066 年之前就成为皇室畋猎之地，至今该地区内林地众多，仍为英格兰地区的第二大森林。《指环王》的作者托尔金（Tolkien，1892—1973）自称就是在迪恩森林中获取了灵感，创造出了大家所熟知的《指环王》中的“中土”（Middle-earth）。

[16] 威尔德（Weald）地区在英格兰东南部。Weald 这个词在古英语里就是指森林。奇尔特恩大丘就在威尔德。

[17] 罗马天主教教皇去世后，枢机主教们聚集在梵蒂冈秘密选举新一任教皇，每轮的投票结果会通过西斯廷教堂的烟囱传递出去，黑烟表示没有结果，白烟表示人选已定。

第12章

3月

令人惊喜的发现

春分临近了，走在林地上就能感到一棵棵树之间穿游回荡着春天的清新气息。蓝姆布里奇林地已经从冬眠中苏醒了，山毛榉树的叶子还被芽苞好生生地包裹着，静候最后的神秘指令发来后才会探头舒展开来。阳光依旧能无遮无拦地洒到林地的每一寸土地上，万物都能尽兴尽情地享受暖光的沐浴。小虫蠢蠢欲动时，阳光抓住它们的翅膀稍作停留；蚊蚋飞起时，阳光随着它们的身影翩翩起舞。林地中陈年枯叶下传来窸窸窣窣声，像有谁在那里揉搓纸张，这意味着小型哺乳动物正躲在下面偷偷地操持自己的营生，忙碌得很呢。大个头的豹纹蛞蝓也从藏身之处爬了出来，不慌不忙，从从容容。至于那些鸟嘛，当务之急就是找伴侣，秀恩爱。“噔、噔、噔”，像连发子弹一样的声音回响在整个林地上，这是红头啄木鸟和大斑啄木鸟干的好事，它们正朝着树上被虫蛀出的空洞啄个不停。与其说这两种啄木鸟在认真演练小鼓敲击技巧，不如说在炫耀自己又有午后小食的那份得意。不过说真的，与敲击鼓点和大嚼点心的声音相比，这种声音还是要清脆利落得多，估计它们下定决心要这么一直啄下去了。林地里还有两三只啄木鸟，只是都待在各自的地方。啄木鸟之所以能这么长期并连续啄木还不受伤，只因为它们天生就有为肌肉消震减震的机能，喙尖和头部还有韧带相连，也能避免头部受到冲击[1]。人如果也这么不停地摇头晃脑，脑部就会受到损伤，还很可能一辈子都找不到爱人。“好鸟齐鸣，嘤嘤成韵”，今天林地中就有这么一支乐队，还是一支管乐队，而这些鸟就是乐队的成员。花鸡吟唱的旋律从高到低，黑鸫则奏出丰富的长笛乐音，大山雀兢兢业业地发出和谐的钟声，而啄木鸟坚持不懈，不间断地演奏着快板，“嘤其鸣矣，求其友声”。突然，乐队演奏中出现了一个极不和谐的声音，就像疯子在狂笑。原来那是一只绿啄木鸟发出的声音，我父亲称这种鸟为“绿疯子”。它扯着沙哑的喉咙，不断重复一个音符，整个林地都能听到那难听的声音，就像音乐会上有人恶意起哄那样。这家伙干了这等坏事而又想偷偷从树间溜走，但动静闹得太大，还是被我看到了。这个大家伙一身绿，它哪里是在林间飞呀，分明是在毫无顾忌地横冲直撞，最后冲着林地外的开阔地直奔而去了。演奏重新进行，每个乐手都精神抖擞，激情直冲林地上空。

上次砍倒那两棵野樱桃树后，还留下几根大枝，就放在开阔地附近，虽然数量不多，但总得把这活扫尾，将这几根带回去加工成木材。朋友劳拉·亨德森在林业局工作，她也来到我家这块林地上视察。这块空地上的荆棘简直长疯了，根部错杂交缠，并已经木质化，非常结实。我曾经以为所谓石楠木烟斗就是用这种荆棘做的，后来才知道那还真是取材于地中海地区的欧石楠，当地称其为石楠木。由此可见，这种烟斗和英格兰长出的东西根本不搭界，*Cecinest pas une pipe*[2]。这些枝条弯曲蔓延的荆棘都是从老根生发出来的，没多久就长成茂密的一大蓬刺藤，盘根错节，存心要拦住从此经过的人。许多枝条上又发出了新芽，一簇簇铆足了劲儿蹲在枝头上，就像蓄势待发的火箭，只等发令枪响就往上冲，谁也拦不住。

劳拉走到荆棘的另一边，那里有野樱桃树倒下后留下的些许细小枝条。突然，劳拉激动地叫了起来。原来，那里有一个网球大小的东西，一侧还有个小圆洞供出入。这是用长长的草叶编制的一个窝，圆溜溜的，而用的原料就是臭草。在我看来，这个窝应该是一层层缠绕而成的，和做那种空心毛线球的工艺一样，草叶当中还夹杂了几根深色的条纹，应该是夹进去了樱桃树皮纤维。一眼看上去就会想：这个小草窝真是太舒服了，要是能睡进去该多好！是谁制造的？很快答案就揭晓了，原来这是一只睡鼠的家！这种小家伙被认为是全英国最可爱的小哺乳动物，它们才是当之无愧的“小可爱”，在我家林地上发现了有其生活的实实在在的证据，这还是第一次呢。生物多样性行动计划[3]将其列入受保护品种名录，这一发现对于保护这个稀有品种来说当然也很有意义。格里姆大堤林地中有睡鼠，这样的发现让人高兴得要跳起来，可是眼前这个小窝那么脆弱，周边还有那么多狰狞的荆棘环绕。可不能让这个宝贵证据受到破坏，我小心翼翼地将它捧起来，像捧着金砖一样回到车上放好。这个窝是从哪里来的？一时也难以弄明白。或许它一直就深藏在荆棘丛下，或许本在高高的野樱桃树上，随着大树倒下而落在此处了。这个窝当属林地收藏中的一件珍品。

任何东西只是稀罕不见得就能讨好，土鳖虫也很稀罕，但招谁待见呢？稀罕要和可爱兼得才好，好处之一就是能得到人们的特别关注。睡鼠长着大眼睛，一身红棕色，尾巴毛茸茸的，杰姬称它们为“萌萌的小毛球”。这是她自创的形容词，但很确切地归纳出了这些小家伙可爱诱人的特点。我将这个睡鼠窝的照片通过电子邮件发送给这方面的一位科学家，很快就收到了回信，答复是肯定的——这就是睡鼠为了安眠而搭建的寝宫，而且“在荆棘丛中发现实属罕见”。我们的这次发现和记录将被收入国家信息库。沃伯保护地的睡鼠非常有名，受到了很好的保护并得以繁育，而这个保护地就在林地以北3千米处，难怪在蓝姆布里奇林地一带能看到睡鼠。

睡鼠因为能睡而得名。一年里，它们的“休眠期就达半年之久，而剩下的时间里也一直处于嗜睡状态之中。”[4]刘易斯·卡罗尔在《爱丽丝梦游仙境》一书中有一章描写疯帽匠的茶会，就将睡鼠的习性介绍得非常透彻，那简直不像童话小说，倒像科学论文了。降低新陈代谢率是睡鼠赖以生存的重要手段，一旦进入长期的睡眠，它们就不怎么需要进食了，所以这些小哺乳动物必须将给养物资收拾好并妥善储存起来。近期研究表明，睡鼠有时栖息在大树树冠中，有时则靠近林地地面。格里姆大堤林地中有荆棘花、榛果和山毛榉果，这些又恰恰都是它们喜欢的食物，但就是没有忍冬（虽然我看到蓝姆布里奇林地的其他地方有），而忍冬正是它们获取糖分的主要来源。这些小可爱就像童话里的小仙子一样，吃得很少，靠着露水都能存活。我不禁想，它们春天跑到格里姆大堤林地中究竟是想寻找什么呢？这里的林地上连可以让它们多少汲取点糖分的山楂花都没有啊！也许它们想从野樱桃树树冠的鲜花上找到美味？但野樱桃花要到4月才会开放。它们是不是太性急，醒得太早了？对此，我至今也没研究出结果。不管怎么说，非常乐意见到这些小可爱造访我们的林地，只要它们能在这里靠着露水和美梦生活下去，那就真心想对它们说：只管安心住下来吧，别离开了。

地产大佬们

格里姆大堤林地的故事一直和周边领地庄园的历史交织在一起，而格雷庄园的主人对林地的影响尤其大。几百年来，不管主人如何更换，这个庄园始终自成一体，俨然一个小小的独立王国。20世纪以来，人们对于乡村物业产权的态度有了根本改变，但有趣的是，变来变去，这些土地似乎最后又回到老样子了。乡村里变化最大的当数早年那些寒酸简陋的农舍，现在它们都变身成为精舍了。以前住在这些小茅房里的都是铁匠、桶匠和椅子匠，现在这些物业的主人可都是身份体面的生意人和专业人士，或者是退休的有钱人。一个大律师坐在一间屋子里查看电子邮件，而那间屋子从前很可能只是木匠的工作间，那时满屋飘着木屑。我们林地旁边的那幢"凶杀小屋"及其附近的谷仓过去一直属于蓝姆布里奇林地，和林地的故事多有些夹缠。1922年，这两处房子被同时卖掉。现在，那座小屋成了魅力十足的乡村居所，扩建后既有时尚气息又很好看，还被一个宽敞的花园环绕着。当然，花园也打理得用心，十分精致。谷仓就紧挨在农舍边，现在开了个很大的漂亮窗户，改建成为舒适宜居的住宅。这幢房子位于过去的果园里，现在后面又起了一幢。20世纪30年代，塞西尔·罗伯茨来到下阿森登的山坡下安家，他认为坡顶上的那些房子都在老远的地方呢。1896年[5]，邓吉小姐被害案发生时，《亨利旗帜报》还特别强调凶案现场的位置非常偏僻。让这一切有了巨大改变的功臣是内燃机车，整个奇尔特恩大丘地区的这类农舍现在都升值了，成为价值不菲的不动产。沿前往内托贝的旧路来到克罗克恩，我参观了那里的一家农舍。过去那也就是某个砖瓦匠住的小屋，现在房子的两翼都改建成砖瓦和燧石结构，四周全是花园，车道上还停着两辆跑车。说实话，将这幢昔日的农舍改建成住宅还真是花了心思，尽可能保持原有风格，否则就会和周边的乡村景色格格不入了。山坡上到处都是这样美丽的小村庄，只是村民的身份变了，多半都不再是世代居住在此的本地人。林地往北 5 千米是特维尔村，拜那部非常成功的系列情景喜剧《蒂博雷的牧师》[6]，这个村子为成千上万的电视观众所熟悉。因为那部喜剧每一集的片头都出现了这个村子的俯瞰景色，以此表示故事发生地是一个边远村庄。而真实情况是：这个村里的居民几乎都是媒体工作者。那些精美的房舍门前过去是菜园，而屋边小棚子里只怕还放着老式的脚踏车床呢。

住在下阿森登的那些年里，塞西尔·罗伯茨见证了农舍如何变成精室雅舍的过程。他对村里那些技艺精湛的老工匠非常敬重并赞赏有加，常坐在金球酒馆里听他们讲述往事。当地村民有难时，他也慷慨解囊相助。1934 年，他的朝圣小屋系列作品《到乡村去》出版了第一部，书名也有特殊意义。在村里他交了很多朋友，其中不乏名士做派的人物，维希特小姐就是其中的一位。这位女士和别人交谈时总爱说怪腔怪调的法语。不过，那里当时还住着很多本地人，乡村似乎还没发生太大的变化。塞西尔就这样开始在一个新的领域进行试验——乡村探险，当然他不是单枪匹马，而是带着管家和园丁一起上路。正是受他书中那浓浓的怀旧之情的影响，1989 年彼得·梅尔[7]

出版了一本书，内容就是对法国乡村生活的回忆，通过叙述逸闻趣事，将“真正的”农民介绍给读者，向读者展示了更为真实的法国乡村生活。那种田园牧歌式的生活令人极其心驰神往，很多人看了这本书都会头脑发热。一时间，许多英国人竟怀揣这本书，蜂拥至法国南部。倒不是说塞西尔·罗伯茨促使奇尔特恩大丘的人口结构发生了变化，但他的的确确使人们对乡村的观点有所改变，其影响非常深远。1940年，《奇尔特恩乡村》一书出版，让该书作者H.J.马辛顿揪心害怕的“中产阶级化”在当时早已迅速蔓延。村庄发生了本质变化，“乡村生活”也因此有了新的意义，林地则始终无言静观，没有半点儿骚动不安。

到了20世纪，那些从祖先手中继承古代庄园的贵族后裔发现风头不对了。1914年，阿斯奎斯[8]政府开始对较大的房地产征收房地产税，税赋还不断增长。这就意味着这些庄园主的后代要继承这些财产，就得为贵族的气派生活付出很大代价。由于英国被卷入了两次世界大战，国内贸易收入雪崩似的下降，很多声名显赫的大家豪宅都曾被征用为军事用途（弗利庄园就是其中之一），其中相当多的从此再也没有恢复元气，一路衰败，不可收拾。于是，暴发户们来接盘了。早在1922年，蓝姆布里奇林地就被售出。此后不到10年，迈尔斯·斯泰普尔顿也放弃了格雷庄园及其附属的农田，从此切断了这个家族与罗德菲尔德·格雷教区的最后联系。尽管这个庄园此时已显破败，但塞西尔·罗伯茨有几个朋友有意购买这个庄园，塞西尔便积极张罗，出面牵线搭桥。1935年，格雷庄园最后的一部分被伊芙琳·弗莱明买下，只是庄园大宅进行重建时她随心所欲有过，理性规划不足。仗着在银行里有大笔存款，买下格雷庄园之前，她已在内托贝购置了一幢大宅（叫乔伊斯的小丛林）。她有4个儿子，其中老大彼特·弗莱明是游记作家，而伊恩·弗莱明则是詹姆斯·邦德的塑造者，为她着实挣了不少颜面。两年后，她也将格雷庄园出手了，这次的买家是布鲁纳家族。

靠约翰·布鲁纳爵士（1842—1919）一手打下天下，格雷庄园的新主人才有了殷实的家底。1926年，帝国化学工业公司创立，而开创者是位了不起的化学家，也就是这位爵士大人。爵士的儿子菲利克斯（1897—1982）对格雷庄园再次进行重建后，至今未再改动过。菲利克斯将古代防卫工事改建成带围墙的美丽花园，里面有温床和紫藤花架。顺便说一句，那花架可真大呀，我从未见过比那更大的了。身为议会自由党成员，菲利克斯的表现也充分显示了政治人物的开明一面。他不仅引入了对普通工人在病假期间也发放最低工资的做法，对亨利镇来说，自布勒斯特罗德·怀特洛克爵士后，贵族人物中只有他积极参与该镇的日常事务活动。夫唱妇随，他的夫人伊丽莎白也如他一样，很有为公众服务的献身精神。身为英国妇女联合会主席的她一直为向成年妇女提供教育大力呼吁奔走，积极推进这项运动。这位布鲁纳夫人生前一直住在格雷庄园，直到2003年去世，享年近100岁。雨果·布鲁纳也继承了家中长辈为公众服务的传统，担任牛津郡治安官。如果按照《1066年和这之后：难忘的英格兰历史》[9]的刚性标准，这一家人及其所作所为绝对应该进好人好事榜。菲利克斯还积极支持国民信托组织发起者奥克塔维亚·希尔[10]从事的改良运动。1969年，他将格雷庄园交给国民信托组织，以支持其发展。现在，该组织已经采取措施使这座庄园保持着当年布鲁纳一家住在其中的样子。虽然在这个庄园的悠久历史中那些佃农的伟大作用（尤其在蓝姆布里奇林地这一块）不容忽略，但我个人仍坚信这家人发挥的作用举足轻重，并对他们钦敬有加。只是仍忍不住会想：如果斯泰普尔顿小姐们穿越到今天，看到花房里那些前来游览的游客时，她们能否忍受？

其他的庄园主人则选择以另外的方式告别庄园，从此似乎烟消云散，再没露过面。白吉莫尔庄园拥有蓝姆布里奇林地低处的一些条状土地，19 世纪后半叶，这个庄园到了此地的名门望族欧威依家族名下。理查德·欧威依至今还在赫恩奈斯的土地上经营农庄，这座农庄就在亨利镇通往格雷庄园的大路旁。他拿出旧照片给我看，照片上他的一家人穿着盛装，站在人字墙的入口处，从入口处进去就是那座气派庄严且布局有序的大宅，而那堵人字墙还是由克里斯托弗·雷恩的钦定木匠理查德·詹宁斯设计建造的。进入 20 世纪 30 年代，欧威依家族也遇到了棘手事。庄园大宅自第一次世界大战后就元气大伤，严重破败，修缮却难以开展。说实话，搁在现在，对房屋修修补补也不见得是个多大的工程，但对偌大的庄园进行维修保养实非易事。于是，庄园再次出售，这次的买主是一位姓弗拉斯托的人。新主人随即就在大宅北面建了一幢更为舒适的房子，为了方便某位麦卡平小姐骑马，还把马厩的墙都拆了。第二次世界大战期间，新宅和老宅都被征用。1946 年老宅被毁，理查德·欧威依说是毁于一场火灾。从此，白吉莫尔庄园大宅和我家林地再无交集。后来这个地址上又建了一座房子，过去的马厩旧址则成为白吉莫尔高尔夫俱乐部的总部，该俱乐部至今仍运作良好。

在第二次世界大战中，虽然受到德军的猛烈轰炸，亨利镇周边一带的豪宅仍有不少幸免于难，然而战后都难逃白吉莫尔庄园那样的遭遇。为了保护这些古宅，人们也大动脑筋，比如将其建成学校就是一种保护措施。像修士公园、弗利庄园和公园广场等，在第二次世界大战后就都变成了学校，分别招收从波兰逃亡来的孩子和问题少年。那之后，这些大宅的历史发生了奇特的转折：兜兜转转，又回到私人手里了。修士公园先被乔治·哈里森买下，其他庄园也陆陆续续被新富豪买下。在弗利庄园办的波兰儿童学校关闭后，圣母修士会的神父们无力维持，只好离开。不过，最近这所庄园又被粉刷一新，原来已有人出钱买下，只是此人行为低调，不被人知而已。2011 年，公园广场以 1.4 亿英镑的价钱售出，成为英国有史以来最贵的房产，买主安德烈·鲍罗丁来自俄罗斯，乃一产业寡头人物。我并不认识此君，也无意高攀。我只是想说下面这件事：他竟然拒绝在他房产境内的一个特殊地方进行对蝙蝠的观察活动，而此前的 20 年里，每年都在那里进行这一考察活动。我想我和这样的人决不会志同道合。

亨利镇周边的房地产（连同经过我们林地的一里好路另一侧的公地在内）几乎都被一个瑞士银行家买下了，这人就是乌尔·施瓦岑巴赫。此前，他业已拿下了亨利镇北边的汉布尔顿地产，而那片地产原为文具商 W.H. 史密斯所有。他还将距亨利镇约 5 千米的卡尔汉姆庄园也收入名下，并把这幢面积虽不算太大但相当气派的宅子当了住所。从那里往下看，正好将弗利庄园那一部分的亨利公园收入眼底。这人将卡尔汉姆和他名下的其他控股地产笼统合并在一起，统称为卡尔登·弗地产公司，只是这公司的名字实在不怎么样。他用自己名下的大块地产资助自家的黑熊马球队，而马球可是个烧钱的运动项目，除非富可敌国，否则根本不可能长期赞助下去。现在亨利周围的大多数土地都被双层围栏围住了，里面都干净整齐得和槌球场草坪一样。当然，这样的草坪也肯定谈不上什么生物多样性了。

据我所知，上述那些阔佬中没有任何一个会用我们普通人的寻常方式到亨利镇来。有人言之凿凿地对我说，鲍罗丁的妻子只乘坐直升机进入亨利镇，不过这也只能当八卦闲话听听而已。我猜那类人恐怕只能在属于他们自己的岛上过日子才会觉得放心。在这个地方，新贵们都没什么根基，估计（我当然可以这么估计）那些林地在他们心里也算不了什么，充其量不过是挂在远方墙上的一幅巨幅风景画，价格虽然不菲，但也仅此而已。另一方面也必须承认，历史就是这么出人意料地循环发展。麦肯齐中校也好，斯特里克兰·弗里曼也好，还有那位布勒斯特罗德·怀特洛克爵士，他们都曾经努力扩张过自己的产业，而诺利斯家和斯泰普尔顿家则精明地通过联姻方式，很体面地增加了自己名下的不动产。今天，这些新贵可个个都是世界级的投资高手，齐齐接手了英格兰这一处的土地。不妨将此视为英格兰的这一小块地方和世界结合的最后阶段。这个结合曾起始于伊丽莎白一世时期，那时诺利斯正值青春少年，便以海盗身份从这里出发，走向广阔世界。现在这些新的地主把别人排除在外，这和把他们自己排除于世又有什么区别？的确，他们是乘直升机来的，但除此之外，他们又和芸芸众生究竟有何差异呢？

甲虫

甲虫是地球上种类最多的物种。它们的前翼变成了鞘翅，覆盖在必要时能飞动的后翼上。这种虫子可以钻到地面下的任何洞穴或裂罅中，说实话，就没它们钻不进去的地方。所以，甲虫的生态位[11]形态之丰富简直令人惊叹。

甲虫栖息的地方多种多样，在没倒下的死树上、花丛间乃至粪便里，都能看到它们。和上述这些地方的甲虫相比，生活在泥土里的甲虫的最大不同之处在于它们多为“夜猫子”，晚上才出来活动。按照格里姆大堤林地项目的研究路径设计，我应该找出甲虫栖息地选择方面的差异性。这着实费了我很大气力，一年里也花了不少时间，所以直到本书最后一章才来写甲虫（尽管在 6 月的那一章里我也提到借助升降机，在大树树冠里发现了那么几种）。为了捕捉到会飞的虫子，我使用了一种特殊的盒式装置，将其挂在高悬于地面之上的树枝上。盒里放有诱饵，还有一排小三角锥，能让进来的虫子被绊倒后落入标本采集瓶内。诱捕地面上的虫子就容易多了，我的做法是往瓶里倒入半瓶水，再加入几滴滴露（做这种滴露稀释液，就像制作法国绿茴香酒那样，往酒里加水，直至液体浑浊）。滴露能化解液体的表面张力，虫子落入瓶中后会很快沉入水底，而不会挣扎几小时都不死。把这个装了一半滴露稀释液的瓶埋到地下，瓶口与地面平齐或略低于地面。过了几天，再把诱捕到的虫子倒进一个底部抹了酒精的密封瓶里，供以后仔细检查。

夏天，埋在地下的瓶子很快就满了。想到天黑后林地中出没的甲虫该有多少，我真不由得大吃一惊。用这种方法诱捕甲虫也有个弊端，那就是蛞蝓也会混进来，这些家伙分泌大量讨厌的黏液，把瓶里弄得脏兮兮的。因此，在将瓶里的甲虫转移到酒精瓶里之前，得先用茶匙把蛞蝓捞出来。瓶里最常见的是那种又大又黑的土鳖虫，这家伙一般飞不动，专在土里觅食。还能在瓶里发现掠食成性的隐翅目甲虫，其体形较长，会扭动不已，没有经验的人往往会将其当成蠼螋。隐翅目甲虫有鞘翅，就藏在腹部后方。最大的隐翅目甲虫当数魔鬼隐翅虫[12]。如果瓶子留在地里的时间过长，里面的东西就会腐烂，腐臭气味又会吸引色彩艳丽的葬甲前来。葬甲颜色各异，有红色、橙色和黑色，但都油亮亮的，个个堪称节肢动物的殡葬师。它们将小动物尸体埋进地里，然后在上面产卵，并将其孵化成喜欢食肉的幼虫，动物尸体就是这种幼虫的最爱。这种甲虫养育后代的方法很特殊，简直令人难以想象，它们会不断地在幼虫中进行甄别挑选，直到确信为儿女储存的食粮足以供应剩下的幼虫为止。我自认为辨识蜣螂没有什么问题，这种家伙个头结实，黑亮亮的，腿上长满刺毛，专吃粪便。林地里有的是鹿粪，足够这些家伙喂大自己的幼虫了。

关于这点，我只能说到这里就打住了，瓶里还有好多虫子等我鉴别呢。有几只小得很，不过几毫米长，我得向一两位鞘翅目昆虫专家求教才行。仅在英国就有1000多种隐翅目甲虫和400多种象甲，至于专门以木材、霉菌和花粉为食的昆虫还不知有多少。想把收集到的甲虫一一分类，标出名字，看来不是一般地难。好在我有援兵，那就是自然历史博物馆的同事。麦克斯·巴克雷对瓶里的标本做了清点，加上上次那些昆虫学家用网捕到的甲虫，至少有50个不同的品种。发现其中还有叫费氏鸟巢菌的棕色小甲虫时，他非常激动，因为这可是被列入“国家稀缺”名录的品种。根据记录，这种甲虫此前被发现的数量极少。年轻人乔丹·雷尼非常热心，他在6月陪着博物馆甲虫馆馆长迈克尔·盖泽来到林地，到处寻找甲虫。迈克尔高度近视，一旦发现很小的虫子就要凑过去，眼镜都要贴上去了，眼睛眯成一条缝，看得非常吃力。然后，他再打开一本很大的百科全书，找到其相应的拉丁名后大声念出来。我跟在他身后，只有目瞪口呆的份儿。许多甲虫的种类不是当场就能辨识出来的，有些还得装好后送回实验室用显微镜进一步仔细观查。不过，那一天结束时，就已经发现林地上有 100 多种甲虫了，迈克尔认为实际上这个数字应该乘以二。

有些甲虫乍看上去也不觉得有多稀罕。我就在一些没倒下的死树上看到被人称为“木蛀虫”的钻木甲虫，它们在木头上钻出圆圆的洞，洞口四周有好多木屑。像这样专吃死木的甲虫有三类，体形都很小，很容易辨识。除此之外，还有一些甲虫也以木头为食。要一一说出林地上其他的甲虫，就得将本书提到过的其他有机物归纳一番了，因为甲虫（幼虫也罢，成虫也罢）都靠它们为生。已发现近 10 种或更多食用蘑菇的甲虫，其中一些很容易被发现。比如食菌红点甲虫，正如其名，这种甲虫身上带有 4 个红点。但有一些个头很小，颜色暗淡，还叫不出名字来。有一种专门食用黏菌的甲虫，属薪甲科，学名叫 *Enicmustestaceus* 。更有一种步甲（*Silphaatrata*）专吃蜗牛，黑色的背上有一道道隆起的横纹，专用来刺伤蜗牛这种软体动物，以便吃下去后更容易消化。还有一些特别小的甲虫以花粉为食。很希望能找到专以山毛榉树叶或树皮为食的甲虫，还真就找到了。另有一些甲虫专门吃草甚至荨麻，还有一些带着幼虫专门对植物根部开怀大嚼。各色各样的象鼻虫对植物和种子一概不挑挑拣拣，只要有吃的就行。叩头甲有 5 种，但都有一种本领能逃过被捕食的厄运，那就是大叫一声并突然跳起。麦克斯和迈克尔还发现了几种蜣螂和食腐甲虫。看来任何生态变化中都少不了甲虫参与。说到凶狠的捕食甲虫，那就数个头瘦小的士兵甲和红得亮丽的百合甲。步甲科的土鳖甲也捕食，它们有十来种，都躲在木头下，稍受惊动就急忙四处散开；还有那些隐翅目甲虫，也有十来种。唉，只可惜那份完整的名单已经不在我的手上了。

7 月里，在林地的荆棘上发现了一只大甲虫，一眼就能认出它叫什么，这也令我好不得意。这种甲虫的幼虫生长缓慢，钻进落叶木的树干里不停地狼吞虎咽。看到那满是结节的大触角，我就知道这一定是长角的甲虫，而看到那鲜明的黄黑斑纹，就能把范围缩小到斑天牛了。这种甲虫的长角就像小丑的帽子一样。并不见得非要花上十来年时间专门学习才能叫出甲虫名字，有的甲虫的名字你也能叫得出来。

林地的未来

格里姆大堤林地能保留至今，实属幸运，而之所以能有这份幸运还拜它自己所赐——它一直都在为人们提供日常生活的必需品。就这样，它以“半自然”的古林地身份在乡村经济中持续发挥作用：林地本身作为猎场，林地上的树成为燃料，能烧成木炭，还能成为生产椅子腿和刷板的原料，小枝可做引火柴，树干则做帐篷支柱，等等。总而言之，它的新用途不断被发现，也促进了对林地管理的不断变革，减少了大规模砍伐。在格雷庄园的庇护下，这片林地因其富有历史意义还受到保护。每当林地的保留与实用功能有冲突时，总还能因这家人注重传统，林地得到优先关照。“先王逝世，新王万岁[13]”可以借用这句话的表达形式来描述林地的生生不息：“老树倒下，新树生长！”林地还会继续受到保护，过去发生的仍会继续上演，变化的只是扮演主角的演员。老树倒下后，新树又得以长大，周而复始，有死才有生，这就是林地的宿命。说这话是就事论事，心有所感，绝非为了煽情。

一旦木材不再为市场所需，又该怎么办呢？山毛榉树并不怎么讨人喜欢，没人想要端起一盘山毛榉树叶当菜吃。虽说重情怀旧的人可能还坚持要坐在老式椅子上——椅子腿可是用山毛榉木做的呢，但谁也不愿意用山毛榉木来做厨房家具的面板，引火柴已成为文物，制作刷板也早就没山毛榉树什么事了。从古至今，山毛榉林的命运一直受实用性控制，市场需求决定了树木存活的品种、生长数量和生长年份。其实就在 1966 年，人们还因家具制造需要山毛榉木材[14]呢。研究森林历史的权威人士奥利弗·拉克汉姆曾振聋发聩地提醒我们，他说林地从没像今天这样被疏忽，林地的管理也从未像在今人手里如此懈怠。现在，如果说山毛榉树还有经济效益，那就是可以被砍成大块用来烧篝火。难道这些树对乡村风景也没有意义了吗？不要忘了，骑着山地自行车穿行在乡间山岗上，放眼看去，让人心旷神怡的景致里哪里又少得了山毛榉树的身影呢？提升个人健康水平的户外锻炼方式被推崇并深受人们喜爱，在穿过蓝姆布里奇林地的古道上步行或骑行就是很好的践行方式。真心想保留这片林地，根本用不着费神费力进行有计划的可持续性砍伐，只需在工作之余到这里走走就行。这片林地和公园的玫瑰花园或汽车电影院一样，来到这里，人们不仅能休憩解乏，还能怡情悦兴，我的确就是这么认为的。

谓予不信，就不妨看看泰晤士河的功能是如何转化的吧。这条大河曾经是亨利镇发展的命脉。千百年来，河上运输促成的贸易繁荣使亨利镇成为贸易中心，现在这条河对喜欢划船的人来说则像一个巨大的游乐场。将河流变为娱乐工具的做法不新鲜，早在 1899 年之前就有人付诸实践了。那一年，杰罗姆·克拉普卡·杰罗姆[15]出版了《三人同舟》一书（该书至今仍名列最有趣的英文书籍榜单之上）。主人公是三个小伙子，外加一条叫蒙特莫仁西的狗，他们结伙沿泰晤士河漫游，经过亨利镇，但书中未有只字片语提及亨利镇的工业和商业。1908 年，肯尼斯·格雷汉姆出版了《柳林风声》，书中那只老鼠和那只鼹鼠都很乐于享受亲水生活。老鼠是这么说的："年轻的朋友，请相信我，在船上荡来荡去真快活死了，再没有什么——绝对没有什么——比得上船上的光阴了。"罗伯特·吉丙斯（见第 1 章注释 12）于 1940 年出版了《泰晤士河静静流》一书，描绘他沿着泰晤士河轻松旅行的经历。和他的其他作品一样，平淡惬意的慵懒风格依旧贯穿这本书。吉丙斯对沿途所见的动植物都进行了详尽介绍，用准确而流畅的语言叙述了这些动植物的来历，如果本书能多多少少有点儿类似的风格，那要完全归功于他。

在上述这些书里，从泰晤士河里流向远方的不再只是水，还有一种精神。但也恰恰因此误导众生太多，很多人读后都以为船上的生活无比舒适自在，上船后便再无烦恼；甚至还认为只有那样漂在水上的生活才是真正的生活，比起干别的事——比方说办公室里的工作——更有意义。这些书的读者到今天都还认定泛舟河上就意味着幸福快乐，很多人甚至不惜投入大把时间和银子，乐此不疲。在亨利镇每年的赛舟会上都有人将那些保养得上好的古董船只从仓库里拖出来。这些老古董做工精致，样式典雅，但速度很慢，一露面就能撩起众人的怀旧之情，感到自己又成了看《柳林风声》的小小少年，回到有老鼠和蛤蟆先生陪伴的孩童年代。这些古董船的主人则更在意要让大家知道：把这样的船只保管好，还要保证它们能行驶在水上，该有多么不易，该付出多少心血。现在的船只（我的岳父称其为豪华玩意儿）则完全不同——速度太快，颜色太白，船体太大，设备太豪华，行驶在泰晤士河上简直太委屈它们。那些船的名字也多半是"美宝莲"

或“乔治的女孩”[16]一类，我甚至还看到一艘叫“炫富”的船。好吧，有人就要这么任性，有什么可说的呢？不管怎么说，泰晤士河上仍有人驾着船，沿着杰罗姆·克拉普卡·杰罗姆当年的路线体验一把逍遥自在。和杰罗姆·克拉普卡·杰罗姆及其友人相比，这些船的主人还真没多大差别。

市场对英国木材的需求量并不大，我们林地上的那两棵野樱桃树加工成木板后就没有找到买家，因为从美洲进口樱桃木反而比本国的还要便宜。家具店里尽是价格低廉的柚木家具，而这正是破坏热带雨林的罪魁祸首。高端家具和门板仍然以英国本土的橡木为首选材料，但美洲橡木也很有竞争力，有更大的市场。最具讽刺意味的是：在以往长久的岁月里，正是英国的全球化发展才使得格雷庄园能通过殖民地和贸易经营不断得以繁荣和扩大，现在又恰恰是全球化的进展导致这片林地不能带来任何收益。当年哪怕战争也会给山毛榉林地带来好处，因为战争期间这种木材会变得抢手，斯塔制刷公司的命运也证明了这一点。正是由于完全放开的市场，山毛榉树的身价才一落千丈，辉煌不再。

想让我家林地上的这些树平平安安到老善终是没有问题的，但站在整个林地的角度看，这绝非林地的最佳出路。千百年来，正是轮种和有选择性的砍伐才使得林地能持续发展，也有利于林地保持生物多样性。如果对林地不予以定期砍伐，受益的就只可能是专吃树木的害虫。对林地进行有效管理是必要的，老树要砍掉，新树才能生长，而且只有把老树砍掉后阳光才能照进来。好在我们的这部分林地属于奇尔特恩大丘风景区，所以许多这类林地仍允许人们开展畋猎活动，而这对林地来说至关重要。这些地产的新主人多半都富可敌国，所以即使林地上的树木带不来半点儿收益，他们仍能任由这么大面积的林地保留下来作为猎场，心安理得，不急不躁。我们的林地就在大丘地区北边，离阿姆舍姆（即被本杰明称为“地铁混混儿多”的地方）不远。这里的富人社区住户认为林地宜人，应当将其视为社区的设施，便出钱设置了专门机构进行管理，这才有了林地信托组织（一个以保护环境为宗旨的公益慈善机构，职责就是买进林地，尤其是急需加大保护力度的林地）对其进行维护保养，并吸引来自英国各地的游客饱览林地风光。这个机构真是功德无量。林地信托组织管理的林地有上千处，亨利镇南边古代就有的哈普斯登林地便是其中之一。虽然看到这些对林地有利的举措，我仍不免心生疑虑，因为仍无法确定我们的林地能否鲜活地进入下一个世纪。

也许让人们重新关注并喜爱林地的产品才是保护林地的有效办法。有一个小众杂志叫《小林地》，读者就是我们这类喜爱林地的人。杂志封面上的人锯砍木头、做木工活，个个面带笑容，很享受的样子。说真话，他们中的大多数人动起手来比我可棒多了。制作马场栏杆、手杖、蔬菜棚架、篱笆、劈柴、木炭、筐篮、木雕，都是我们这群小林地主人的活动内容。我的第一件木作就是那根手杖！孩子们对这样的活动应该很喜欢。我还很欣赏由林地基金会赞助的“一棵橡树项目”，这个项目和我这本书倒有几分相似，不过它关注的只是一棵树而不是整个林地。2010 年 1 月 20 日，一棵有 222 年树龄的橡树被砍倒了，成千的儿童都关注它，想知道其木头做了什么用途、去了哪里。从做木雕的大块到碎碎的锯末，他们全都要知道，哪怕点点滴滴也不放过。那些锯末最后被送到离我们林地最近的那家米其林三星餐厅——四季庄园，被主厨雷蒙德·布朗克用来熏制美味。我也暗自合计过，能不能也拿点儿我的锯末找他去换些美食呢？

自打我们的先祖开始崇拜森林女神起，树就深深地影响着我们的认知。树提供了人类谱系最好的形象表示，当试图清晰地表示现在的人与自己的前辈或祖辈的关系时，我们总会用到树的图形来追溯世系血缘，全世界的人都这样做。中世纪时，人们还会在谱系大树的树枝上画上许多盾牌，看上去就像一棵挂满果实的橘子树。用树的形象制作谱系图，不仅因为大树的枝杈能很形象生动地表现出某一群体共有一个祖先，还因为这样的“树”年代越久，越能让人相信其历史悠久、血统可信，尤其在涉及遗产继承和血缘认定时更是如此。高贵的家族因其世家源远流长而被比作橡树；至于白蜡树、橡树和榆树在欧洲文化中的特殊意义，在前面已经说过了。早期的科学家着手将动植物分门别类，后来林奈又确定了命名方式，至今仍为全球采用。19世纪30年代，生物学界出现了生物后代会进化和变异的新理论，但是这其中的关系又如何用树来表示呢？恩斯特·海克尔[17]于1874年首创了著名的系统树，用该方式来表示人如何从低等动物进化而来。照此看来，也可以用古老的橡树来表示我们与其他动物的关系，虽然我们人类应当居于大树顶端，就像中世纪的族谱那样，盘踞在大树顶端的总是领地爵爷。当现代科学（这个领域叫进化分类学）对这样的标示提出了批评，但用树来表示关系远近的方法仍然被人们采用。许多树状结构都用于今天的分子生物学[18]，这也是不争的事实。

我们对树那么地一往情深，并非仅仅因为树是家族谱系的象征，这里面还有更深层的原因。就像树能让艺术家感到美一样，树也可以让我们凡夫俗子觉得心里踏实安定。在本书写作过程中，我一直努力克制着不要去引用乔伊斯·基尔默[19]的诗句：“我真心相信绝不会

看到 / 有能与树媲美的诗歌。”现在，这句诗就自己走进书里，仿佛两腿间夹着尾巴那样悄悄爬过来，走进书里。当然，我们都明白他想说的是什么。而威廉·亨利·戴维斯[20]的《闲暇》此时能更中肯确切地表达我的想法，而且这首诗也更为人们熟悉：

“只晓得忙忙碌碌，都不能停下来，看一看。
这难道还叫生活——
没有闲暇，不能站在树荫下，像牛羊那样四处张望……”

这诗句让我回想起有一天在林中所见：一位穿着粉红运动衣跑步的女子气喘吁吁地跑过林地，她戴着耳机，不知正听着是什么。反正她经过我身边时，我能听到微弱的节拍声。那么多嘤嘤婉转的虫吟，那么悦耳动听的鸟鸣，就这样，她都听不到。女子戴着墨镜，这分明就等于闭着眼睛在林间跑步，白白错过了这么怡人的风景。我的确费了好大力气才忍着没去请她停下来，没对她说：“停下来，看一看！停下来，看一看！”渐渐地，对这样的人见多了，我也习以为常了。

对不起，小家伙们

那位慢跑女士把自己浑身上下裹得严严实实，几乎成了个全方位的绝缘体，那她也一定没能注意到从她眼前飞过的小虫或寄生蜂。说到这里，我必须对那些小家伙说声道歉，因为我对它们实在有失公允。有人认为只有蓝铃草或红鸢之类才值得一提，这可不对，其实再小的生物个体也经历着自己的生命历程，也是有意义的。就拿那些小虫子来说吧，它们的品种非常多，许多都还没有被人辨识命名呢。从这么多的虫子里挑选一些——哪怕很少的几种——来介绍，可不正是我应该做的事吗？这样也便于让人们对整个林地的生态了解得更全面。

首先请出场的应该是瘦姬蜂，这是盖文·布罗德在自然历史博物馆中鉴定后告诉我的。瘦姬蜂是胡峰（亦可称为黄蜂）的一种，在昆虫分类学里属于族群巨大的膜翅目，蜜蜂、蚂蚁、锯蝇以及很多体形极小的昆虫也都属于这个目，当然因蜇人而臭名昭著的马蜂和黄蜂也名列其中。这些膜翅目的成员有一个共同之处，那就是都有细细的“蜂腰”，即胸腹部缩小成腹柄，甚至连其翅膀也呈现退化或变短之势。瘦姬蜂属于姬蜂科，虽然身长不过两厘米，活动起来仍很打眼，3 月里我们就在林地中看到它们飞来飞去，匆匆忙忙。它们透明的薄翼上有少量明显的翅脉，还有颜色很深的脉痣。和姬蜂科的其他成员一样，瘦姬蜂的产卵器也不长，也位于身体后部。这是它们这一类的典型形态特征。在本书说到的寄生动物中，实实在在被提名道姓的第一个就是瘦姬蜂。它们的生活习性实在让人不寒而栗：先在暗处找到夜蛾的幼虫，然后将卵产在这些夜蛾幼虫身上，在每条幼虫上产一颗卵。瘦姬蜂的卵孵化成幼虫后就钻入夜蛾幼虫体内，将寄主作为自己的营养来源，着实掏空，不过这个掏空的过程很缓慢。直到瘦姬蜂幼虫长到足够大，才会让寄主彻底了结性命。然后这个残忍的杀手就化身成蛹，好充分用夜蛾幼虫的蛋白质来滋养自己，最后成为姬蜂。这样的寄生方式听起来很残忍很变态，但仅在英国，用这种寄生方式生存的动物就有成千上万种。事实上，它们也是膜翅目中最富有生物多样性的品种。

在我家林地路边的草丛里，安德鲁·波拉泽克用捕虫网捉到了很多寄生蜂，其中大部分都比瘦姬蜂还要小得多，只有几毫米长。被捕到的这些“猎物”部分被送到牛津大学昆虫学首席教授查尔斯·葛德弗雷那里，对这位教授来说，这些小飞虫就是他的“第二级家庭成员”。葛德弗雷教授非常热心，分辨出了其中的12个品种。他告诉我道：“这些都属于林地膜翅目，但具体分类目前还无法做到。”听他这么说，我觉得很有意思，因为科学家这么说就等于表示：“还需要进行更多更深入的研究，我们才能知晓它们究竟有多少种类。”林地就该有这样一门新的科学，真正的专家学者绝不会信口开河，以讹传讹。

对寄生蜂一一界定品种可能真的很难，但对于控制小型害虫（比如那种叫青李子的蚜虫），这些小家伙起的作用还真了得。不同的寄生蜂往往有各自专属的寄主，并对各自的寄主产生了适应性，身体器官都适合进攻蚕食这一寄主，所以说到对害虫的控制时，它们堪称生物灭虫大军。现在，人们正在研究如何利用它们的寄生方式来控制一种啃食七叶树树叶的飞蛾，因为这种飞蛾能让七叶树树叶枯萎，早早落下。研究已表明，寄生蜂能借助一种病毒让寄主毛虫的免疫系统很快麻痹。这样一来，它们就能钻入寄主体内，恣意生长。就这样，草丛间，树叶上，这奇特而凶残的战斗无声进行着，你干了坏事，我也不放过你。

bug，即虫子，泛指节肢动物里所有长着灵活腿关节的家伙。我专门研究的三叶虫就是一种，但早已灭绝了。有人说三叶虫属于恐龙时期的虫子，对此说法我本人明确表示不同意。真正的bug是一种半翅目昆虫——我是不是太较真了，又得说声抱歉了。这一类虫子（尤以偷偷摸摸吸着树汁的青李子蚜虫为代表）往往不被人当回事，实则应当对其万分警惕。下面要讲的一种虫子是沫蝉，这家伙比较惹人注意，因为其幼虫春天藏在木柴堆旁的荨麻枝干上，并在那上面吐出白泡沫并住了进去，俨然住在一座白色宫殿里。它的俗名为杜鹃泡泡虫，也许在英国这种虫子出现的时候碰巧杜鹃这种候鸟也来到了。令人不免伤感的是，杜鹃这种候鸟也越来越少了。形成保护层的泡沫干掉后，就能看到原先躲在泡沫中的绿色幼虫在那里可怜巴巴地挣扎着。

再来说真正的蝇类（双翅目），这一类的食蚜蝇、蚤蝇、食肉蝇、反吐丽蝇、长腿蝇、旗腹姬蜂、蚊子和沼泽蝇，在林地里都能找到。双翅目的幼虫几乎没有什么不吃的，对于草、山毛榉树、粪便都来者不拒，当然也包括腐烂的树叶、肉类、花朵、菌类、植物根茎，等等。蝇类按其进食对象和方式可分为食肉蝇、食腐蝇、食草蝇、食粪蝇、寄生蝇和吸血蝇，要将它们一一分门别类的话，需要写一大本书才行，而迪克·范－莱特（见第6章注释14）钟爱的大蚊应该排在第一。林地中尽是这些小东西飞来飞去、忙忙碌碌，整天匆忙着干各种营生，这景象我能想象得出。只是和人头攒动的城市不同，这些小东西在这里忙活的事恐怕我们根本想不到。没有人愿意像寄生虫那样生活，至少我这么希望。

还可以进行一番更准确、更细致的叙述。对于这些小虫子来说，这片林地无处不宜居，处处是天堂。任何一个小小角落或狭窄缝隙，哪怕不过是荆棘叶片上的一道褶子，也都足以让它们安居乐业了。查尔斯·赫西指出，我不经意间走过的那些小水坑其实正是它们最喜欢的蜗居之所，那里面有早已腐烂的山毛榉树枝和树叶，就连在残枝朽木上的小洞里都能发现它们的身影。这些坑洞里的水又黑又脏，就像巫婆神棍用来熬制毒药的汤汁。原来这些地方对某些生物来说竟成为特殊的安乐窝，这倒是我先前从没想到的。查尔斯是显微镜检验技术人员，他带来很多小瓶子，装上这些浑浊不堪的水后带回去做细致检查。后来他告诉我，在这些肮脏的水体里发现的生物中，有些东西是我绝对想不到的。有一种颜色苍白、体形特别细长的家伙长着6条腿，那是锯天牛的幼虫，这种天牛在这样的地方可不多见。他还发现了一些按蚊的幼虫。这也不觉得奇怪，在家里一些空气不那么流通的角落就看到过它们扑腾。让我意外的是林地中居然还有一种叫小巧瘦猛水蚤的桡足甲壳动物，而且数量还蛮多。这样的浮游生物是海洋中数量最大的种群之一，我一直以为它们只会生活在海水里，没想到在淡水里也有。这些小东西的身体呈一节一节的，长着毛茸茸的腿，在有积水的树洞里游来游去。

查尔斯还发现了他最钟情的一种细微有机物——轮虫。迄今为止，林地里肉眼可以看得见的有机物就这些了。我为格里姆大堤林地项目中有机物考察设的底限就是：只收入肉眼可见的。这些“汤”里还有更小的有机物，比方说一种形状像郁金香的原生动物[21]（但要用显微镜才能看得见），它们叫钟形虫，当然它们是单细胞动物。“汤”里还有其他的原生动物，数量和种类都很多，一个个像装了发动机的小飞行器一样，不知疲倦地快速游来游去。由于它们的速度太快，根本没法对其进行分辨。所有这些有机物都以比自己体形更小的有机物为食，后者用查尔斯的双筒显微镜看起来都很吃力。很多微生物都是细菌——那又是另一个不同的世界了，而更多体形还要小的则是病毒。在林地上这个树洞的积水里生活繁育着很多有机物，好些只怕还没被科学家命名呢，对此我深信不疑。无数比细微更细微的生命就这样出现在我们眼前了。下雨的时候，大量雨水顺着山毛榉树干流下，这些小生命被水滋润着，活泼起舞；只是好景不长，雨一停，这些水流也就不再有了。还有好多细小的微生物就藏在泥土里，正是它们成就了林地的土壤。如果这个真实的世界上还隐藏着什么未知的秘密，那么这些看似渺小、微不足道的东西就是一种特殊复杂的生物语言，解读它们，就能进入一个更加复杂微妙的世界。如果将这些生物界的“基本粒子”视为微不足道，认为不值得研究或关注，那真是太侮辱它们了，简直不能原谅，就算再诚恳的道歉也难以弥补。

属于桡足甲壳动物的小巧瘦猛水蚤，图片由查尔斯·赫西提供。

万元复始，生生不息

林地中发生了躁动。蓝铃草的小叶苞已经抬起头，一块块浓密的蓝铃草把林地中的很多地方染得绿油油的。格里姆大堤林地中心的那块洼地几乎成了个小草场，与山毛榉树形影不离的臭草那么茂盛，在那里涂抹出一大片嫩绿鲜亮的色彩。看到这种生机勃勃的光景，很难相信其实这些剑状的草叶等不到夏天过完就会枯萎。在太阳照不到的地方，海芋叶长得又多又健硕，已经开花的大戟和白屈菜天生就显得早熟许多。光榆树的雌花如纸质般轻盈，一蓬蓬垂挂在小路上，犹如瀑布倾泻而下。栖在林间枝头上的木鸽一遍遍地叫着："两粒，必需的！必需的，两粒！"[22]它们精神抖擞，那么亢奋，似乎不知疲倦，要永远这么唱下去。山毛榉树干上仍光秃秃的，从树顶投下的柔和阳光被枝干剪切得七零八落，看上去如同有人在用天作画纸恣意涂鸦。等不了多久，大树就会长满绿叶，又是郁郁苍苍。年复一年，季节轮回，亘古不变。不过，现在我明白了，这片林地里的每一样东西，草木虫鸟也好，泥土砂石也罢，无不打上了历史的烙印，成为历史的一部分。这块古老的土地注定就是为人所用，兢兢业业，还无怨无悔。林地风貌不断变化，背后原因很多，除了人工栽培管理和松鼠啃噬摧残，还有经济发展对林地不断变化的需求，就连远方的空气都会带来微妙的影响。如果气候变化加快，山毛榉树在林地中长期占有的主角地位也将不再。无论我愿意与否，这一小块林地都只是这个大千世界的一小部分，须臾不能单独生存发展，从格雷家族拥有它以后就一直如此。《新森林志》曾做过预言，说我们的林地将是奇尔特恩大丘地区最后的一片山毛榉林，这话让我很不以为然，但我仍不得不承认世上没有任何事物可以永恒长存，林地也不例外，再古老悠长也有完结的一天。

描述英格兰乡村风物人情时总免不了会夹杂着痛惜感怀。爱德华·托马斯（见第 1 章注释 5）在其《四月乡村》中深情歌颂乡村的秀美风光，浓浓感伤仍不免油然而生，因为他感到世界扭曲了，令人难以忍受的颓废萎靡之风（通常在城市中更盛）正戕害着人们的精神，只有英格兰的古老景色能治愈人们的心灵。马辛汉姆则借《奇尔特恩乡村》对中产阶级发出了毫不客气的批评，认为他们的那套价值观腐蚀了住在矮旧农舍中的那些手艺人。在他的眼里，那些靠真本领养家糊口的手艺人才是“真正的人民大众”。马辛汉姆为一去不返的景象哀叹道：“曾经，人们辛苦劳作，山坡上长满大树，人和自然如此和谐。”哪像现在这个世界，一切都互不相容，格格不入。从什么时候起事情变成这样了？从中世纪，还是18世纪？谁也说不清了。但是，那些靠辛苦加工几千根椅子腿才能得到点儿微薄工钱的工匠也这么想吗？为了家人能多少得到些食物，不惜损坏自己的视力而终日编制花边的工匠妻子们也这么想吗？请容我对此表示怀疑。马辛汉姆提出了他的设想（非常美好也非常大胆）：奇尔特恩的本地长期居民很可能就是前撒克逊时期的土著后裔[23]。血脉相传，用现代的基因检测技术，分分钟就能知道这种推测是否属实。马克辛姆非常痴迷于这种正宗传人的想法，像他这样的乡村作者大有人在，他们都这样执着，最为代表性的就是阿尔弗莱德·爱德华·豪斯曼[24]那为人称道的诗句：“这是一片失落的土地/我能看到的只是亮闪闪的平原。”是啊，平原可能闪着亮，但这片土地往昔的辉煌只存在人们的记忆中了，呕心沥血为它写出的壮丽诗歌的字里行间也不过充满哀叹和遗憾。有时我不禁会这么想：爱德华·托马斯可曾将他走过的那些乡间道路写入诗里，他又可曾动手重修过那些道路呢？

马辛汉姆对乡村景色的描写，分明是以一个对历史理想化并沉溺其中不能自拔的现代少年的视角进行的。尽管文学作品的宗旨并非揭示动植物的本质，但在一些描写自然的现代文学作品中，作者往往对细节不吝笔墨，生动真实地表现了万物的生命形态和行为模式，借此隐晦曲折地表现自己对天地万物的共情和悲悯，还有与其发生的亲密关联和情绪互动。说实话，我也喜欢描述细节时大费周章地推敲词语，因为我相信被观察到的生物无论大小也都和人一样有意思，和观察它们的人一样举足重轻。

我们几个人围成一圈站在一大块空地中间。那一大蓬荆棘已经被清除干净，连根也拔出来了，这样我们就能在这里种下一棵树了。我买下一棵形态优美的英国橡树，将其移种到这里。种下这棵树是为了纪念一位因患癌症去世的朋友，她的家人也都来了，和我们站在一起。林地上的橡果也能发芽生长，但要等它们长成大树那可得很多年头。较年轻的家庭成员用鹤嘴锄和铁锹挖开地面，含有大量燧石的黏土一如既往地不易对付。许多大石块被拣出来后堆在一边，上面还都多多少少有些红色黏土，看来这些石头是满心不愿意和黏土分离的。一块深色的大石头与铁锹碰出了火花。在几千年前的新石器时代，如果这里有个猎人，他就会拿它去磨快自己的斧头了。那里有块绛红色的石头，看到它，我联想到此前更久远的日子，那时还没有这块林地呢，整个欧洲都遭遇了严寒，成了冰雪世界。终于，一个合适的大坑挖好了，将树放入坑中，再用从我们林地上的再生榛树丛中砍下的树干加以支撑，然后填好土、压平，给新安家的树浇够水，再用铁丝围上，以防遭到鹿的啃食破坏。对这棵树来说，这地方可能再好不过了——上空了无遮拦，它能尽情往高里长。100年后，它会长成一棵美丽健硕的大树；500年后，它还能站在这里傲视苍穹。可是还要等上一个月，它那现在仍然卷曲的叶苞才能舒展开。这个活动具有特殊意义，因此人们也说了些该说的话，然后沉默了片刻，只有从树丛中传来的鸟叫声打破了寂静。格里姆大堤林地自问世之日起就一直与人类历史交融互动，但直到种下这棵橡树后才算有了第一块纪念碑，明明白白记下了人们来过、做过并留下了什么。

林地收藏柜

菲利普·库曼将订制的林地珍宝收藏柜从轮匠谷仓运来了。从将林地上伐下的野樱桃树切割成板块，到做成有 4 个抽屉的漂亮柜子，他花了足足一个月时间，每一个榫头都是用手工做的。这个柜子和站架线条简洁，造型优美。按我的设想，抽屉的形状应该各不一样，这样更好用来放置不同的收藏品，抽屉的拉手则应做成一种向外突出的曲线形。为了上述设计，我们还颇费了一番商议。我在自然历史博物馆工作了一辈子，那里的标本收藏很系统，和从林地上得来的完全不一样。林地这里的收藏不按类属分类，也不会按所谓“科学的”方法摆放。放置它们的方式，更像孩子摆放从海滩上捡拾来的东西，那是他们第一次捡到了心仪的宝贝。这些东西都不值钱，但每一件都是在这一年来格里姆大堤林地项目的研究过程中收集的，可以看作一年中某一个月的纪念品。看到其中任何一件，发现它的那个时刻、那个地点和那时的情境便浮上心头，历历在目，栩栩如生。也许，这些不应只被简简单单地称为藏品，而应该被称为能反复唤醒记忆的藏品。

抽屉有内格，这样也可以将记忆有序分开。最大的藏品是一块很大的燧石，形状奇特，犹如一头牛。这是在罗德菲尔德·格雷领地的一处空地边发现的，几百年来我家林地都属于这块领地。最小的藏品则是一粒被木鼠啃噬过的樱桃籽，是在一棵大树下发现的，它被木鼠仔仔细细地埋在那里作为储备粮呢。还有一枚画眉鸟的蛋，只是里面都被掏空了，仅剩的空壳颜色蓝如天空，发现它的那一天还发生了很多有趣的事。这个圆溜溜的东西就是石灰蛋，虽说和鸟没半点儿干系。有的石灰蛋打开后，可能会发现里面有白色膏状物，据罗伯特・普洛特的鉴定，这种蛋的形成要300多年。隆尼在这只蛋的外面又涂上一层用林地的燧石黏土烧制的釉作保护。从山毛榉树根部采集的松露已经完全干燥了；还有从林地橡树下捡回的虫瘿；一截打磨得光滑无比的冬青树干，它上面的同心圆可以揭示它的年龄；这块红色砂石在很久很久以前——那之后很久林地才出现呢——从遥远的地方被洪水带到日后成为林地的地方。此外，还有被打磨过的燧石以及包裹好的苔藓等，所有这些藏品都放置妥帖了。最后一件藏品受到特别的关照，那就是一个星期前发现的那只睡鼠的窝。柜子里还放有一本不大的皮面笔记本，我坐在大树下就是用它记录林地季节变化的，快乐的日子、有所发现的时刻、悠悠鸟鸣、大树砍倒，都被它一一收藏。格里姆大堤林地的故事就这样被收入这个柜子里，而做这个柜子的木头来自格里姆大堤林地孕育滋养的野樱桃树，这片林地又是古老的英格兰大地上的一块小小的地方，它静静地深藏在奇尔特恩大丘中。轻轻一推，抽屉关上了。同样被抽屉收藏的还有一年中这块林地的生命经历以及我们在林地里的发现、感受和记忆。终于，好奇心得到了满足，可以说暂时得到满足了。

注释：

[1] 科学家测定，啄木鸟每天啄木不止，多达100万次。在啄食时，它们头部摆动的速度相当于每小时2092千米，而它们啄食的频率达到每秒15 ~ 16次。由于啄食的速度快，因此啄木鸟在啄木时头部所受的冲击力等于所受重力的1000倍。但啄木鸟的头骨十分坚固，其大脑周围有一层海绵状骨骼，内含液体，对外力能起缓冲和减震作用。它们的脑壳周围还长满了具有减震作用的肌肉，能把喙尖和头部始终保持在一条直线上，使其在啄木时头部严格地进行直线运动。因此，啄木鸟才能常年承受得起多次的强烈震动而不致脑震荡。

[2] *Cecinest pas une pipe*，这是比利时艺术家雷内·弗朗索瓦·吉兰·马格丽特（René François Ghislain Magritte，1898—1967）在1929年所作的一幅画《形象的叛逆》（*The Betrayal of Images*）。画上有一只烟斗，下面就是这行字，字面意思是“这不是烟斗”，而画家想表达的意思是你看到的不是烟斗，只是烟斗的画像。

[3] 生物多样性行动计划是一个在国际上广受认可的计划，旨在保护和恢复生物系统及其多样性。推动这些计划的努力来自于1992年联合国环境署发起的《生物多样性公约》，该公约于1993年12月29日正式生效。

[4] 引自《睡鼠》（*Dormice*），作者为保罗·布莱特（Paul Bright）和帕特·莫里斯（Pat Morris），哺乳动物学会，1992年。

[5] 在第3章里首次提到这一凶案时说案发于1893年，这里可能是作者笔误。

[6] 《蒂博雷的牧师》（*The Vicar of Dibley*）是以牛津郡虚构的叫蒂博雷的村子为场景的情景喜剧。

[7] 彼得·梅尔（Peter Mayle，1939—2018），英国作家、历史学家，《普罗旺斯的一年》（*A Year in Provence*）是他对在法国生活的回忆，

1993 年由 BBC 制作成系列短片。

[8] 阿斯奎斯（Asquith，1852—1928），英国政治家、自由党领袖，1908 年至 1916 年出任英国首相。他是限制上议院权力的 1911 年议会改革法案的主要促成者。

[9] 《1066 年和这之后：难忘的英格兰历史》（*1066 and All That: A Memorable History of England*），是一本讲述英格兰历史的书，里面包括 103 件好事、5 个坏国王和两个重大日子，1930 年正式出版，配有插图，曾经是英国儿童学习历史的教材。1066 年诺曼人征服英格兰，这是一个重大的转折点，英格兰自此进入封建时代，并从此结束了游离于欧洲事务之外的状态。

[10] 奥克塔维亚·希尔（Octavia Hill，1838—1912），19 世纪英国社会改良家和女性环境主义者。尤其值得一提的是，她倡导修建了低成本、低租金的廉价实用住房租给贫困者，同时调动各方积极因素，整治环境，开辟公共空间，改善城市普通居民的生活条件。她的改革受到广泛赞扬，1881 年被英国慈善组织协会誉为“奥克塔维亚·希尔制度”，传播到欧洲大陆和美国。她也是英国环境保护组织国民信托组织的三大创建者之一。

[11] 原文为 ecological niche，故译作生态位。生态位又称生态龛，是指一个种群在生态系统中，在时间和空间上所占据的位置及其与相关种群之间的功能关系和作用，也表示生态系统中每种生物生存所必需的生境阈值。

[12] 这种虫的另一个名字为异味迅足甲。

[13] 原文为“The King is dead, long live the King”。这是很多君主制国家宣布老国王逝世而新国王即位时的官方用语。

[14] 引自 C.E. 哈特（C.E. Hart）所著的《1966—1967 年木材价格与成本计算》(*Timber Prices and Costing 1966—1967*)，该书由作者自行出版。

[15] 杰罗姆·克拉普卡·杰罗姆（Jerome Klapka Jerome，1859—1927），英国作家。这里提到的《三人同舟》（*Three Men in a Boat*）出版于1899年，也是他最有名的一部著作。这本书以主人公泛舟泰晤士河为主线，插入了很多奇闻轶事，从中得以窥见19世纪英国的风土人情。笔调以戏谑逗乐为主要特色，因此曾被评为世界上最有趣的50本讽刺小说之一。

[16] 《美宝莲》（*Maybellene*）是第一首摇滚歌曲，录制于1955年。《乔治的女孩》（*Georgy Girl*）是一部英国电影，上映于1966年。

[17] 恩斯特·海克尔（Ernst Haeckel，1834—1919），德国博物学家，达尔文进化论的捍卫者和传播者。在其1866年出版的《普通形态学》一书中，他以进化的观点阐明生物的形态结构，并以系统树的形式表示各类动物的进化历程和亲缘关系。

[18] 例如DNA的高级结构，也称DNA拓扑结构。

[19] 乔伊斯·基尔默（Joyce Kilmer，1886—1918），美国诗人、新闻记者兼文学评论家，第一次世界大战中在法国的玛恩河大战中阵亡。

[20] 威廉·亨利·戴维斯（William Henry Davies，1871—1940），英国威尔士著名自然诗人。《闲暇》（*Leisure*）是他最负盛名的一首小诗。

[21] 原生动物是动物界的一个门，为最原始、最简单、最低等的动物，主要特征是身体由单个细胞构成，因此也称为单细胞动物。

[22] 原文为“Take two pills, David! Take two pills, David!”

[23] 前撒克逊时期指不列颠在公元5世纪之前的状态。前撒克逊时期的英伦半岛土著是来自比利牛斯半岛的伊比利亚人，他们以创造了巨石文化而著称。后来高卢人占领不列颠岛，繁衍下来，称为凯尔特人。公元前55—前54年，罗马军队入侵。公元前43年，罗马在英伦东南部建行省。公元407—442年，罗马人陆续撤军，直至完全退出不列颠。虽然此时不列颠完全在凯尔特人的统治下，但并未统一。

公元 5 世纪初，日耳曼人的一支撒克逊人北上渡海，在高卢海岸和不列颠海岸登陆入侵。公元 772 年，查理曼大帝对留在欧洲大陆的撒克逊人发动征服战争，战争时断时续进行了 32 年，将之彻底征服。马辛汉姆的意思是前撒克逊时代奇尔特恩大丘一带的居民应该是凯尔特人和罗马人的后代。

[24] 阿尔弗莱德·爱德华·豪斯曼（Alfred Edward Housman，1859—1936），英国著名的古罗马文学校勘学家，执教于剑桥大学，研究工作之余写诗。豪斯曼的诗风格独特，模仿英国民间歌谣，刻意追求简朴平易，使用最简单的常用词汇而取得诗歌的音乐美感。

致 谢

贤妻杰姬是格里姆大堤林地项目不可或缺的成员。她不仅首先发现了这块林地出售的消息，还在整个项目的研究过程中积极跟进，并承担了林地有关历史研究的所有工作兼摄影，为一年中林地的变化提供了视觉材料。没有她，就不会有这本书，这样说一点儿也不夸张。还要感谢里奥·弗提在电脑操作方面给予的建议，本地的地图绘制工作也是由他一手完成的。

动植物分类并非我的专长，凭借多人帮助，这些分类工作才能正确进行。说到这方面给予我大力帮助的人，首先要提到的就是安德鲁·帕德莫尔，蒙他热情指教并亲临现场，我才得以对林地上的飞蛾进行分类。而他的夫人克莱尔则陪着我们，多次辛苦熬夜。安德鲁提供的照片也使本书增色不少，可惜由于篇幅限制而不能悉数收入。至于苔藓研究方面，得感谢彼特·格里德对我的慷慨帮助和亲切指导，这方面的工作全赖他的支持和指点。帕特·乌塞利对我搜集的地衣进行了鉴别，她在自然历史博物馆的那些同事还对甲虫做了分类。在此，我还要特别感谢麦克斯·巴克莱和麦克·盖泽，他们渊博的学识加上未来的鞘翅目昆虫学家乔丹·雷尼的有力协助，使得这一工作得以完成。萨利 - 安妮·斯潘塞带领她的小小动物学家团队来到林地（乔丹也随队同来），这一次考察使大家都受益匪浅。感谢萨利 - 安妮，当小型哺乳动物出现后，活力四射的她总能及时赶到，给予指导。多亏劳拉·亨德森又在另一时间发现了睡鼠，而约翰·特威德尔则使林地动物名录上增加了土鳖虫、蜈蚣和马陆。我的老朋友迪克·范－莱特是双翅目研究专家，他数次来到林地上采集标本，本书对大蚊长腿的描述就是在他的指导下完成的。安德鲁·波拉泽克两次用特殊捕虫网捕获到体形极小的寄生蜂，并将其中一些送至查尔斯·葛德弗雷教授处进行鉴别。没有专业的权威人士帮助，谁也不可能靠一己之力完成这些物种鉴别工作。彼特·钱德勒、罗杰·布斯、邓肯·希维尔和盖文·布罗德都为名录补充了很多昆虫，而甲壳纲动物和贝类的鉴别分别由罗尼·哈耶斯和唐尼·阿布雷哈特完成。劳伦斯·比曾三次来到林地，期间对蜘蛛的种类进行了详细区分，而保罗·谢尔顿在此基础上进行了个别增补。蒙上述各位将各自的专业学识与我分享，我真的受益匪浅。

尽管内尔·梅伦尼本人并非博物学者，但对树冠的组织观察以及相关升降机的安排都由他一人负责。自然历史博物馆的科学家那天来林地的一应事宜则由丹尼尔·威特莫尔负责安排。那天，每个人都有机会上到树冠高处进行观察。克莱尔·安德鲁亲临林地为蝙蝠的叫声录音，并在事后进行讲解，让我了解到原来林地中的蝙蝠竟有这么多不同品种。虽说大多数蘑菇都是由我自己辨识鉴别的，但还是有一两种让我犯难，全靠爱丽丝·亨里克帮我解围，而汉斯 - 约瑟夫·舍若尔还对两种特别小的蘑菇做了最后鉴定。多年来，和我一起乘坐通勤车往返自然历史博物馆的查尔斯·赫西在山毛榉树根部的水坑里发现了一个别样的生态世界，如果不是他指出，我根本不会想到还有这样一个王国存在呢。

戴维·罗斯和约翰·希尔也是我要特别感谢的，他们二位与我分享了奇尔特恩林地的往昔旧事。格雷庄园的国民信托组织工作人员非常热心，允许我查看那些古老的地图。亨尼斯的理查德·奥威家族世代居住在此，承蒙他非常热情地为我们展示了一幅古老的地图，上面详细标示了蓝姆布里奇林地及其周边地方。斯泰普尔顿家族曾经在过去数百年里都是格雷庄园的主人，多亏理查德的夫人吉莉兰引荐，我们与苏珊·福尔福德-多布森见面，而苏珊正是斯泰普尔顿家族最后的成员，至今仍住在亨利镇一带。苏珊慷慨热情，居然允许我们查看他父亲亲自编纂的家谱。罗文娜·埃美特向我们提供了塞西尔·罗伯茨的有关信息。许多有关我们林地与泰晤士河畔亨利镇过往关联的资料都在该镇的大河运动博物馆内，露丝·吉布森向我们系统而详尽地介绍了该镇的历史和建筑，她对每根橡木房椽大柱都了如指掌。还要感谢泰晤士河畔亨利镇历史和考古小组的各位成员给予的帮助。保罗·克雷顿允许我们从他的图书馆借出一些物品，必须承认我们借用了很久之后才归还。牛津县档案馆工作人员的工作效率非常高，承蒙他们提供了该县的很多史料，对本书的写作非常有帮助。雷丁大学的乡村生活博物馆特许我查阅了有关农业历史的一些珍本。亨利图书馆的本土研究馆藏书库也为我提供了相关补充资料。在此还要致谢海威科姆博物馆，因为那里展出了《山毛榉椅子工匠的时代》。乔安娜·盖瑞、荷登·琼斯、詹姆斯爵士和莫妮卡·巴娄各自向我讲述了有关林地及其周边的往事趣闻；奇尔特恩协会的义工则帮我们修复了步道并竖起了新的路标。我借此向上述各位诚恳致谢。

为了帮助我们还原年代更久远的历史，智慧过人的吉尔·埃尔斯带来另一组志愿者，帮助我们发掘格里姆大堤的古代原貌。正是仰仗他们的帮助，我才能在该书中讲述我们林地的前世今生。为了能探究林地的地质状况，保罗·亨德森在林地数处挖坑进行实地考察。伊安·扎拉斯维克兹就如何对卵石进行剖切和分段进行了安排，而这恰恰非常有助于阐释林地在铁器时代的状态，菲尔·吉巴德教授还向我解析了这些卵石剖切后释放的信息，并给我很多建议。还要感谢来自荷兰埃丁荷夫的奥特莱尔工作室的隆尼·范·瑞斯维克和纳丁·斯特尔克，他们用林地上的燧石黏土试验，成功烧出了瓷砖，也让林地上的燧石黏土增加了功能。同样，也是在他们的工作室里，林地上的燧石被熔化后烧制成了玻璃。

分枝扦插和木材处理也是格里姆大堤林地项目的一部分。约翰·摩尔比帮助我们对一棵山毛榉树做了分枝扦插；而马丁·德鲁则帮我们将两棵野樱桃树砍倒并加工成板材，再运到林地上进行干燥。部分野樱桃木板送到菲利普·库曼那里做成了收藏品存放柜，这已在本书最后一部分做了详细交代。安德鲁·霍金斯不吝时间和精力，演示了如何用山毛榉木进行小批量木炭烧制（成品非常精良，实乃木炭上品）。阿里斯泰尔·菲利普斯则展示了木碗制作的全过程，那两只碗我们至今仍在使用，并万分爱惜。路西亚斯·盖瑞则为我们又做了一只供平日把玩。奇尔特恩林区项目负责人约翰·莫里斯就林区管理原理给予很多建议，我们采用了他的部分建议并一直努力执行。在板材干燥期间，柏吉尔·伯姆一直跟踪拍照，用特别的视角记录下木材的变化，非常感谢他如此耐心，本书写成也受益于他的这些工作。罗伯特·弗朗西斯也提供了许多精美照片，使本书的插图增色不少。杰姬称为我们“同林鸟”的那些周边林地主人真是好邻居，能有幸结识他们真是人生幸事，他们为我们提供了蓝姆布里奇林地的许多旧闻。这里要特别感谢尼娜·克劳色维茨，她为我们林地上的植物做了很多精美素描。

和我以前的写作一样，本书初稿也拜希瑟·戈德温审读。她建议我力求叙述清晰、行文简洁，这些真知灼见实在应该铭记践行。罗伯特·莱西细心阅读了书稿，并提出具体修改建议。最后，我一定要向艾拉贝拉·派克致谢，多年来她都担任我著作的忠实编辑，感谢她那么孜孜不倦、耐心帮助。真心希望本书和之前的那些书一样，也不辜负她的付出。